73

新知
文库

XINZHI

The Carbon Age:
How Life's Core Element Has
Become Civilization's
Greatest Threat

碳时代

文明与毁灭

［美］埃里克·罗斯顿 著　吴妍仪 译

生活·讀書·新知 三联书店

图书在版编目（CIP）数据

碳时代：文明与毁灭／（美）埃里克·罗斯顿著；吴妍仪译．—北京：生活 · 读书 · 新知三联书店，2017.1 （2018.6 重印）
（新知文库）
ISBN 978－7－108－05710－5

Ⅰ. ①碳…　Ⅱ. ①埃…　②吴…　Ⅲ. ①碳－普及读物　Ⅳ. ① O613.71-49

中国版本图书馆 CIP 数据核字（2016）第 111530 号

责任编辑　曹明明　徐国强
装帧设计　陆智昌　康　健
责任印制　徐　方
出版发行　生活·讀書·新知 三联书店
（北京市东城区美术馆东街 22 号 100010）
网　　址　www.sdxjpc.com
经　　销　新华书店
图　　字　01-2016-8469
印　　刷　三河市天润建兴印务有限公司
版　　次　2017 年 1 月北京第 1 版
2018 年 6 月北京第 2 次印刷
开　　本　635 毫米 × 965 毫米　1/16　印张 22
字　　数　265 千字
印　　数　08,001－13,000 册
定　　价　42.00 元
（印装查询：01064002715；邮购查询：01084010542）

新知文库

出版说明

在今天三联书店的前身——生活书店、读书出版社和新知书店的出版史上，介绍新知识和新观念的图书曾占有很大比重。熟悉三联的读者也都会记得，20世纪80年代后期，我们曾以“新知文库”的名义，出版过一批译介西方现代人文社会科学知识的图书。今年是生活·读书·新知三联书店恢复独立建制20周年，我们再次推出“新知文库”，正是为了接续这一传统。

近半个世纪以来，无论在自然科学方面，还是在人文社会科学方面，知识都在以前所未有的速度更新。涉及自然环境、社会文化等领域的新发现、新探索和新成果层出不穷，并以同样前所未有的深度和广度影响人类的社会和生活。了解这种知识成果的内容，思考其与我们生活的关系，固然是明了社会变迁趋势的必需，但更为重要的，乃是通过知识演进的背景和过程，领悟和体会隐藏其中的理性精神和科学规律。

“新知文库”拟选编一些介绍人文社会科学和自然科学新知识及其如何被发现和传播的图书，陆续出版。希望读者能在愉悦的阅读中获取新知，开阔视野，启迪思维，激发好奇心和想象力。

生活·讀書·新知三联书店

2006年3月

目　录

前　言

碳是生命中无所不在的建筑设计师

当我告诉你，碳的这种奇妙表现具有怎样的意义时，你会大吃一惊。

——迈克尔·法拉第（Michael Faraday）

欢迎来到碳纪元。

这年头我们常在报纸头条标题里看到“碳”这个字眼，却几乎不太了解碳是什么。碳是制造一波波危机的罪犯，二氧化碳的排放导致气候变暖，情势一触即发的中东炸掉了他们储存的挥发性碳氢化合物——又名石油。碳水化合物受欢迎的程度，随着节食热潮时起时落。经常要靠以石油为基础的原料来制作的药物，索价越来越高昂。美国军队需要碳纤维来做防弹衣和运输工具防护用品，这让航天工业与运动用品制造商提高了商品售价，因为他们也要用同样的材料，制作从机翼到网球拍在内的一切产品[①]。少有人谈到那个联结一切的“结缔组织”：碳把这些次要情节联结成一个大架构的故

① National Research Council, *High Performance Structured Fibers*, 51.

事，一首动态的史诗，内容包括这个元素如何流过生命与工业，把演化和地球的无生命力量、空气、海洋、岩石，以及人类的基础结构紧密地交织在一起。

每年都有许多书籍和文章在警告我们，碳循环（碳的全球性流动）已遭破坏。这些危机有时候牵涉到生死攸关的议题，需要大众的持续监督。而这种循环应当怎么运作，就是较少被人谈论的问题了。本书则通过混乱时期与稳定时期中持续变化的碳场景，发掘出我们这个神奇的碳世界，还有演化与现今的工业文明在其中所扮演的角色。简而言之，尽可能了解这世界的最快方法，就是通过碳原子。

我们可能会抱持这种合理的期待：92 种自然元素平均地混合与搭配，创造出丰富的生命以及让这些生命得以成长的地球。但事实不然。宇宙是合理的，但不是“那么”合理。碳是宇宙中第四多的元素，却不是地球上第四多的元素；这个星球大体上是由氧与硅构成的球体。地球上的碳，甚至还排不上地球上丰富元素的前十名[①]；然而碳构成了所有生命的结构和燃料。碳是元素中的平民国王，在自然界中扮演从琐碎到超凡的各种角色，在这么做的同时，也控制了我们以及生命的样貌。彼得·阿特金斯（Peter Atkins）就写道：“碳这种元素的王者性质，乃是源于其平凡：碳做了大部分的事情，又不走极端，借助这种节制的本质，碳主宰了自然。”[②]为什么会是这样？这个奇特的案例，就是这本书的主题。

碳是生命中无所不在的建筑设计师、工人兼最基本的建筑原料。每种生物都是以碳作为分子鹰架。碳是生命的舵手，把储存的能量传递到各个细胞。每种生物都以同一种语言储存自身的基

---

① Encyclopedia Britannica online, “Chemical Element: Abundances in Earth’ s Crust.”

② Atkins, *Atoms, Electrons and Change*, 19.

因信息：一种用碳字体写下的化学字母。就质量而言，碳在精致的DNA中，是最大的组成成分。大约20种元素就创造出所有的生物，然而有96%的生物躯体，却只用四种元素（碳、氧、氢与氮）构成，而且大多数的氧与氢是以水的形式存在的[①]。碳就是黏合、释放和重造生命分子的魔术贴。我们毛发中的油脂，还有内脏、皮肤和其他组织中的脂肪，本质上是碳氢化合物，也就是插入氢的碳结构。糖中则含有碳、氢和氧，而且包括了从蔗糖（饼干的甜味由此而来）到脱氧核糖（束缚住DNA双螺旋的物质）在内的每样东西。氨基酸都是围绕着单一碳原子建造起来的，其中至少包括生命中最丰富的那四种元素。各种氨基酸是"自然界的机器人"[②]蛋白质的基础建材，蛋白质则建造细胞，并且执行它们的工作。

碳不只是生命的总建筑师。文明建筑在碳的基础之上，这种基础远比全球燃烧化石燃料要更宽广得多。生物跟无生物之间的相似性，比外表乍看之下要高。举例来说，塑胶不只是汽水瓶的原料而已。塑胶属于聚合物，也就是重复单位构成的链状物——不管是在龟壳里还是在玳瑁的太阳镜框里，在活鸡或者塑胶小鸡身上，发现的都是这种链状物。化学家指出，尼龙是一种聚酰胺，就像蛋白质一样，却是由单一重复的合成氨基酸组成。某位研究塑性破坏的专家，有一次这么写道："所有人都是天然塑胶工厂。"他妻子罹患的癌症，迫使他看出化学性劣化与疾病之间悲剧性的相似点[③]。

如果碳对生命有这么强的工具性（而且一向如此），我们很想这么说：从混沌太初开始，每个年代都是碳纪元。然而只有一个

---

① Campbell et al., *Biology*, 32.

② Tanford and Reynolds, *Nature's Robots*, 3.

③ Ezrin, "Plastics Failure/People Failure," 17. Ezrin is a relative of the author.

年代真正挂上了这个名号。涵盖范围从3.59亿年前到2.99亿年前的石炭纪，因掩埋了大量能形成煤炭的有机碳而得名[①]。在那段时期，大气中的氧大量积聚。在石炭纪，茂密多叶的树木生长得欣欣向荣；树木的根部改变了土地，也加速了岩石被侵蚀，把碳跟矿物质扫进大海，让海洋生物吸收了一部分。某些碳最后固定在海床上。当侵蚀作用把陆地的某些碳抽走以后，植物和树木继续换取从水中来的氧（O_2），然后以空气中传播的二氧化碳（CO_2）作为回报。叶片呈鳞片状的高大树木渐渐变老以后倒在沼泽里，把体内的碳埋藏到地下，然后就留在那里，直到距今约300年前，煤炭工业才开始把碳挖出来。从地质学的时间尺度来看，300年就像几秒钟。

碳建立生命架构，氧则点燃生命。演化在石炭纪进入了一段实验期，造就出高达53.3米、垂着长长叶片的蕨类植物，还有两翼宽达76厘米的蜻蜓，我们可能只会把这样的世界当成科幻小说来看待[②]。现在的碳纪元则是倒过来的石炭纪——煤炭火力发电厂把长期埋藏的碳又烧回大气之中，把碳跟氧重新结合成二氧化碳。你的车也在做同样的事。汽油是从石油中炼制出来的，石油则是从比石炭纪更“晚近”的生油岩中过滤出来的。大多数的石油，在距今9000万年才被困在地下洞穴里。跟全球暖化有关的二氧化碳上升现象，也伴随着（没有威胁性的）大气氧含量下降，这点毫不令人意外[③]。

我们人类最近变得特别在意碳，试图测量出我们的“碳脚印”，

---

① Ogg, “Status of Divisions,” 185.

② Freese, *Coal*, 18; Lane, *Oxygen*, 76.

③ Klemme and Ulmishek G. F., “Effective Petroleum Source Rock,” IPCC, *Physical Science Basis*, 139.

就好像那是鞋子尺寸似的。时机正好，因为我们现在正打算用一种前所未有的方式来管理碳——这正是过去管理不当的直接后果。我们的碳纪元最明显的标记，就是在工业界连续两世纪燃烧碳氢化合矿物之后，人类出于理性，付出种种努力，要把地球的地质化学周期从垂危边缘扭转回来。

对于全球变暖现象，其中所有的研究、辩论与积怨，都浓缩成两个基本的概念，它们形成了本书的第一篇与第二篇。

首先，地球的温度和大气中的含碳成分，在每个地质时间带上都互相牵动。气温升高的时候，碳浓度也会跟着升高；气温下降的时候，碳浓度也会跟着降低。这通常是连续的事件（首先是温度变动，然后是碳浓度产生变化），直到工业化时期为止。此时科学家得知，反过来也一样。

地质记录显示，生命总是在帮助调节大气的碳含量，虽说在较大的时间尺度上，还是地球物理学力量占主导地位。如果这个趋势继续下去，人类就可以号称最具自毁性的气候调节力量了。碳在大气中流动（就质量来说，只是全球循环的一小部分），这个过程经常被视为通过生物、大气、海洋和土地进行的碳流动，其中还有来自碳氢化合矿物的碳[①]。这些领域区分并不是静态的，也不是彼此割裂分离的。这些媒介是自然的传输者，汇聚、制造出新的方向，并且改变各自的传导速度。大气对于从生物体、深海或陆地中排出的碳原子而言，是（就地质学而言）短期的中途转运站。

动力系统是地球气候循环周期的特色，但静止状态在每个地方都锁死了我们思考、组织和应用科学知识的方式。我们用以区分

① Houghton, “Balancing,” 314.

各种制度规范的行政与知性领域——国会的各委员会、高中科学课程、报纸版面——都有数十年，甚至（在某些例子中）数百年的历史，而且不再和我们所理解的世界运作方式符合。大专院校迅速地转换、重新定义科系的分野，在健康与生物领域也采用了物理与化学进步所产生的工具之后，尤其如此。伦斯勒理工学院的校长雪莉·安·杰克逊（Shirley Ann Jackson）就说："有一些重要的问题，只能通过生命科学和物理学、计算机及信息科学之间的关系来解决。"[①]

如果不用类似"气候""地质学""海洋化学"或"生物学"这样老式的、固定的主题领域来思考世界，非科学家或许可以把碳从分子尺度到全球层级的行为，视为"碳科学"。不再亦步亦趋地跟着科学界中令人困惑的领域划分，就只是抹消这些界限，然后追随碳的脚步。

科学是一种由好奇心带头、以解决难题为己任的事业。物理证据和批判思考能力，为维持我们生活方式的科技与知识带来了进步。伟大又有雄心壮志的科学家进攻这个世界时，是通过"科学方法"。这种逻辑思考的工具，应用范围远超过实验室，虽说在学校教室以外的地方很少获得认同。科学家是在知识的层级系统中，组织他们的发现。得到确认的观察就是"事实"，在更大的建制之中，事实是琐碎但不可或缺的基石。积聚起来的事实，可以指出自然之中更广泛的模式。当这些模式合而观之开始有理可循时，可能就指出了一个"假说"，能够针对研究中的现象产生可验证的预测。通过许多实验验证的假说，可以变成一种科学"定律"，可靠地预测某种现象。如果一个定律的解释力能揭示出自然界的基础运作方式，就可能被

① Jackson, interview with the author, January 16, 2007.

提升到科学知识的最高阶层——“理论”[①]。

促成本书写作的第二项观察是，人类让全球碳循环加速到正常状况的100倍以上，把这个世界改造成另一个样子，到最后我们自己可能都认不出[②]。突然的气候变化以前也出现过，最近一次是距今1.2万年前，但科学家在记录中找不到类似的状况，能够显示未来将产生什么样的巨变，或者这样的变化可能有多“突然”[③]。人类造成的全球变暖是一种地质学上的脱轨现象，速度快得惊人。

智人不是所有生物中蹒跚跋涉过一段稳定时期的第一个物种。但是看一眼地球如何运作，就会导向这个结论：我们改变地球的速度比过去更快，这种速度是前所未有的。科学家在短期与长期的碳循环之间做出区别。短期循环延续几小时、几年或者几百万年，并且描述了碳穿越生命、水域、土壤和空气的路径。长期碳循环则补充了这条路径的另一段：地壳[④]。当原料沉淀在地面或海床上，然后留在那里的时候，碳的旅程可能暂停个千百万年。碳可以一直待在地下，时间长达两三亿年或更久，直到陆地或海中的火山再把碳喷回地表系统（大部分是以二氧化碳的形式出现）。作为一种地质现象，人类文明让长期与短期的碳循环短路了。

地球上的水域、岩石和大气，就是大规模“洗碳”行动的场所。就像碳原子流经活体细胞中的正常化学循环，这些碳也在自然界大规模的地质化学循环中流动。地质学家一再估算后得知，地球的碳存量多达75京吨（京是兆的一万倍），大多数埋藏在石灰岩、白云石以及称为油母质的钙化油渣、煤炭、石油和天然气中。这是碳从

---

① Hazen, e-mail to the author, October 24, 2007.

② Berner, “Long–Term Carbon Cycle, ” 323; IPCC, *Physical Science Basis*, 465.

③ IPCC, *Physical Science Basis*, 107.

④ Berner, *Phanerozoic Carbon Cycle*, 3–9.

地球初始到现在的估计总量。地球上保持能量守恒，没有创造也没有毁灭，只是循环。大气中夹带了9000亿吨的碳，比地面上的植物中所含的6000亿吨碳更多。土壤中则吸收了自身三倍的量。虽然大气中的碳含量对地球的可居住性质有不成比例的重大影响，这些碳或许只是地球总储存量的十万分之一。可开采的化石燃料中，可能含有5.5兆～11兆吨的碳。大多数的短期循环碳跟着海洋流动，海中约带有42兆吨的碳——可能多达大气含量的50倍[①]，这些碳大多数埋藏在中间地带或者深海里。海洋中吸收了大约一半由人类排放的化石燃料，但这种趋势并不会永远维持，目前已经出现减缓的迹象。

在碳循环中，风与水、细菌、植物和动物永恒地彼此缠绕着。碳原子悬浮在大气中达一世纪或更久，两旁伴随着氧原子，以二氧化碳的形式出现。二氧化碳分子弹开其他的空气分子，碰撞、振动，然后翻转着穿越大气。植物从空气中吸进这种“原子三人组”，然后暂时储存在叶片中。一只长颈龙经过，吃掉那些树叶。一只暴龙跳出来吃掉了长颈龙。这只暴龙活到大约28岁，然后吐出肺里最后一口二氧化碳[②]。食腐动物跟细菌分解了它的尸身，变成了更多的二氧化碳、氮以及其他元素，先前这只暴龙在不知不觉中带着这些元素到处跑。雨把尸体上的某些腐化物质洗刷掉，流入大海，暴龙身上的碳，在那里可以花上10万年的时间循环。在碳循环中，万物各有其位，直到找到下一个位置为止。

这不只是东方神秘主义者和西方心灵大师在传道，万事万物都处在即将变成其他东西的准备状态下。就化学和生物学上来说，这是真的。生命、大气、海洋与陆地在一支有数十亿年历史的舞蹈之

---

① Berner, *Phanerozoic Carbon Cycle*, 6.

② Erickson, “Gig antism,” 772.

中紧紧相连，这支舞会一直跳下去，直到地球的内部熔岩熄灭，或者太阳烧尽（不管哪个先发生）。在此之前，能量在地球系统之中的流动，会驱使原子跟分子进入越来越复杂的状态。[①]

在我们的碳纪元里，经济活动让地质时间崩解成只有人的一生的长度。这本书的前半部分会探索碳和生命的源头，还有演化上的新事物在某些情况下如何重新引导碳循环流经大气、海洋与陆地。后半部分所包含的内容只涉及最近这 150 年，并且解释科学家、工业家跟消费者如何制造出整体的工业性碳循环——把百万年的地质沉积物冲回大气中。第二篇的章节跟第一篇的章节互相对应，用来比较演化与人类科技是如何解决相同的问题，还有科技在演化中的地位，同时也展现这个碳世界的基本运作方式。

---

① Niele, *Energy*, 98.

说 明

我们有些人早晨呼吸新鲜空气时，会出于直觉采用华氏（℉）单位来衡量温度，这样的人对摄氏温度（℃）并没有切身的了解。科学界却只使用摄氏温度；而且在科学领域，坚持使用摄氏单位实际上让沟通更容易，也避免了混淆。所以当我讲到温度的时候，会优先指出摄氏温度，如果有必要才补充华氏温度。

地球的平均温度大约是 14 摄氏度，或者 57 华氏度；在 20 世纪，地球变暖了大约 0.6 摄氏度（1 华氏度）。许多科学家说，变暖可容许的上限是 2 摄氏度（3.6 华氏度）。摄氏度也用于估计远古以前的温度，举例来说，根据某个模型，在 2.51 亿年前，火山曾极度活跃了 100 万年，导致当时气温上升了 6 摄氏度，地球上有 95% 的物种都因此死亡[①]。

---

① Michael J. Benton and Richard J. Twitchett, "How to Kill," 358.

第一篇 自然界

在这个阶段，你必须承认，一切被认为有知觉的事物仍旧是由没有知觉的原子所构成的。任我们观察的各种现象，并未抵触这个结论，也没有导致冲突。更精确地说，这些现象牵着我们的手，引导着我们，并且迫使我们去相信：有生命之物，就如同我所主张的，是由无知觉之物所生。

——卢克莱修（Lucretius），罗马诗人，

哲学家，约公元前99～前55年

第一章

新鲜出炉：宇宙大爆炸之后的碳

浪漫派可能喜欢把自己想成是由星尘构成的，犬儒派却宁可自认为是核废料。

——西蒙·辛格（Simon Singh）

半人半神的普罗米修斯知道，众神所控制的火焰对他那些寿命有限的亲人大有好处。他偷走了火，触怒了宙斯，因此遭受一种特殊的酷刑折磨。普罗米修斯站着被绑在山顶上，秃鹰每天都以他的肝脏为食，夜晚他的伤口会愈合，如是周而复始，直到永远。

普罗米修斯的神话在时光之中反复回响，而且特别适合我们这个年代。火的礼赠也就是启蒙的礼赠。而一道火焰，当你闭上眼睛时会想象到的那种火焰，正是炽热发光的碳。碳如何来到地球，人类如何控制碳的燃烧、又失去控制，正是奥林匹斯众神故事的缩影。数以千计的科学家数百年来一再重写这个故事，现在也还在修改中。

碳最早的几段故事，发生在很久很久以前一个很远很远的地方。这些故事，是地球上有生命呼吸和普罗米修斯之火以前的史前史。要不是因为有两种有利条件，碳的累积量永远多不到哪去，我们也都不会存在。被科学家称为“有利条件”的那些事物，从人类自我中心的角度来看，我们可能会认为是这个宇宙恰到好处的一次遽变。这些条件是，恒星如何用自身内核里较轻的元素制成碳，以及碳如何在星际空间中争取到自由，在此第一次展现出自己在元素之中的王者气质。在第一批碳原子泽被宇宙几百万年之前，故事就这样开始了。

起初什么都没有，但顷刻之后，宇宙尖声哭喊着出世了，混浊地包含着迄今所知最高温的能源，比太阳高达1500万摄氏度的内层还要热。导致这种热度的是一种巨大而无法理解的因素。宇宙的出生时刻以一种太微小而无法体验的时间单位值来标定，是一秒钟切成几乎无穷小的其中一份，宇宙学家称之为“历元”。在一毫秒过去以前，四种掌控物质粒子互动方式的物理力量就彼此分离开来：首先是重力，然后是把原子核拘束起来的力量，还有掌控辐射的力量，最后是电磁力，这种力让原子核及其附属的电子——再引申下去，就是所有生物以及人类经验中的无穷宇宙——能够在我们搏动着的小小碳世界里活动[①]。

婴儿宇宙成长着，但其中所包含的能量一直维持原状。能源无法被创造或毁灭。宇宙现在所包含的能量，跟它刚出世不到一毫秒时是一样的，只是块头变大了很多。这个宇宙在刚开始的几个历元里持续膨胀，其中的能量分散到较大的空间里。因此，宇宙的温度下降了。能量转眼间就变成了物质。带正电的质子、中性的中子，还有带负电的电子，就是原子的三大主要组成要素。最轻的原子核，是在大多数状况下只有一个质子的氢。在只有一分钟大的宇宙

① Tyson and Goldsmith, *Origins*, 26.

中，氢是唯一出现的元素。

在第一批恒星成形以前，甚至比碳原子核现身更早，冶炼出这两者的蛮横力量首度在宇宙间出现。在宇宙大爆炸之后一分钟左右，次原子粒子初次自行熔接为一体，变成比较大的原子核。质子跟中子碰撞、融合，把自身的一部分质量以能量的形式放射出去。两者的结合留下了包含两个质子的原子核，这正是氦元素的特征。另一个质子则把氦转变成锂。再过了大概两分钟，温度降到维持核融合所需的门槛温度以下。这让氢、某些氦还有少得多的锂原子核，成为此时仅有的元素。在宇宙大爆炸之后数千年，没别的原子，只有如同天文化学家埃里克·赫布斯特（Eric Herbst）教授形容的“和成一团的烂泥”，原子核跟自由移动的电子在太空中横冲直撞[①]。原子在宇宙大爆炸大约 38 万年后才变得彼此判然有别，当时的温度容许带正电的原子核捕捉电子[②]。这些电中性原子的初登场，把包裹住宇宙的离子雾给掀了起来。光，

---

① Herbst, “Chemistry of Star-Forming Regions,” 4017.

② 原子的样子并不像一个微型的太阳系。1908 年，英国物理学家欧内斯特·卢瑟福（Ernest Rutherford）提出了这样的原子结构模型，遗憾的是，没有被认可。“卢瑟福原子模型”描述了带有负电荷的电子快速地掠过带有正电荷的原子核，但这个模型并没有解释为什么电子没有扑向原子核的怀抱。在阿尔贝·加缪（Albert Camus）1955 年出版的随笔集《西西弗斯神话》中，“卢瑟福原子模型”被描述成无知的代名词：

> 我确实可以随口就说：“我知道！”读万卷书并不能让我君临天下。你向我描述这个世界，并将万事万物分门别类。你教授我事物的法则，渴求知识的我承认这些法则的真实性。你将万事万物的结构分解开，我的兴趣越发强烈。最后你教我这个奇妙多彩的宇宙可以被分解为原子，而原子又可以被分解为电子。所有这些都没问题，我还在等你继续讲，结果你编出来一个看不见的由原子核吸引着电子构成的“行星系统”。所有这些你居然只用一张图来说明。我意识到，你已经将事物分解到一个玄乎其玄的境界，我永远也理解不了，我都懒得生气了。你已经改变了事物的公理，这样的话，所谓科学，到了终极阶段都变成了假说，原本清楚的事实都变成了象征和隐喻，弄不清楚的问题都以艺术的形式解决。你给了我两个选择，一边是确凿无疑但毫无用处的描述性事实，一边则是玄而又玄但据说有万般意义的假说。

第一次照亮整个太空[①]。

在接下来的两亿年到四亿年之间，原子被彼此之间的重力拉在一起，聚集成云。云越浓密，把原子拉在一起的重力就越强，就会有更多原子加入这个混合体。原子们更频繁、更紧密地碰撞。这种碰撞刺激了电子的活动，温度也升高了。在原子云重复加热浓缩的过程中，原子核就会释出自身所带的电子，直到最后原子云核心达到数百万度，热到足以再启动核融合的过程——从开天辟地的前几分钟以后就一直休止，直到现在的元素制造程序。从许多恒星上射出的光芒，比我们的太阳还要强上好几倍[②]。

第一群恒星生命短促，以超新星的姿态死得惊天动地。仅仅数百万年的燃烧时间，就像是宇宙的烛光一闪。数十亿年后，超新星只是偶然爆炸，一种壮烈的星星之死，在某颗星体的内核在半秒内塌陷到原有尺寸的一小部分时才会发生。超新星引爆瞬间所释放出的能量，是我们的太阳在整整一百亿年生命中会放出的所有能量的三百倍[③]。

第一代恒星属于异例。大多数成熟的恒星（包括太阳在内）比第一代恒星寿命长几十倍，死法也没那么戏剧化。看到第一代恒星的生命这么短促，死亡时的力量又如此强烈，很容易就会忽略这些恒星喷发到太空中的灰尘有多重要。宇宙间第一批比锂还重的元素，就是碳、氮、氧，以及少许稍微重些的元素。

宇宙大爆炸只散播出三种最小的元素：氢、氦跟锂，它们被科

---

① Tyson and Goldsmith, *Origins*, 27.

② 这本书认为第一批恒星可能不是发光的，它们是深色的，由暗物质构成。Spolyar, Freese, and Gondolo, “Dark Matter.”

③ Helfand, “History of the Stars and Elements,” presented at Frontiers of Science lecture, New York, September 25, 2006.

学家分别指定为原子序的一、二、三号。这些数字指出原子核中有多少质子，也构成了能够把原子定义为某种元素的识别特征。

恒星制造出碳的关键方法，在于原子核的质量（质子跟中子的总和），具有相同质子数、不同中子数的同一元素的不同核素称为同位素。元素不同的同位素，根据与质子共生在原子核中的中子数量而定。氢有一个质子，而且可以拥有零到两个中子，所以氢的潜在同位素为氢一（一般的氢）、氢二（氘）或氢三（氚）。氦有两个质子，可以拥有一或两个中子，所以氦的同位素是氦三或氦四。碳则是由氢同位素（间接）与氦同位素（直接）共同构成的。

恒星核内的高热与压力把氢"烤"成氦，一次靠着一个反应来改变整个恒星的组成成分。两个氢一原子核融合在一起，两者的质量加起来构成一个更大的同位素。第三个氢一则跟别名为氘（又名重氢）的氢二融合。每次新的融合反应都会放出能量，足以补偿原来那两个原子核跟后续产物之间的质量差异。能量与质量可以彼此互换，以另一方的形式来表现。这个事实就在爱因斯坦著名的方程式 $E=MC^2$ 之中：能量等于质量乘以光速（每秒 30 万公里）的平方。

在这些反应以后，原子核的增加跳过了几步。那些氢三（氚，或称超重氢）无法变成氢四，却能够彼此冲撞，然后散开。当两个氢三原子核产生反应的时候，会立刻破裂，变成一个崭新的氦四原子核和两个剩下来的氢一原子核[①]。恒星内核里面发生的就是这种事，年轻的星星就是这样燃烧的，那时星星正在制造氦四——碳原子核的直接成分。

这些恒星如此巨大，密度又高，以至于由内核中释放出的能

① Bethe, "Energy Production in Stars," 227.

量，要花差不多20万年才能传到表面。在传送途中，这股能量持续被其他粒子不断吸收并散布出去，往上穿透传导层到达表面，经过拱起约高达160万公里的火舌，然后往外进入太空。恒星要花数十亿年的时间，才能在这个燃烧过程里（从氢变成氘、再变成氚）完全改变自身的成分。氦的质量大于氢，比较重的氦原子核因此有较强的重力。在太阳的历史中，氦的重力拉扯已经导致球体收缩，随之产生了更多的热。在距今40亿年前，地球上刚开始有生命的时候，太阳的温度大概比现在低30%。前述的观察设定了一项参数，可以据此来思考生命乍现时的最初状态[①]。

刚好比氦大的元素——锂、铍、硼——在宇宙中太罕见了，对于恒星的能量制造没办法发挥显著的作用。所以在状况正好、恒星够大、内核够热的时候，氦就会开始燃烧成下一种最大的元素：碳。

井然有序的科学描述（就像碳的史前史这种故事），是在数十年间慢慢积聚增加的。此时各种假说彼此竞逐，科学家也在寻找支持这些假说的证据。科学家也是人，他们有自己的成见和职业生涯的压力，而且也会犯错。但科学作为一种全球性、已有好几百年历史的事业，理应消除个人偏见、更正错误，基于实质证据和批判性的推论，创造出一种懂得自我怀疑、常有异议又持续增长的共同成果。随着时间流逝，专业人士把有希望的点子和没有证据支持的想法区分开来。

有时候专业人士会碰到阻碍。在1900年，虽然还是没人知道

① 太阳热能的改变并不会在人类的时间尺度上得到体现，也解释不了全球气候变暖。参见IPCC *Physical Science Basis*, 136 and 188–193。IPCC最新近的评估中将太阳系的变化对全球气候变暖的影响降至7.5%。

太阳是怎么发光的，某些物理学家却觉得他们已经没有问题需要解决。他们倒是晓得太阳“不是”用什么方式发光的。如果太阳像蜡烛那样燃烧，那它诞生以后很快就会耗尽燃料，而且真的很快。没有任何实际的燃烧量可以比得上恒星的核融合。把 1000 兆吨的煤炭铲进火炉里，只能产生比一秒多一点点的太阳能[①]。假使有那么多的煤炭存在，理论上就能供应美国这样规模的经济体 150 万年的需要了。

发现恒星制造碳的方法，是在寻找宇宙起源的过程中附带演出的插曲。恒星随着年龄的增长制造出更大的元素，这从本质上把恒星制造能量的目标，限制在构成元素内。追溯这些元素来自何处，在考量宇宙起源的时候是很重要的。在宇宙大爆炸理论还是个假说的时候，碳在核融合中扮演的角色变成了主要的辩论战场。

同样也在 1900 年，德国物理学家马克斯·普朗克（Max Planck）提出一个新的想法，导致整个物理学领域以此为轴心运转：能量以不连续的方式运动。次原子粒子——甚至连光粒子也在内——并不会飞舞、射出或者嗡嗡振动。粒子跟海绵不同，并非把能量当成水一样吸收、然后再挤出来。有时候能量的等级被描述成像阶梯一样，你不是处于这一阶，就是另一阶[②]。如果“跳”指的是粒子的位置会从一点改变到另一点，却不是以跨越空间的方式移动，那么粒子就可能会“跳”。这些增加量被称为“量子”（quanta）。量子（quantum）是一个拉丁词，跟英语中的“量”（quantity）相关。

量子物理学在接下来的 40 年里成长，其中充满了大量的创

---

① Laurence, “Endless Duel of Atoms,” 1.

② Campbell et al., *Biology*, 35; Angier, *The Canon*, 97.

意、建设性的失败、理论上的洞见、争斗、繁重的数学计算和缺乏建设性的失败，还有最重要的东西：实验证据。在20世纪30年代中期，康奈尔大学的科学家汉斯·贝特（Hans Bethe）以一系列百科全书式的文章，把核子物理学的形成期正式规范化，这些文章后来被称为“贝特的圣经”。这使他取得了进一步的成就。在1938年，众多核子物理学家开始对太阳的能量提出认真的疑问。当年年初，贝特和一位年轻的同僚发表了一篇论文，主题是两个质子（氢原子核）之间最基本的核融合反应①。他们汲取先前几十年的物理学突破，为接下来延续数十年的研究计划创建出适用的理论架构。

当年在华盛顿召开的一次物理学年会中，贝特领悟到恒星还有第二种方法可以把氢烧成氦，但是要有碳才做得到。他形容他的“碳氮氧（CNO）循环”，是比太阳还要大的恒星会经历的一个阶段，在这个循环中，一个碳原子核和四个氢原子核（或质子）在一连串的反应中熔接在一起，这些反应制造出一个新的氦四原子核，还有原始的碳十二原子核。接着，碳回头跟另外四个质子启动一个新的循环。

虽然这项工作意义重大，有一位同僚抵抗不住诱惑，还想让这个成果显得更有史诗色彩。核子物理学界的头头，华盛顿大学的乔治·加莫夫（George Gamow）说了点小谎，让贝特的真知灼见显得更加富有英雄气概。他说，贝特在华盛顿的会议（加莫夫也是共同主持人）结束之后，坐火车要回到纽约州伊萨卡的家，然后在半路上产生了这个想法。贝特的同僚对他推崇至极，所以这个故事乍听很逼真，在很长一段时间里大家都信以为真。（事实上，他花了好

---

① Bethe, “My Life,” 1.

几个星期构思。[1]）从普朗克的发现，到1957年对于恒星如何建造所有元素的第一个完整研究[2]，其间经过了60年；贝特的研究是其中关键性的一环。

这个关于恒星碳循环的观点，就算经过了70年的微调，至今仍然适用。根据当时流行的太阳物理学，贝特计算出这种碳燃烧发生在太阳上。这让贝特产生一种印象：太阳有自己的碳循环。在一次对《纽约时报》（*New York Times*）谈到碳氮氧循环的周期性时，贝特妙语如珠，他告诉该报："太阳既吃掉了自己的碳，又同时保存了它。"[3] 太阳使用的到底是哪一种循环，是"从质子到质子"的连续反应，还是碳循环？这种含糊不清的疑惑，一直维持到20世纪50年代早期[4]。

不论贝特还是别人都没有事先看出，在关于宇宙起源的大规模论战里，碳会变成一个重要但非决定性的角色。贝特的研究留下一个悬而未决的问题："碳从哪来？"他试图回答这个疑问，却没办法做到，这或许是因为关键的核子物理学实验还要再过十年才会做出来。他放弃了三个氦四原子核在瞬间熔接成一个碳十二的想法。

所有发展宇宙大爆炸假说与恒星内元素化合理论的竞争者，在不同方面都做得很对，也都犯了大错。宇宙论的黄金年代，发生在第二次世界大战结束后的十年里。加莫夫是从苏联移居到美国的移民，他思考深刻、头脑聪颖，有一股奔放澎湃的幽默感，还具备远见，把这个当时还很年轻的领域带入成熟期。在1984年，加莫夫和研究生拉尔夫·阿尔弗（Ralph Alpher）为他们的宇宙起源理论勾勒

---

① Bethe, "My Life," 3; Salpeter, interview with the author, May 25, 2006.

② Wallerstein, "Synthesis of the Elements," 995–999.

③ Laurence, "Endless Duel of Atoms," 1.

④ Walling, "Research at the Kellogg" (Ph.D. dissertation, University of Minnesota, 2005), 112.

出雏形。他们假定宇宙在最初扩张期间释放出的能量会越变越冷，从最初几个历元的数十亿度高温，到140亿年后的现在，大约只剩下零下268摄氏度。这等同于绝对温度5度——绝对温度是天文学家比较喜欢使用的温度标准[①]。绝对温度5度是极端大胆的估计值，后来在20年内得到相符的天文观测结果，只有些微不精确，很快就得到谅解[②]。但在加莫夫的假说刚发表的时候，某些声名显赫的天文学家和核子物理学家对此嗤之以鼻。在纳粹时期从奥地利逃出的康奈尔大学太空物理学家埃德温·萨尔皮特（Edwin Salpeter）就表示："我们之中许多人，特别是理论家，有着伪教皇似的傲慢态度，不喜欢宇宙只是在一次突然大爆炸里诞生的观点。"加莫夫有一位充满偶像破坏精神的可畏对手弗雷德·霍伊尔（Fred Hoyle），他在英国国家广播电台（BBC）的一档科学节目中，嘲弄加莫夫竟有这种想法，认为万物的开端是一个"大爆炸"。加莫夫却很爱霍伊尔的揶揄之词，于是这个假说的名称就定下来了[③]。

加莫夫和阿尔弗认为，在宇宙大爆炸时期，融合反应会把较小的原子核组成比较大的原子核，一次增加一个质子。问题在于核融合碰上了障碍。实验观察结果已经让这个观点产生动摇。在1939年，明尼苏达大学的科学家以实验说明锂五不稳定，很快就会解

---

① 华氏和摄氏温度的设置与地球水循环挂钩。这些温度衡量方式能够告诉我们要准备毛衣还是泳装，但是不能体现恒星热量或星际间的寒冷度。绝对温度即开尔文温度，则可以用来衡量人类圈以外区域的温度。开氏温度中没有零下，零度就是绝对零度，即没有任何热量的状态。开氏温度和摄氏温度每一度间的跨度完全相同，即开氏零度为零下273摄氏度，摄氏零度为273开氏度。

② 理查德·戈特（J. Richard Gott）曾经写道："预测到放射的存在，并将它的温度精确至两倍以内，这是一个伟大的成就，远比预测到一个15米宽的飞碟降落在白宫，从飞碟中走出一个8米高的外星人要伟大。我们可以将其称为有史以来最伟大的科学预测。"Gott, *Time Travels*, 160；引自 Tyson and Goldsmith, *Origins*, 57。

③ Salpeter, interview with the author, May 25, 2006; Gregory, *Fred Hoyle's Universe*, 47.

体。十年后，威利·福勒（Willy Fowler）在加州理工学院的实验室发现，原子量为八的铍八（铍的同位素之一）原子核也不稳定[①]。碳的主要同位素原子量为十二。但加莫夫和阿尔弗的假说没办法解释质量超过氦四的原子核。

在20世纪50年代早期，加州理工学院的核子物理学家更深入地研究铍八的不稳定性，然后发现一个奇怪之处，这一点对于恒星如何创造碳的问题有所启发。加州理工学院的凯洛格辐射实验室（Kellogg Radiation Laboratory）里，聚集了这一行好几位精英，在福勒的指导下做了一些在核子物理学领域最全面性的实验。他们的对撞机发射出粒子，让粒子彼此碰撞，以显示其中的成分。萨尔皮特当时是康奈尔一位年轻的教授，在加州理工做访问学者，他注意到贝特的想法：某些恒星可能把三个氦四原子核燃烧成碳十二，借此释放能量。物理学家把这些氦四原子核称为“阿尔法粒子”。（铀在漫长的半衰期里放射出的辐射线，就是由阿尔法粒子构成，离子式烟雾侦测器运作时，其中的镅也会放射这种粒子。）

从加州理工学院在1949年对铍八（两个阿尔法粒子结合）所做的研究里，萨尔皮特看出了某些新意。他认定这种转瞬即逝的原子核，是通往碳的关键垫脚石，也是其中一次“奇异的转折”，它解释了碳为什么会如此丰富，进而让我们所知的生命有机会出现。铍八原子核在崩溃以前，以基态存在大约0.968×10^{-16}秒。只有太空物理学家才会形容这段时间是“活得够久了”[②]，但那就是铍八能够维持的时间，而且这段时间长得足

① Walling, “Research at the Kellogg” (Ph.D. dissertation, University of Minnesota, 2005), 114.

② Wallerstein, “Synthesis of the Elements,” 1020.

以和第三个阿尔法粒子结合，创造出碳。如果铍八没有这么做，接下来就会一拆为二。虽然铍八原子核的寿命非常短，恒星却能制造出非常大量的铍八（大约在 100 亿个粒子中就有 1 个铍八原子核），所以很有可能出现碳十二[①]。因此，铍八和氦四燃烧成碳十二的过程，被称为“三阿尔法过程”，另一个更常见的称呼是“萨尔皮特过程”。

当然，这还不是全部的故事。这项研究回答了一个迫切的问题，与此同时还提出了另一个重要的问题。如果这项研究说对了，恒星制造碳的速度会太慢，产生的量不符合天文观测的结果。这时霍伊尔登场了，他是“大爆炸”一词的创造者，而且支持当时同场竞争的另一个宇宙起源假说。霍伊尔无法理解宇宙中观察得到的碳总量为什么会这么多，除非在碳原子核里潜藏着某种先前未发现的性质：一个接近铍八跟氦四两方能级加总后的能级。一旦达到了，这个能级必须让三个阿尔法粒子锁定为一个碳十二原子核，然后就停在这个状态。

在一次为期一年的驻加州理工学院访问里，霍伊尔促使凯洛格辐射实验室去测试碳原子核里是否真的存在他预测中该有的能级。霍伊尔写道：“几年以后福勒提过，当时他的第一印象是：我不知怎么搞的，竟然大幅偏离了我的心智罗盘所指示的方向。”[②]但实验证明了他的预测是正确的。当氦四跟铍八原子核融合的时候，他们合并的能量会渐渐地少于霍伊尔预测中的碳能级，数值为 765 万电子伏特。恒星的热度在碳十二中把铍与氦的化合物推到预测中的能级，然后反应就陷入停滞。如果有第四个氦原子核接近全新的碳

---

① Walling, “Research at the Kellogg” (Ph.D. dissertation, University of Minnesota, 2005), 110–111.

② Hoyle, *Home Is Where the Wind Blows*, 264.

原子核，这样的组合有潜力制造出氧，但这个反应的能量会渐渐多于最近的氧能级（来自恒星的热甚至还没算进去）。这个反应会失败，碳跟氦则保留各自的独立身份[①]。

1953年，经过十天的实验之后，加州理工学院的核子物理学家发现霍伊尔预测的碳能级。霍伊尔比喻说，那一周半的时间里，他就像被控告的犯罪嫌疑人在等待裁判结果，但有个关键性的差别：刑事案的被告自知是否有罪，然而无论如何都希望获得赦免。“但另一方面来说，在物理学中，实验家陪审团总是对的。问题是，你不知道自己清白还是有罪。”后来花了好几年的时间，反对者才心服口服[②]。

霍伊尔的预测以及证实此说的实验，让“碳起源于三阿尔法过程”的模型变得有可信度了。更好的实验证明，可以是在实验室环境里把三个阿尔法粒子融合成碳。可是，科学家缺乏真正测试这种碳制造流程的场所，太阳的核心还不够热，没办法做这种实验。氢弹把质子融合在一起，也“只”达到几百万度而已。然而恒星如何把氦烧成碳的证据，却还是持续增加。最近有一组欧洲物理学家，在瑞士与芬兰利用两具粒子加速器，为20世纪50年代早期进行的三阿尔法过程研究做补充。他们并没有像某些恒星那样，用三个氦四原子核制造出碳，但他们的确设法逆转了这个过程：把碳十二原子核打散成三个阿尔法粒子[③]，由此得以一窥大型恒星高达绝对温度一亿度的核心，那正是我们身体内外的碳诞生的地方。

---

① Barrow, *Constants of Nature*, 153–154.

② Hoyle, *Home Is Where the Wind Blows*, 265.

③ Fynbo, et al., “Revised Rates,” 136–137; Fynbo, interview with the author, May 8, 2007.

霍伊尔在他的晚年，就像不少同僚所说的一样[①]，“大幅偏离了他的心智罗盘所指示的方向”。他公开宣扬一种属于激进派真信徒的无神论。他还有些更世俗的怪僻，其中之一是他认为研究的粒子是有意图的，对于一个专业科学家来说，这种立场相当不寻常又启人疑窦。他写道，对于碳原子的性质，唯一有智慧的解释（更贴切地说，是“有超级智慧的”解释）如下：碳是由力求完美的力量所设计的。他说：“若非如此，我通过自然盲目的力量发现这样一个原子的概率，会少于十的四万次方分之一……如果你是明理又具有超凡智慧的人，你就会做出这样的结论：碳原子是刻意操纵出来的。”[②]

1953 年，霍伊尔希望能指出一次性把质子加在一起的核融合是行不通的，他的动机是以此证明加莫夫的宇宙大爆炸假说不正确。他取而代之的论证是，宇宙一直都存在着，处于一种“稳定状态”；恒星自己制造出各种元素，而不是某种时间之初的宇宙大爆

---

① 弗雷德·霍伊尔对于天体物理学界来说，是 20 世纪最伟大的瑰宝。他的友人都记得一些关于他的小故事。他晚年的时候，开始支持一些缺乏物理学证据支持、没有逻辑性的旁门左道，因此失去了在业界的威信。杰弗里·巴达（Jeffrey Bada）回忆了他和美国斯克里普斯海洋研究所（Scripps Institute of Oceanography）的斯坦利·米勒（Stanley Miller）曾在霍伊尔关于生命起源的课上大笑不止的一段经历。伊利诺伊大学的天文学家路易斯·斯奈德（Lewis Snyder），曾在一场演出中偶遇了霍伊尔，当时后者正在全神贯注地观看演出。哈里·科罗托（Harry Koroto）则气愤地说：“他在电视上叫我骗子！”埃德温·萨尔皮特（Edwin Salpeter）则对霍伊尔发现三阿尔法过程，即我们所知的萨尔皮特过程这一重大成就表现得异常谦虚。我问他，霍伊尔的预测是否如此重要，为什么三阿尔法过程不以他的名字命名。“这其实就是别人取的绰号而已，”萨尔皮特说，“霍伊尔解读了三阿尔法过程，让我将这个发现呈现出来，相对来说，我比霍伊尔更受欢迎。他确实有那么一点儿不好相处，但他是个不折不扣的天才。”过去的几年里，有两本霍伊尔的传记问世，一本是西蒙·米顿（Simon Mitton）的《宇宙之争》（*Conflict in the Cosmos*），另一本是简·格雷戈里（Jane Gregory）的《霍伊尔的宇宙》（*Fred Hoyle's Universe*）。霍伊尔还写过一本短小的自传，这些都在本书的参考书目中列出了。他 1959 年出版的小说《黑云》（*The Black Cloud*），是一部相当有趣的科幻读物。

② Hoyle, “The Universe,” 15–16.

炸办到的。他和萨尔皮特对碳的起源所做的研究，实质上拦腰斩断了加莫夫原来的假说，显示出是恒星制造出了比氢、氦和锂更重的元素，而非宇宙的诞生。三阿尔法过程是碳诞生的一条可行途径。但从这里开始，碳的故事就有可能朝着越来越多、无穷无尽的方向发展了。普里莫·莱维（Primo Levi）在《周期表》中关于碳的文章里写道："原子的数目极为庞大，我们总能找到某个原子符合的一个编造的故事。"[①] 这个故事现在转向另一条可行途径，碳的性质借此获得解放，这种有利的环境（你高兴的话，还可以说是这个宇宙的神来之笔）让碳的成就更进了一步。

已故的加州理工学院物理学家理查德·费曼（Richard Feynman）思考过，要是在某种不可思议的状况下，所有知识都被消灭，只能留下一句最重要的科学陈述句，那句话应该是："所有物质都是由原子构成，这种小小的粒子永远处于动态，到处乱跑，在彼此只有一小段距离时会互相吸引，但被挤在一起的时候则会互相排斥。"[②] 原子核重新获得电子，然后变成濒死恒星冷却外层里的原子。当原子之间的吸引力与互斥力达到平衡时，原子就崩溃成分子。

在一颗恒星死去时，氢与氦会被炸到太空里去。不寻常的碳分子和不定型的煤烟，在一颗恒星冷却的外层成形：纳米尺寸的钻石；碳分子组成的环、角和球；大量的一氧化碳；石墨；长长的碳链，左右两端一头是氢，一头是氮；乙炔（一种工业用原料，这种气体用于我们熟悉的焊接）；此外还有许多其他常见或奇特的化学

① Levi, *The Periodic Table*, 230.

② Feynman, *Six Easy Pieces*, 4.

物质[①]。气体轻飘飘地发光，呈现出各种奇妙的形状，轻柔地把其中的剩余物质散布到银河系中[②]。从恒星中释放出来以后，气体与尘埃在二度落脚以前，可以持续移动一亿年。

在重力把物质拉在一起，变成星云（就像极庞大的早产儿保育箱）的时候，天文周期重新开始，碳的建筑潜力就在星云里浮现。"弥漫星云"包含了小块的浓密"分子云"——"浓密"是一种相对的说法，因为这种气体云在每立方厘米中只有一万个分子，甚至比实验室制造出的最彻底"真空"更接近真空[③]。银河系中的许多氧气（氧气比碳多，比例大约为2.3：1），可能会被星云里散布的尘粒锁住，这些尘粒负责执行两项重要的任务。星尘能为星云的内部阻挡毁灭性的紫外线，紫外线会炸熟星云内部成形的分子。其次，星尘帮助建立了银河系中数量最丰富的分子：配成对的氢原子，也就是氢分子（H_2）[④]。碳就是在这些绝对温度10度的星云中，初次展现出建筑师的潜力。

碳之所以有机会变成元素中的平民之王，要归功于这些低温星云中的氢分子与氦原子彼此疏离。如果氦跟氢分子没有"攻击"碳的话，碳可能会继续固定在一氧化碳的形态中，永远没有机会发挥自身的创造力。在我们体内和现代物质中的碳，在地下坐镇数亿年、曾经烧成大气二氧化碳的碳，可能一度被固定在分子云中的一氧化碳里，然后因为氦跟氢之间的这种电子屏障而获得释放。

氢、碳和生命中的其他主要原子有共价键结，这表示它们共用

---

① Ehrenfreund and Charnley, "Org anic Molecules," 451–455; Kroto, interview with the author, July 6, 2006; Henning and Salama, "Carbon in the Universe, " 2204–2205.

② Tyson and Goldsmith, *Origins*, 113; Seeds, *Foundations*, 258.

③ Herbst, "Chemistry of Star-Forming Regions," 4018–4021.

④ Herbst, "Chemistry of Interstellar Space, " 171.

马头星云距离地球大约 1600 光年，是猎户星座中的一片浓密气体云

电子。电子占据了原子核周围的壳层，而且在这些壳层中有自己的“轨道”。大多数原子外壳层里的电子，并没有达到壳层容纳数量的最上限。在形成共价键的状态下，原子会结合起来，所以每个原子以共享的电子补满那些电子壳层。每个分子键都是两股力量的平衡——质子和电子之间的吸引力，还有让每个电子保持在自身势力范围内所需的拘束能量。

碳原子中有六个电子来对应六个质子。六个中子加上那些质子，让碳的主要同位素原子量为十二（原子核中的粒子质量比电子更高，超过 1800 倍以上）。但以原子的运作方式而言，只有最外围的电子直接参与制造分子的过程。碳有六个电子，但是只有四个可以建立键结。这些电子建立键结的本领非常神奇，然而不是不可逆的。碳能建立强有力的良好键结，一次可以建立多达四个。但碳也会拆散键结，建立新的。这种坚固与脆弱的结合，才让所有的碳科学与所有的生命有可能存在。

碳的成功，来自于对碳的发展不利到难以忍受的状况。首先，银河系大半都是空旷的空间。其次，有成团物质的地方（大部分是星云和恒星），几乎全部是氢跟氦。还有第三点：整个银河系（实际上是整个宇宙）只有 4.4% 是我们所了解的。暗物质，这股让各个星系加速膨胀、让星系彼此远离的力量，构成了 73% 的宇宙。暗物质解释了施加在恒星和星系上的重力，构成了宇宙的 23%。之所以称为"暗"物质，是因为这种物质对电磁波谱上的任何光波都不起反应，从低能量的无线电波到高能量的伽马射线都一样。正如加州理工学院教授肖恩·卡罗尔（Sean M. Carroll）针对暗物质所说的俏皮话："绝大部分的宇宙懒得跟你互动。"[1]

所以，在 4.4% 的宇宙里，碳只构成其中的万分之三。这听起来实在不像个充满希望的出发点，但一定就是这样开始的。在星际间侦测得到的分子形态之中，有 90% 都含有碳。从 20 世纪 60 年代晚期开始，天文学家就在距离地球大约 1600 光年外的猎户座星云，或是接近宇宙中心的人马座 B2 这类的分子云里，发现了 130 多种分子发出的能量信号。实验学家在实验室的模拟环境中重制了这些信号，以便确定射电望远镜的读数和正确的分子相符。其中有些分子在地球上颇为常见。举例来说，在分子云中可能有足够多的乙醇，足以装满 100 瓶地球那么大瓶子的伏特加[2]。

天文学家之所以知道碳在天上干什么，是因为气体分子会吸收并辐射特定频率的可侦测能量。在分子彼此碰撞或者波长正好的能量射入时，电子会变得活跃。在电子活跃起来的时候，就会"跳"到一个比较高的能级。在一段时间之后，分子会把电子再发射出

---

① Ouellette, e-mail to the author, November 17, 2007.

② Seeds, *Foundations*, 204.

去。举例来说，称为“氰”的碳氮化合分子对于2.37绝对温度的能量有反应，大致上跟宇宙大爆炸在这个宇宙的回声频率相同。20世纪90年代早期，天文学家在五个“弥漫星云”里侦测到氰。除了1960年贝尔实验室的两位科学家和1992年美国太空总署（NASA）所做的直接物理测量以外，这些观察又有了间接证据[①]。

这些望远镜从20世纪50年代起，侦测到好几十个分子的光谱特征，其中也包括90年代早期侦测到的氰。气体分子会吸收有无线电波频率的能量。比起肉眼通过较常见的光学望远镜窥看的目标——白色光或可见光，无线电波的能量微弱得多。我们所见的光只是电磁波谱的一小部分，只占4%。电磁波谱的范围包括在高能高频这端的伽马射线、X光和紫外线，还有处于另一端的红外线、微波和无线电波。在一个分子中，电子在吸收或释放辐射时往上或往下“跳”到不同的能级。虽然这种能源和分子之间的互动，可能看似一种无线电天文学的神秘细节，却也是了解一切事物（从植物如何把阳光转换成碳水化合物、动物如何看见物体，到温室气体如何吸收热）的基础。

望远镜观察结果中的相关性，显示出特定分子特征的实验，以及对原子一般行为的了解，让科学家很有信心地说出氢分子跟氦原子之间的排斥性如何把碳的建筑创意给释放了出来。需要超过24伏特的电力，才能把一个电子从氦上面震出来。氢相对没那么难以动摇，超过14伏特的电力就会使它放出电子。这样的电力，只比你所用的普通12伏特汽车电池稍多一点。碳，元素之中“最友善”的一员，在11伏特的电力下，就会把自己掌握的六个电子放出一个[②]。

星尘云会挡住紫外线，以免毁灭星云内的化学物质培养箱。但

---

① Roth et al., “Interstellar Cyanogen,” L67.

② Klemperer, “The Chemistry of Interstellar Space.”

星尘云无法阻挡宇宙射线——在整个银河系中均匀剥落的质子。当宇宙射线撕裂星尘云时，会把电子从束缚中解放出来。就算是氦，也没办法在宇宙射线之下保卫自身的电子。宇宙射线以1亿伏特的电力猛然切入，瞬间剥去分子跟原子中的电子。制造出几乎所有星尘云的氢分子跟氦，依照云雾组成成分的比例受到袭击。氢和氦变成带正电的粒子，称为离子，写成 H_2^+ 和 He^+。两者之间的互相忽视，解放了碳的潜力。

大部分时候，氢分子对于寻找电子的氦离子来说是禁区。氦离子和氢分子起反应的频率，比科学家预测中离子与分子应有的反应频率低了1万倍[①]。离子反而去攻击下一个可用的电子来源：一氧化碳。

一氧化碳可能间接地成了生命的第一个自我复制分子（原初分子，ur-molecule），这种原料构成了比一氧化碳大的碳分子。因为分子云里有这么多一氧化碳，射电望远镜在勘测天空时，就是以一氧化碳的位置作为定位基础[②]。生物的存在可能都得归功于一氧化碳的解体。从大家在地球上对待一氧化碳的方式来看，你永远不会知道这种分子有多重要，因为一氧化碳会很快置我们于死地。在浓密分子云中，一氧化碳是猎物。

虽然这听起来很奇怪，分子却会像婴儿学步时一样，向分子云里较熟悉的物质靠过去。一个带正离子的氢分子（H_2^+）会把其他氢分子吞掉，制造出一个氢原子（H）和一个较大的氢离子（H_3^+）。最后这种离子拴到一氧化碳之上，制造出一个氢分子跟甲酰基阳离子（HCO^+）。对于太空中那些生物出现前的复杂分子而言，甲酰基阳离子是重要的基础材料。

---

① Herschbach, e-mail to the author, November 13, 2007.

② Wilson, Jefferts, and Penzias, "Carbon Monoxide in the Orion Nebula," L43; Klemperer, "The Chemistry of Interstellar Space."

在分子云里，氦原子比一氧化碳大约多500倍。当宇宙射线把中性的氦原子打碎成离子，后者会偷走一氧化碳的电子，把分子破坏成中性的氧原子跟碳离子（C^+）。这可是一件大事。宇宙中数量第四多的元素（只构成了占比很少的一点点物质）就是这样实现自身的潜力，建造出了分子云中90%的已知分子，后来还制造出地球上99%的物质。

碳、氢还有氮紧紧联结在一起，变成氰化氢（HCN），对人来说是致命剧毒。正如我们将来会看到的，这种化学物质对地球上的生命起源有潜在的工具性。自由的碳离子会闯入氰化氢，然后制造出氰基乙炔（HC_3N）。再加两个碳离子，就会制造出HC_5N，然后还会有更多碳离子加入，直到变成$HC_{11}N$这种在太空中可以观察到的长链状分子（$HC_{13}N$是在模拟星云环境的实验室里制造出来的[①]）。这些分子被称为氰基多炔烃，会在碳的故事开讲以前“落入凡尘（地球）”。碳离子建造的东西不只是这些笔直的长链，还会建造出三角形、环形，以及基础碳科学中的其他积木式结构。

当小块气体跟尘埃更进一步凝聚成称为“热分子云核”的天体时，分子云中有利于碳的条件变得更加复杂。在密度增加数千倍、温度升高的时候，分子继续破裂再重组。云核把大批丰富的分子拉进来，把这些分子结合成更加复杂的碳化合物。对热分子云核的长期努力研究，就是为了在太空中找到类似关键性生物基础材料的分子，从而产生对生命起源的进一步理解[②]。

氨基酸是蛋白质的基础材料，占生物身上除了水分以外的大部分重量。生物只偏爱20种特定的氨基酸，虽然按照氨基酸的定义，

---

① Travers et al., “Laboratory Detection, ” L61.

② Nelson and Cox, *Lehninger Principles*, 116.

其实该有无数更多的可能性。所有的氨基酸分子核中都有一个碳原子，碳的四个电子中，有两个会拉住一组氢氧化合物。第三个碳键则卷起以氮和氢构成的氨基群。碳的第四个电子键则绑起一个有特色的支链，每种分子的支链都是自身独有的。所有生命都只靠这 20 种“基石”[①]，建构出各自数十万种蛋白质。要是少了一颗碳原子的援助，这些基石就无法聚集在一起了。

天文学家至少曾经两度宣称，看到氨基乙酸（形式最简单的氨基酸）出现在热分子云核之中。但两次都是空欢喜。这些分子可能出现在热核之中，也可能不会。毫无发现并不等于证明这些分子不在那里。在科学界，模棱两可的状态很常见。科学家会尝试不要对研究成果投入太强烈的情绪。他们的行业，是以镭射般犀利的怀疑主义作为主要工具。要是一位科学家找不到足以否定自身研究成果的证据，由别人找到的可能性也不低。该如何看待自己的研究？萨尔皮特这么说：“把自己的科学研究看得太认真，可不是个好主意。你需要顺其自然。”

重力把热分子云核里的尘埃跟分子拉在一起，这股力量胜过反其道而行的其他宇宙力量。星尘旋转成一个气态球体。其中一颗新的恒星开始发光，这颗星的自转把物质抹平，塑造成初生的太阳系。

---

① Snyder et al., “A Rigorous Attempt,” 914.

第二章

舞者与舞蹈：碳和生命起源

大家只因为不了解癫痫，就认为这种毛病是神圣的。但如果他们把所有自己不懂的事情都视为神圣之物，唉，那神圣之物可就数之不尽了。

——*希波克拉底*（Hippocrates）

从人类围炉说故事以来，生命的起源一直是神话跟宗教的主题。但直到近 50 年，科学家才有办法执行精确的实验，测试地球早年可能有的那些条件以何种方式拼合生物化学的优雅拼图。生命起源研究者“追随碳的脚步”，从地球形成时碳的登陆开始，追到束缚基因密码的原子，测试地球化学可能让生物化学萌芽的潜在路径。

所有生命都是一种经过统合的化学现象。然而生命如何变得有别于地球化学现象，可说是次要的问题。首先，光是描述生命是什么，就已经带给科学家够多麻烦了。人类和其他生命体一样吊诡矛盾。每个活生生在呼吸的人都有数不尽的数兆个细胞，每个细胞都有数不清的上兆个分子构成繁复细腻的舞步，而每个分子都有一个彻底无生命的化学结构，而且光靠自己什么都做不了，只能被冲走或者在阳光下衰颓。我们视为“生命”的特征，是从这些分子的复杂物理交互作用中浮现的；这些作用的驱动力，则来自分子从周围环境中持续取得并释放的能量及营养。

关于生命的极简版叙述，通常包括同样的一小撮特征。生命是由包裹在生物体膜中的化学物质，以及永续运作的化学变化所构成的系统。这些以碳为基础的化学物质，跟水之间有种爱恨交加的关系。生命会利用地球上的能量来源，几乎是哪里有就拿来用。而生命之所以具有多样性，是因为基因编码中的随机突变，经历了达尔文式的自然选择[①]。

生命起源研究需要横跨多种专门学科的专业知识，从钻研地球形成过程的地球物理学家，到范围庞大又日益膨胀的基因研究领域正时兴的分子生物学家，都包括在内。起源研究是一种全球共同合作的活动，被放在“天体生物学”这个比较宽广的名称之下，是对宇宙间种种生物的“起源、演化、分布及未来”所做的研究[②]。这一章将会全盘审视来自各种不同学科的科学家如何收集证据（而且在缺乏证据时还经常发生辩论），证明有生命的物体如何从初始的化学物质发展出来。

许多实验科学家和理论学家都企图了解，生命的各种成分如何聚集起来成为最早的细胞。他们的工作有时候会区分成“由下而上”与“由上而下”两种研究路线。前者考虑的是地球早期可能有的环境条件，从大气到深海火山口都包括在内，并且尝试辨识出没有生命的物质如何发展成活细胞。这种“由下而上”的途径碰到了

---

① National Research Council, “The Limits of Organic Life,” 6.

② National Research Council, “Assessment of the NASA Astrobiology Institute,” 5.

限制。至今没有一个朝生物化学方向研究地球化学活动的实验室，能够在合理的条件下，合成任何一种跟基因密码基础成分一样复杂的东西，这种基础成分称为核苷酸。每个核苷酸都是由三个部分组成的。"含氮碱基"实际上是碳与氮构成的环。碳环在自然界中无处不在，碳原子被认定包含在其中。这些碳环也因为含有氮而别具特色，因此强调"含氮"。这些有侧基作为装饰的碱基跟五碳糖联结在一起，再加上一个磷氧化合分子，就可形成完整的核苷酸。科学家碰上一个"黑盒子"，在知识范围中有一块他们无法描述的空白，虽然他们或多或少了解其中填入了什么东西、又有什么从中发展出来[①]。

倾向于采取"由上而下"路线的科学家，把对于生命通用的基因学和代谢作用研究，比喻成解读羊皮纸上的原始文献。羊皮纸是一种古代的卷轴，可反复涂写[②]。采取这种研究路线的人也碰到了另一个"黑盒子"。艾伦·施瓦茨（Alan Schwartz）曾说："在你对问题是否能解答产生疑惑的时候，你就是碰到关键时刻了。"[③]从任何一种实质意义上来说，这类问题并不需要马上就给出答案。这些问题只要"有趣"就好。"有趣"一词在现代标准英语中，因为过度滥用而渐失意义，但科学论文中还经常认真地使用这个词，以表示值得花费力气、时间与金钱。因此，"黑盒子"每年都在缩小。

这种"由上而下"的研究路线提供了一个简单的架构，可用来思考世界从不毛状态到有第一批细胞居住之间的模糊状态。演化生

---

① Szostak et al., "Synthesizing Life," 390. 这是一部很有用的文献，但是绍斯塔克在文中使用"黑盒子"一词代表了有史以来最大的科学谜题。通过智能设计重塑的神创论拥护者非常推崇这部专著，可以说这是一部里程碑式的著作。

② Waldrop, "How Do You Read," 578.

③ Waldrop, "Did Life Really Start, " 1248.

物学家厄尔什·绍特马里（Eörs Szathmáry）运用先前的研究成果，提出生命的三个前提：一个用于设计信息的基因密码，或可称为“模板”；一个代谢系统，可以把消化的能量和营养转化成必要的生物分子；还有一层细胞膜，可称为“边界”，用以集中细胞内部的化学作用，并控制从外在环境中跨入的物质。绍特马里论证生命必须具备这三种性质，但达尔文式的演化（不完全复制与自然选择）只靠两种性质就能运作[①]。

从最小的纳米细菌到蓝鲸，生物全都吸收碳来为这三个连锁系统提供燃料与建材。生物的代谢系统把富含碳的“食物”烹调成维持生命所需的分子。碳跟氢、氧、氮、磷结合形成DNA，并质量上占大部分。碳也束缚着把生物体内化学物质与外在世界区隔开来的细胞膜或皮肤。

有一个主题会贯穿第一篇后面的章节：当生物变得更多样化，而且世界上的生物数量大增的时候，生命演化的过程就会影响全球的碳循环，全球碳循环同时也反过来影响生命演化过程。从一开始，生物就已经帮助调节了碳在大气、海洋与陆地中的总量，这些条件反过来影响演化。地球在本质上是一个封闭的物质系统，碳、水和其他物质的总量，可能跟这个星球刚形成时的数量差不多。由此看来，演化对碳穿越地球体系的路径而言，具备伸缩调节的作用，重设了地球化学循环（大气、海洋和陆地）之中的无数条回路。这种观察将有助于铺陈背景脉络，说明人类发展以及人造（人为）气候变化的独特性。第二篇就以人为气候变化的大事记贯穿。

---

① Szathmáry, “In Search Of,” 469–470.

在人类和火出现之前，在动物、植物和微生物出现之前，甚至在基因、代谢系统和细胞膜出现之前，地球上出现生命的第一个条件，就是先要有地球。这个星球是在暴力之中诞生的。这里没有用罗马数字雕刻日期的奠基石，只有陨石和地球上最古老的铅矿藏着这个星球在 45 亿年前诞生的证据。地球和陨石——多年来，这些陨石已经在星球表面留下痕迹——共同形成了一定数量的放射性元素铀。经历一段时间之后，大部分的铀衰变成铅的同位素。物理学家知道铀衰变得有多快，也知道哪些铀同位素会衰变成哪些铅同位素。借助衡量铅同位素现在所占的比例，他们可以往回推算出地球上还没有铀、陨石也还没衰变成铅的时间点——这座星球的诞生[①]时刻。

即便是原子弹，破坏力也比不上当时撞进地球的陨石、小行星和彗星，这种破坏甚至在地球带着初生时就开始了。这些星体对着地球炮火齐射了好几亿年。大如山的陨石，每过几千年就如雨似的落下，让这座行星亮得像个光芒微弱的恒星。地球上大多数的碳，可能是以碳化物的形式抵达的，即碳与一种金属构成的分子。这种物质会在熔化的铁中熔解，其中的碳会以气态二氧化碳的形式逃逸到表面。这种轰炸释出的能量，远超过太阳所提供的[②]。我们的恒星

① 认为地球只有几千年历史，这种想法夹带着一个很有意思的寓意。关于地球年龄的物理学证据源于原子的发现，同样是这个发现后来却被用于制造原子弹和建立核反应堆。对于铀同位素的科学性认识使我们获得了地球 45 亿年的年龄数据，但同样的认识也使人类造出了核武器。如果科学家们不能很好地理解铀的衰变，也就不能测量地球年龄，而核武器也永远不会出现。没有这些核武器的世界和历史是很完美的，但是现在讨论这些都毫无意义了。

② Bada, “Origins of Life,” 98.

很年轻，而正因如此，才没那么明亮。

地球接受了高温的杀菌加消毒，又被洒上挥发性化学物质，接着靠外力摇晃把这些东西搅拌在一起，就在这种情况下加入了行星之列。原料彼此分离开来，这个粗暴的过程把这座行星从里到外烤得透透的。铁从岩浆中渗出，沉到地心。放射性元素开启了一座天然的核融合反应炉，加热地球的内部，而且从那时开始让陆地板块在这座行星的地壳上滑动[①]。氧与硅占了地球质量的大部分，分别占46% 和 28%，其中有许多是以硅酸盐的形式束缚在一起，比如橄榄石。这种矿石包含了镁、铁、硅和氧。排在这些物质之后，是数量较少的铀、铅、钙、钠以及微量的其他元素[②]。就算从原子的标准来看，氢原子的质量都是很小的，这让氢的普遍性与影响力变得比较不明确。在地球上的元素之中，碳上不了前十名的名单，然而在超过 3300 万种已知的各类物质之中，只有大约 10 万种不包含碳[③]。碳的分布太广了，所以化学家甚至不会在化学结构图上特别用 C 来标出它。在分子结构图里，那些没有标记的端点就是碳原子。

地质学家把地球历史最初的五亿年称为冥古代（Hadean），冥王正是专司地狱与死后的希腊神祇。这个名称有点怪，因为这个冥古代很可能早于生命出现的时期，跟神话中冥王的管辖范围（在人死后迎接灵魂）不同。生命跟太阳能、地热、大陆板块移动、海洋流动以及地球系统的其他成员之间，关系错综复杂。而地质状况必须在生命出现以前确定下来。除了太阳以外，板块构造是支撑生命

---

① Valley, “A Cool Early Earth?”60.

② Encyclopedia Britannica online, “Chemical Element: Abundances in Earth' s Crust.”

③ Chemical Abstracts Service, Registry Number and Substance Counts. http://www.cas.org/cgi–bin/cas/regreport.pl (accessed December 16, 2007); 克拉迪于 2007 年 3 月 12 日给我发了邮件，叙述了对于“有机化学（物）”存在的几种概念：任何包括碳元素的物质，任何包含碳氢键的物质，研究带有碳物质的专业学科。在本书中我选取第一个。

存续最重要的部分。板块抬起又夷平山岳，吞食海床，打开或合上水道，并且更新温室气体的原料以及对生命重要的原子。

阳光以及地球表面岩石的持续循环再生，重要性超过其他所有对演化改变有影响的因素，只有一些例外：偶尔出现的陨石冲击，还有地质学上的独特案例——人为的全球变暖。太阳、这个行星的内部、酸碱性的变化度以及辐射，都为地球提供了丰富的能量来源。生命的出现可能就像化学蒸汽阀，帮助地球有效地分解并释放这种能量①。

在行星形成过程中较具灾难性的阶段式微之后，火流星（这是一个科学名词，用以形容撞击地球的巨型物体）为这个成长中的星球增添了额外的质量。彗星从分子云那里送来冰和有机原料②，在撞击的时候，冰与有机物质会蒸发，并且把二氧化碳和水提供给地球刚形成的大气。陨石的轰炸在年轻的地球上戳出许多洞穴，这对于当时处于地下的二氧化碳来说，就是逃生阀门。二氧化碳几乎从地球初生之时，就给地球一个能够保住热度的大气层。

虽然“温室效应”有时似乎跟人为导致的全球变暖紧密相关，这却是个普遍的现象，能够解释地球如何在刚形成的时候保持液态水所需的足够温度。二氧化碳对于生物圈来说是很关键的。作为大气中的一种气体，二氧化碳吸收热，并阻止热逃回太空中。热会给予分子能量，让分子到处摇晃、扭转和翻动。温室依据同样的原理运作，让天文学家能够侦测分子云中的分子。二氧化碳吸收的波长，比那些分子云中的波能量更高，但原理还是一样的。气态的分子就像无线电天线，每个“收发站”（分子），都接收一种精确的频率。在大气中，二氧化碳接收的是一种红外线频率。二氧化碳是一

---

① Morowitz and Smith, “Energy Flow,” 1.

② Chyba et al., “Cometary Delivery,” 366.

种线型分子，一个碳原子嵌入两个氧原子之间。美国太空总署把他们的二氧化碳监控卫星命名为“OCO 任务”，其实就是个“三”关语：官方名称“OCO”，意思是“排碳量观测台”（Orbiting Carbon Observatory）；“OCO”实际上也可视为二氧化碳分子的结构图；对于通晓多国语言的天文学家来说，“oko”在波兰文里表示“眼睛”。

地球很幸运处于一个好位置，还有一个好温室。现在地球的温度平均值约为 14 度，预测 21 世纪末会升高 3.5～4 度，这足以让这个星球改头换面到难以辨认的地步。少了温室效应，温度可能直线下跌到零下 19 度[①]。在年轻太阳的微弱光热之下，要让海洋维持液态，大气必定曾经提供过一个很强劲的温室。如果发生在现在，就会把相当大比例的物种活活煎烤到绝种。地球开始时处于一种精巧的平衡状态：距离年轻的太阳够远，所以不会像金星那样整个沸腾；然而又够近（又有个够强大的大气），所以不至于像火星那样结冻。于是，我们就有了滨水的居住区。

陨石轰炸的速度减缓了。雨从天空倾盆而下，并且冲入最早的海洋里[②]。有证据显示，温度在陨石轰炸之后降了下来，所以这幕场景才有可能发生。在澳大利亚的杰克山（Jack Hills）发现了显微镜才看得见的锆石结晶，形成年代在距今 44 亿或 43 亿年前。地质学家是以地球上最古老的时钟——铀变成铅的衰变率，来判断这些锆石结晶的年龄。温度读数则是来自邻近岩石的氧同位素，这表示这些岩石成形时曾接触过液态水[③]。这样古老的岩石是很罕见的残留物。地球的第一个岩浆海或者大陆，早早就已经沉回地壳底下，不只被抽走，也改变了形状，这种改变可能已经有好几次了。当时的

---

① IPCC, *Physical Science Basis*, 749.

② Grinspoon, *Lonely Planets*, 91–93.

③ Valley, “A Cool Early Earth?” 60; Simon, “Evidence From Detrital Zircons,” 177.

环境条件稳定了很长一段时间，可能有四亿年之久，虽然有过一波较晚发生的陨石冲击。

不管大气的组成是什么，无论这些事件发生在海空交界、海陆交界、陆空交界还是各种情况的混合，或者是在地球较下层的火热地壳深处，总之在无法得知的过去，在某个地方，碳原子以某种方式第一次跟氦、氮、磷、硫、氧一起安顿在“某个温暖的小池塘里”。达尔文在一封1871年的信里，为他的朋友托马斯·胡克（Thomas Hooker）变魔术似的唤出这一幕场景，这个段落可能是史上最常被引用的私人通信内容：

> 但是，如果（哦，这是多么大胆的一个“如果”啊！）我们可以设想有某个温暖的小池塘，里面有各种的氨、磷酸盐、光、热、电以及其他物质；在池塘里，有个蛋白质复合物在化学上成形之后，准备经历更复杂的变化；在现在，这样的物质会瞬间被吸收，但在生物被发现前，不会发生这种状况[①]。

达尔文在信中引述的许多要素，至今仍然驱动大部分的生命起源研究；氨基酸、磷酸盐、热、光，“以及其他物质”。这种池塘的意象生了根，而且到最后慢慢炖成了“原始汤”假说。达尔文是如此优秀的作家，又有这么大的权威性，所以这个问题很值得顺便一问：这个隐喻变成标准说法，到底是因为是由达尔文所写，还是因为他真的说中了什么。在物理层面上来看，这件事还能怎样发生？

时间遮掩着生命的起源。碳原子如何把自己和其他元素迅速转

① Darwin, Francis, ed., *Life and Letters of Charles Darwin*, 18.

达尔文，摄于1878年，这时距离《物种起源》(*Origin of Species*) 第一次出版已过去将近20年了

变成多样的简单分子是很清楚的。某些对生命来说必要的碳分子聚合得很容易，一起在不同的条件下发生。碳化学作用也会出现在太阳系的其他地方。土星最大的卫星泰坦，就有甲烷云跟碳氢化合物海湾。每天有100～1000吨含碳尘埃落到地球上，虽然说其中只有不到1%的碳尘埃在落地时的数量大到可供分析[①]。陨石带来了大量各式氨基酸，对于生物中总共才20种的必要氨基酸清单来说，是很陌生的。在太阳系中有这么多碳氢化合物和富含碳的物质，足以让许多科学家相信，在地球的石油和天然气中，有一些物质可能是由无生命的地质力量制造出来的，而不是由生物造就出来的。所以，并不是所有石油都是地球压力锅炖煮已故生物体而得来的“化

① Sephton, “Organic Compounds,” 292.

石”燃料[①]。

大学跟国家级实验室可以在模拟条件下，轻松地制造出生物出现前的分子，所以乍看之下，让生命启动似乎易如反掌。圣迭戈萨克研究所（Salk Institute）知名生命起源科学家莱斯利·奥格尔（Leslie Orgel），给出如下解释："制造有机化合物的方法很多，所以真正的问题不在于我们怎么做得出来，反而在于我们竟然知道这么多制造方法。真正的问题在于有哪些重要方法可以彼此相辅相成，我们对此还不清楚。很不幸的是，这件事发生在35亿年前，所以很难知道哪些方式是最重要的。"[②]

在某种程度上，要指出哪些方式到现在还很重要，是很有挑战性的。科学家才刚开始研究"深层碳循环"，其中包含的问题，跟地球下地壳、地幔、地核中的碳有关——探究在那里有些什么，有多大数量，还有碳在那里有何作用。一组阵容庞大的跨领域科学家小组，在接下来几年里会追问地球的内层是否还有原始的碳，微生物对于较深层的碳活动到底有多深的渗透与影响，还有："钻石如何形成？对于深层碳的来源与输送过程，钻石揭露了哪些事情？"[③]

在20世纪前半叶有两位科学家，俄国的亚历山大·奥帕林（Alexanda Oparin）和英国的霍尔丹（J. B. S. Haldane），分别在地球化学原则的架构之下，琢磨出对生命起源的推测。两人都假定，生命一定是在能量丰富的气体所形成的大气中出现的。他们表现出求知欲，并且利用外推法将已观察到的地球化学现象转换成有凭有据的推测，替许多未来的工作奠定了基础[④]。

---

① Gold, "Deep, Hot Biosphere," 6045.

② Orgel, interview with the author, May 10, 2006. Orgel passed away in late 2007.

③ Ausubel, e-mail to the author, November 25, 2007.

④ Wills and Bada, *Spark of Life*, 35–40.

霍尔丹和奥帕林的工作成果激发出第一批实验，这些实验在1953年成了世界性的大新闻。当时芝加哥大学的化学家哈罗德·尤里（Harold Urey）和年仅23岁的研究生斯坦利·米勒（Stanley Miller），填装出第一管试管大气。当然，那不只是一根普通试管而已。尤里只花了一小时左右的时间做设计，大学里的吹玻璃技师按照他的要求，做成了特殊试管。这是一根长方形的管子，有一支细细的玻璃管，从底部球根状的“海洋”烧瓶往上连到另一个球状的“大气”空间，并且加上可以激发闪电的钨制电极，便告完成。管子从“大气”再接回“海洋”，完成了这个循环。原件长期以来一直放在斯克里普斯海洋研究所（Scripps Institute of Oceancgraphy）斯韦德鲁普厅的一个箱子里。米勒在2007年过世，在他去世一年半之前，我造访斯克里普斯时，那个装置里装的不是黏液，而是微量的咖啡。教授在上课时，将咖啡当作原初黏液的替代品。史密森学会（Smithsonian Institution）则取得这种试管的另一个双生兄弟，作为纪念品。

米勒替这个设备消毒，然后在里面灌进甲烷（CH_4）、氢、氨（NH_3）和水。最早期的大气缺乏氧气，下一章将会用绝大部分的篇幅说明造成此现象的原因。闪电火花让原子跳出原来的分子，进入新的化学物质中。在几天之内，管子里面就会长出一层胶状的黑色物质，这种物质大部分跟表面一样，只是黑黑的黏液，但其中混进了某些造就生命的粗糙原料。制造蛋白质的20种氨基酸里，有4种会在此出现。后来的实验制造出23种氨基酸，其中大约一半是生物用在蛋白质里的。氨基酸是从大量介质中形成的，这些介质包括氰化氢（HCN）、甲醛和丙酮——现在比较常被当成洗甲水。根据“原始汤”假说，生命可能是从对动物生命有剧毒的物质之海中演化出来的，这些物质的毒性强大到就算只飘来一阵风，也会让我们魂归西天[1]。

米勒—尤里实验用不同的气体组合重复做了数千次。原本的研究随着时光流逝受到各种批评，科学家也开始相信，地球的第一代大气不太可能有这么多容易起反应的气体（这是指甲烷、氨和氢）。后来斯克里普斯海洋研究所的两位科学家重新审视了这个实验的其中一个版本，用到二氧化碳跟氮。米勒在 1983 年尝试过这种组合，但是没能制造出氨基酸。资深教授杰弗里·巴达（Jeffrey Bada）和当时以研究为主的化学家吉姆·克利夫斯（Jim Cleaves），两人都是米勒的同僚兼朋友，他们领悟到早期地球应该有更多可供利用的材料，而不只是两种相对来说惰性较强的气体。铁跟碳酸盐矿物可能出现过，抵消了干扰氨基酸合成的化学物质。当克利夫斯与巴达把这些要素加入混合气体中以后，氨基酸就又出现了[2]。

生命起源研究者长期以来都假定，大气要做的不只是温暖地球而已。大气要提供充满能量的碳与氮气，两者可以互相作用，而且会让地球的浅水区与岩岸沾上黏滑的含碳薄膜。太阳的青春时代造就出一种悖论，地球化学家促狭地称之为“中国餐馆悖论”[这是因为对说英语的人而言，“黯淡的太阳”（dim sun）与“微弱年轻的太阳”(faint, young sun) 听起来很像含混不清的中国广东话]。“黯淡的太阳”悖论，指的是尝试调和两种需求：效果强劲的温室和充满高能量分子的大气。甲烷跟氨都是高能量的分子，但太阳的紫外线很快就会削弱这些分子。氢也极容易起反应，但气态很轻。氢气球让氦气球看起来慢吞吞的，不急着升空。这些气体对于生命的出现来说很有利，但很容易就被紫外线摧毁。二氧化碳是作用很强的

---

① Bada, “Origins of Life,” 100.

② Bada, interview with the author, La Jolla, California, January 31, 2006.

温室气体，能够解决阳光微弱的问题，但其中包含的能量可能少到不足以帮助生命启动。问题就在这里。

所有这些气体可能都出现过。甲烷可能曾让天空呈现粉红色[①]。如果火山持续把甲烷打进空气中的速度比太阳毁灭甲烷的速度更快，累积净值可能有助于建立碳分子的原料库存，这些碳分子让化学物质慢慢地接近于生物。富含二氧化碳及甲烷（两者或许各占千分之一）的大气，可以应付黯淡太阳问题，并且让前生物时期的“原始汤”充满营养。这片有机的薄雾，跟在土星的卫星泰坦上发现的大气颇为相似。这片薄雾可能覆盖着早期的地球，这个假说有一些实验证据支持[②]。

演化在生命形式彻底降临以前，形塑了前生物期的化学物质。格拉斯哥大学的凯恩斯—史密斯（A. G. Cairns-Smith）以他的一项猜测，引发不少科学家和大众的好奇（甚至激愤）：早期地球的演化可能是在无机矿物之间发生的。他把这个动力体系比喻成前工业社会建造石拱门的方式。他们造出一个土墩，在上面堆聚石头，然后移走泥土，留下一个坚固的石拱门。在凯恩斯—史密斯的矿物演化情节里，碳化合物勾住某个矿物复制子，然后从中组合出自己的有机复制子。最后“由基因接管大局”，把碳复制子（一个基因码）从矿物演化中分离开来，只留下碳基生命。这个特殊的想法很难检验，所以只能当成一个既有创意又合理的猜想。但矿物在生命起源中扮演的潜在角色，驱动了许多今日的研究计划。

生命的广泛性提供了一个更一般化的架构，可用来思考演化是怎样从化学前驱物中塑造出生命的。所有生物体共享同样的基因模

---

① Kump et al., *Earth System*, 235.

② Chyba, “Rethinking Earth’s Early Atmosphere,” 962–963; Trainer et al., “Organic Haze,” 18036–18038.

板、同样的核心代谢系统，还有把体内化学物质跟体外环境区隔开来的同一套分子边界。这些正是绍特马里所说的生命三前提，他简写为 T（模板）、M（代谢系统）与 B（边界）。

这个模板（基因码）为一切生命所具备的一致性提供了证据。在生命科学的核心，有所谓的分子生物学的中心法则。每种生物都把基因信息储存在脱氧核糖核酸（DNA）之中。这是一种高分子，是由互相平行的双螺旋所组成的，螺旋之间由富含碳的含氮碱基（基因码的“字母”）联结起来。每支螺旋从上到下，都是穿插交替的五碳糖跟磷酸盐分子。DNA 的两根脊柱形状是卷曲的，这是因糖中的碳原子嵌入磷酸盐中氧原子的方式使然。

DNA 是储存信息的媒介，细胞“读取”DNA 之后，照着建造细胞。核糖核酸（RNA）分子有无限多种形状和尺寸，每个都有独特的功能，作用在于细胞的成长与调节，这种分子通常是单股螺旋。信使核糖核酸（mRNA）则转录 DNA 的信息，然后带着信息到细胞的核糖体，核糖体本身就是一个核糖核酸机器。在这里，转运 RNA（tRNA）取得基因信息，并且把氨基酸排成特殊的序列。这些分子折叠成某个蛋白质，其形状让它能在细胞中执行特定的功能。蛋白质酶中的“沟槽”和“坑”，有着完美的电化学形状能够配合其受质，受质可能是一种激素或另一种小分子。生化学家很仁慈地称之为“小分子”，而没有另取别名。蛋白质酶跟受质一起在细胞里执行某种特殊任务，就像是一个分子装配线。

分子生物学的中心法则，以实例说明了生物（及非生物）的基本原则。化学物质对我们的感官而言看似一团混乱，但在原子层次的精确度上是相当成功的，一个分子的结构与其功能互相呼应。生命是一种电化学拼图，每个碎片都依赖和其他碎片之间的物理接触让整个系统运作。信息、动作和结构无法分离，这让人想起叶芝的诗《在学童之间》，这首诗以此收尾：

> 栗树啊，根柢雄壮的花魁花宝，
> 你是叶子吗？花朵吗？还是株干？
> 随音乐摇曳的身体啊，灼亮的眼神！
> 我们怎样区分舞蹈与跳舞人？

对于生物分子来说，舞者是无法从舞蹈中区分出来的。DNA是生命的零件清单，以彼此相扣的三维含碳字母写下，其中编码了四个信息单位：腺嘌呤（A）、鸟嘌呤（G）、胸腺嘧啶（T）、胞嘧啶（C）。腺嘌呤和胸腺嘧啶配对，鸟嘌呤也只跟胞嘧啶配对［在RNA中，胸腺嘧啶由尿嘧啶（U）取代］。整体来说，每一对信息单位都形成一个梯级，每一级之间有0.34纳米的间隔，一路塞满DNA之梯。人类的每个细胞核里，都挤了总共两米长的梯级！

原子和分子当然非常的小，科学家和作家有他们自己心爱的比喻。如果一个碳十二原子核是一颗足球的大小，可以放在曼哈顿中城洛克菲勒中心溜冰场上方的普罗米修斯雕像镀金的手掌上，那么电子就是在一片直径大约等同于曼哈顿长度（约16公里）的云朵上弹跳。这么细微的尺寸，可以由分子尺度上快到不可思议的活动来补足。细胞持续地打开、展示、读取、复制、扭曲并重新包裹DNA，速度快得不得了。在比你读完这句话更短的时间里（一秒钟之内），已经补充了大约1.7京新的核碱基配对。碳的世界运行得很快。

由核酸字母组成的“字”，有三个“字母”的长度。这些由三个核碱基配对（A、T、G、C或者A、U、G、C）构成的序列，称为密码子。每个密码子都是针对某个氨基酸（蛋白质的组成原料，其核心都带有碳）下的指令。密码子基本上是三个由碳与氮构成的环，还伴随着氢和氧，一起共同运作。密码子会猛然把正确的氨基酸拉到某个成长中的聚酰胺链里定位，这个聚酰胺链将会长成蛋白质。这些密码子的普遍性，更进一步证明所有生命都是互相关联的。虽然只有 20 种氨基酸，但要把 A、T（U）、G、C 这些字母分成三组，有 64 种方式。这表示某些氨基酸有多于一种的基因码配方。举例来说，在所有密码子中，RNA 最常用下面这六者（UCU、UCC、UCA、UCG、AGU 和 AGC）其中之一，来对丝胺酸这种氨基酸下指令。就算不是全部，至少也有压倒性多数的生物，想制造出的氨基酸都有着完全相同的三个 DNA 及 RNA 核碱基图像。就目前任何人所知范围内，生命没有理由选择现有这些密码子，来做成生命的 20 种氨基酸。换句话说，过去的演化有可能会发现不同的 DNA 与 RNA 序列，编码出不同的氨基酸。但实际上这些核碱基编码都一样，这个事实正是证据，证明生命有个全宇宙一致的起源。而生物学的语言（DNA、RNA、核碱基、密码子、氨基酸）替每个人省下了时间，不必详尽地用碳或者其他生命原子来描述每件事物。

基因组对于地球化学来说太过复杂。地球化学在面对同一个规模庞大的问题时，没有办法用极端复杂的相同答案再回答一次。现在让我们考虑一下智人与风产液菌（*Aquifex aeolicus*，一种 5 微米的细菌，住在 95 摄氏度以上几近沸腾的水里）之间极少数而意想不到的相似性。风产液菌基因组中，包含 1551335 个留给核碱基配对（A、T、G 或 C）的位置[①]。核碱基配对中有四种可能出现的字母，每个字母可以填入基因组中 1551335 个位置的其中一处。这表示从

---

① Deckert et al., “Complete Genome,” 353.

理论上来说，某一个风产液菌的基因码组合上限，是4的1551335次方，也就是说，4自己相乘1551335次，这是难以想象的天文数字。然而和人类的基因组相比，这个数字就像是四舍五入的误差。人类的每个细胞核中，带有大约30亿对DNA。所以人类基因组序列长度在理论上的最大值，是4的30亿次方[①]。我们可以用宇宙中所有电子的数量来做参考：据估计“只有”10的80次方或者4的133次方个。

这些数字大得荒唐，随机地重叠在数学上是不可能的。所以如果人类和风产液菌有任何基因（只要有一个都算）是相同的，一切就不是随机巧合，表示人类与风产液菌共有一个从单一祖先传承下来的基因码——而我们却共享好几打的基因[②]。

弗朗西斯·克里克（Francis Click）与詹姆斯·沃森（James Watson）用球和棒子的组合制作DNA分子模型之后，分子生物学中心法则在20世纪60年代应运而生。分子生物学家了解RNA在把基因表示成蛋白质时所扮演的角色。克里克一度把中心法则称为“一个缺乏合理证据的想法”[③]。证据在随后不久就出现了，而且越来越多。有些理论学家又引进了另一个“缺乏合理证据的想法”，说明这个有复杂结构的优美系统，在生命的开端是如何运作的。如果一个超分子扮演DNA储存信息的角色，执行RNA的信息转译工作，具有蛋白质各式各样的功能，这样不是很简单吗（至少比较简单）？由一个分子携带基因码，传递这个信息，然后进行催化反应——其中也包括创造这种分子本身。

---

① Pollack, “Emergence of Information in the Universe” (Frontiers of Science lecture, October 30, 2006).

② Charlebois and Doolittle, “Computing,” 2469.

③ Banton et al., *Evolution*, 53.

15年后的一些发现，为这个想法注入了新生命。当时科罗拉多大学科学家托马斯·切克（Thomas Cech）的发现，让所有人大吃一惊：过去被认为由蛋白质催化的RNA拼接，居然可以在旁边没有任何蛋白质的情况下发生。在某些环境下，RNA会自己拼接，并不总是需要蛋白质参与（虽然大多数RNA信息是在蛋白质的帮助下拼接的）。耶鲁大学的悉尼·奥尔特曼（Sidney Altman）也独立发现RNA的这种催化性质，他和切克一起获得1989年的诺贝尔化学奖。这个发现让先前只是合理猜测的想法，得到了一些证据支持。或许早期的细胞只需要RNA，就能执行现在DNA和蛋白质做得比较专门、有效的工作。哈佛大学分子生物学家沃尔特·吉尔伯特（Walter Gilbert）在《自然》期刊上发表文章，把中心法则的这个假定"前辈"，命名为"RNA世界"[①]。在2000年，耶鲁的分子生物学家做了一项X光研究，其目标是细胞的蛋白质组装中心——核糖体[②]。他们发现，对于生命的蛋白质工厂，数十年来的思索都没命中目标。核糖体不是在某些RNA支持下的蛋白质大厦，而是由少数蛋白质拴到位置上的RNA机器。实际上是不是有个RNA细胞的世界，以能够维持下去的生物形态存在着，有可能是永远的理论性问题，但事实上并非如此：在还很值得注意的程度上，我们仍然住在RNA世界里。

根据另一个假说，代谢系统也显示出曾有生命浮现。"代谢系统优先"的生命起源观念，发展历史比起由米勒第一次测试的"原始汤"假说短得多，而且挑战性更强，因为很难通过实验来研究。绍特马里写道，在试图建立原始生命化学系统的生命起源研究者

---

① Gilbert, "Origin of Life," 618.

② Cech, "Enhanced," 878.

之中，“代谢系统似乎是家中的拖油瓶”。因此接下来陈述的都是理论性的说法，不过小心地限制在已经确立许久的地球与生物化学范围内。

所有生命都保持着一个核心的化学循环。生物体利用能量和营养素建立所有主要的生物分子：形成细胞膜的脂质（脂肪酸），储存能量的糖和氨基酸，以及由前两者构成的核碱基。不必倚靠其他有机来源，就能从营养素和能量中制造出自己的食物，这样的微生物和植物就称为自养生物。而所有生态系统中的自养生物都有一种核心循环，这个循环只用不到500个分子基石，就建立起整个生命资料库。所有分子都小于400道尔顿（道尔顿是衡量原子尺寸的标准单位，一道尔顿等于碳原子质量的十二分之一）。哈罗德·莫罗维茨（Harold Morowitz）是乔治梅森大学生物学与自然哲学鲁滨孙讲座教授，也是圣菲研究所（Santa Fe Institute, SFI）的外聘研究员。他形容这种通用的代谢系统是一种“拟化石”，并且认为对于生命初次自我组织的过程而言，从代谢系统开始是最合逻辑的途径。

对于生物如何对环境做出反应，莫罗维茨与圣菲研究所的埃里克·史密斯（Eric Smith）反转了一般的切入途径。毫不意外的是，生物会摄取能量跟有机物质。不过这样思考问题，是以生命为中心的想法。他们提出，在追寻生命的源头时，鲜有人明确地把地球的需求也纳入考量。如果说早年地球沐浴在能量之中，以有限的几种方式把能量转化为热量，再反射回外太空，生命是随之产生的结果，那会怎么样？为了做类比对照，他们在自然界的其他地方找。在某些地方，能量传递管道“缓和”了某些状况下的不平衡（气压或者电荷不平衡）。一道闪电会把电力从大气导入地面。温度和压力梯度会创造出一个通道，水和空气会卷成龙卷风填充其中。或许生命的开端也利用了能量上的差异。举例来说，就像是在二氧化碳（带有最低度能量的碳化合物）与甲烷（能量最高的碳化合物）之间创造出一个渠道。生命可能是地球用来恢复高能量与低能量分子平衡的工具。

地球对生化蒸汽阀的潜在需求，可能解释了为什么就算物种会衰亡、大灭绝会周期性地消灭整个生态系统，生命还会持续 40 亿年之久。生命总是会复返，或许这不只是因为生命本质上“是个斗士”，而且是因为地球需要生命在此处理能量。史密斯及其同僚估算过，原子（大多数是碳、氢和氧）在会吸收光的光合作用物质中，把高能可见光转换成热能的效率，比起无生物环境下的效率高出 10 亿倍[①]。进入地球的太阳能，和地球把这些能量降级转换成热、再送回太空的能量之间有些不均衡，生物则缓和了这种不均衡。

莫罗维茨观察喜欢高热、构造又极简单的风产液菌，视之为包含了整套核心代谢系统的生物体。其中有着大约 1500 个基因，或许比最小基因组大了 2～4 倍。他的目标是在化学和生物学之间寻找一个明确的分界线，现在这种界限并不存在。“能够依据化学的各种首要原则预测（风产液菌的）行为吗？我相信将会这样。不过我们还没做到。我相信能依据化学首要原则来预测风产液菌……我思考了多久呢？ 50 年吗？我不知道我们到底靠得多近了。我在物理学界的一位好友说，一个好点子要花上 10 年再加上 15 分钟。”

根据绍特马里的说法，针对原初生物需要的物质来做概念分析，分析出的第三个要素是边界，或者是细胞膜的某种前身。在

① Hoelzer, Smith, and Pepper, “On the Logical Relationship ,” 1793.

此，碳化学对于实验科学家来说是最方便的。无处不在的碳分子所构成的原始囊袋，会自己集合起来。出现这种状况的原因，会把我们带到下列问题的核心：为什么对于制造生命而言，碳分子跟水会是这么好的组合？

生命的三个必要条件（基因密码、代谢系统及边界），每一个都是碳的功能，也运用到碳跟其他生命所需的原子做联结、分离和重新联结的能力。碳制造出有力的联结，能借此组织强韧的分子，比如脂肪酸或固醇（胆固醇就是一例）。跟碳把分子捆在一起的能力相比，同样重要的是碳"知道"何时断开这种联结，这样才能让这些分子中的原子重新结合成新的分子。比较容易起反应的分子，通常还包括一氧化碳和碳氮键。打个比方，碳比较像生命的"魔术贴"，而不是"黏胶"。黏胶只能用一次，魔术贴却可以解开以后再贴上，而且在必要的时候贴得很紧。

以碳为基础的生命，跟"碳本身"非常不同。钻石是结晶化的碳，石墨也是。木炭则是木头的水分被烤干以后得到的碳。富勒烯则是球状或管状的碳分子。寿命短暂的碳纳米泡沫是最近才发现的，这种物质在零下183摄氏度时甚至会产生磁性[①]。但这些纯碳物质，没有一个出现在生物中。生命要求碳原子建立共价键结，在分享过程中能够完全补足碳所需的电子。跟碳结合的其他原子，被称为CHONPS原子，包括碳、氢、氧、氮、磷和硫。"碳基生物"（这是科幻小说里的俗滥用语，也是真实世界里的累赘废话）需要水作为溶剂，需要来自环境中的营养，也需要稳定的能量来源。

生物化学的基石，在于下列事实：电中性的分子，很遗憾并非真的完全电中性。在分子行为中，这个看似神秘隐晦的细节解释了

① Rode et al., "Strong Paramagnetism," 298.

水和碳分子之间的交互作用，随之也解释了生命的一项主要特征。某些物质带有轻微的电荷，称为极性，这是带正电的原子核和旁边“呈云状”环绕的电子，在物质内部排列的结果。原子会以各种不同的力道吸引属于它的电子。这种力道可以被测量出来，被称为负电性。

当两个具有相似负电性的原子联结起来的时候，两者所形成的分子只有一点点或者根本没有极性。原子核以差不多同等的力量拉住电子，所以电子不会偏向任何一个原子核。不管这些东西构成的是细胞膜还是沙拉油，碳氢化合物基本上还是无极性的分子，因为碳跟氢是以相同的力量拉住电子。这些分子有微乎其微的倾向，会带负电或正电。

如果说组成某个分子的原子是以不同程度的力量在吸引电子，情况就和上一段所说的不同了。举例来说，氧原子核对电子的吸引力比氢原子核强得多。当这些原子跟水分子（H_2O）联结起来的时候，就会呈现一种类似回力棒的形状。氧原子的顶点带有负电荷，两个氢原子末端则倾向于带正电，水是有极性的。这些内部的电荷，导致这个分子构成了短短的聚合物或者分子链。一个分子中的氧吸引另一个分子的氢，第二个分子的氧和氢，又拉住第三个分子和第四个分子的氢和氧，依此类推。这就像是拔河，电子就坐落在绳子的中央。在碳氢键中，电子不会移动到超过起始位置的中线。在水分子中，“氧原子队”会把电子往自己的方向拖，远远胜过“氢原子队”。油跟水不会混合，就是因为碳氢化合物的非极性与水的极性，导致这些分子会彼此尽可能地分开。

这是理解生物基本组织的关键信息。在正常状态下，碳氢化合物是稳定的，无论是油槽里的苯还是你动脉里的胆固醇皆然。你要有热或者某些其他的催化剂，才能加速碳—碳键或者碳—氢键的分解。如果氧或者氮被导入这个分子，情况就会有所改变。不协调的负电性，会让这些化学键变得更容易起反应，电子也更有可能移动。动物和植物油的结构中有一些会起反应的位置，在这里碳和氧会共享两对电子，这就是双键。燃烧脂肪或者碳水化合物不仅仅是个比喻而已，在消化作用就会发生。这些碳—氧双键，正是细胞开始拆卸燃料细胞、取回能量的位置。因此，我们熟悉的体温37摄氏度，就可以引起燃烧了。在生物通用的代谢系统里，几乎每一个反应途径，都利用了碳原子和氮或氧原子形成双键的改变潜能①。

细胞的边界或者细胞膜，整合了磷酸盐的亲水性和碳氢化合物的厌水性，把两者变成同一种分子。实验显示这很容易：蜂巢似的细胞膜自发性地形成，就像水槽里的肥皂泡②。这种反应发生的原因，和油水不相融的原理是一样的。细胞膜通常是由一群称为磷脂的分子所构成的。磷脂同时具有碳氢化合物以及亲水极性物质的性质。当磷脂在水中达到一定浓度时，就会自己形成球状。磷酸盐端会溶解在水中。碳氢化合物端则会远离水，并且彼此趋近。再越过另一个浓度值时，这些不同层的物质自动崩溃成厚度为两个分子的薄层，最后变成中空的球体，称为囊泡。这样就创造出一个具有门户性质的高分子。内层与外层会溶于水，然而有个碳氢化合物屏障限制住进出的通路。

在1989年，芝加哥菲尔德自然历史博物馆把大约三盎司的陨石块，送给戴维·迪默（David Deamer）在加州大学圣克鲁兹分校的实验室，让他以此验证上述想法。这份样本是来自1969年落在澳大利亚默奇森附近的一块陨石。对天体生物学研究而言，这块陨

---

① National Research Council, *Limits of Organic Life*, 19.

② David Deamer, preface to Hazen, *Genesis*, ix.

石不啻为金矿，因为其中包含了含量和多样性都无比惊人的氨基酸，还有其他的碳分子。这块石头中有一批有机物质，包括70种不同的氨基酸，其中大多数是生命体用不着的。迪默小心地撬开了这份样本，然后分离出一些小颗的白色卵石——一种称为“陨石球粒”的东西，通常出现在富含碳的陨石之中。接下来他在石头上照射荧光，荧光会揭露出那些自然界中无处不在的分子：结合成环状的六碳原子。在迪默把光打上去的时候，六碳原子的确显现出来了。他把这些碳氢化合物从陨石碎片中隔离出来，然后在一片显微镜载玻片上弄干这些物质，再加上一点水性溶液，当然，这些物质形成了囊泡。这个结果显示，跟着陨石飞进来的双极性分子，可能挨过了撞向地面的冲击，接着自我组织起来，这个过程或许是在有潮汐现象、会定期干燥或潮湿的浅滩上发生。囊泡这么容易就形成了，所以实验室随后就展示囊泡如何把带有基因的分子或蛋白质封起来。两片磷脂在干燥状态下夹住一个蛋白质或者RNA碎片，然后在重新浸湿以后融合，封住高分子[①]。

囊泡解决的是边界的问题。下面解决的是前生物分子是怎样从初始化学物质里被“拣选、集结并且组织起来”，最后包在磷脂囊中[②]的。为了回答这些问题，有些科学家仔细地检视矿物的表面，还有矿物如何吸引并束缚特定种类的有机分子，就像以建立一艘瓶中船为目标。

矿物可能曾经扮演枢纽性的角色，把分子黏合成聚合物。大家公认，英国科学家与思想家约翰·德斯蒙德·贝纳尔（John Desmond Bernal）首先在20世纪40年代晚期，提出黏土扮演了有

① Deamer, “Origins of Membrane Structure, ” 67–79.

② Hazen, “Mineral Surfaces,” 1715.

机分子分类者与黏着剂的关键角色。但接下来又花了半个世纪，实验室的实验技术才臻于成熟。黏土跟实验室玻璃管与玻璃瓶不同，有着很不寻常的分子表面。一小块黏土可能看起来没什么，却能在大约 92.9 平方米的区域内充当反应催化剂 ①。薄层的黏土堆在一起，就像一副纸牌，借助原子强大的力量层层黏合在一起 ②。

有一种黏土，作为催化剂特别引人注目，因为这种黏土出现在地球上（颇有可能是在早期的地球），甚至也出现在火星上。蒙脱石是在火山灰落定之后，经过风化及其他力量作用所形成的。美国西部的某些地区下面，就埋着厚达 16 米的黏土层。工业界开采蒙脱石，为了满足从工业研磨材料到猫砂等各方面的用途 ③。从生命起源研究中的矿物、生物细胞中的酵素再到工业科技，催化剂在碳科学中扮演了一个核心角色。碳是元素中的步兵，能够执行无限多种各式各样的分子形成过程，不过也就像个步兵一样，要收到命令才知道何时待命、何时入侵。

科学家已经成功地诱导 RNA 核苷酸黏牢蒙脱石。伦斯勒理工学院的詹姆斯·费里斯（James Ferris）在蒙脱石上建立了简短的 RNA 串，一天之内就培养到 50 个单位的长度。费里斯的研究结果支持这个想法：生命的起源要有无机催化剂来结合各个组成成分。还有许多未了的问题，其中包括：一开始腺嘌呤、胞嘧啶、鸟嘌呤、尿嘧啶（A、C、G、U）结合到核糖和磷酸盐，以便制造 RNA 核苷酸时，可能采取的途径有哪些？但这个研究支持“RNA 世界”假说。费里斯写道：“我假设‘RNA 世界’从原始地球上的前生物反应中诞生，对此我有可能是错的。但是我确信，地球上第一批生

---

① Hazen, *Genesis*, 157.

② Ferris, “Mineral Catalysis,” 145.

③ Ferris, “Mineral Catalysis,” 145; Ferris, “Montmorillonite-catalysed,” 1780.

物非有不可的复杂有机结构之所以能够成形，矿物跟金属离子的催化作用是绝对必要的。”[①]

RNA 分子可以黏附到黏土上成长。这些分子也会黏附到许多其他的重要物质上，某些科学家认为这些物质必定曾对“RNA 世界”里刚出现的生命很重要。RNA 的两个特质也支持这个假说：RNA 就像 DNA，有保存基因码的能力；还跟蛋白质一样，能催化反应。强有力的实验显示，RNA 分子倾向于突变、获取新性质，然后把比较好的性质留供日后发展之用，这让“RNA 世界”假说的可信度变得更高。如果听起来很像演化，是因为这本来就是。“人为演化”跟它的兄弟“定向演化”一样，已被证明是一项重要的研究调查工具，可以探索一些化学上的可能性。这些化学反应，可能让越来越复杂的多碳分子找到一个稳定的基因系统与代谢系统，来维持生存发展。

第一批细胞需要一条途径，用以合并核苷酸、氨基酸，以及生命中其他小分子。科学家已经显示 RNA 可以演化到结合这些东西，甚至还能结合更多东西，像是病毒、体组织和离子。除了捕捉关键分子的能力以外，RNA 还可以加快反应速度（联结两个碳原子也包括在内），其方法跟化学界最普遍的一种反应相似。这项研究跟生化学家的研究成果同步发展：生化学家逐渐意识到，RNA 分子在细胞运作方式中扮演的角色，比历史上公认的大得多，甚至可以挑战分子生物学的中心法则，独立成为一个完整的中心法则。

RNA 分子的多样性，是比碳的原子多样性高一级的化学表现所形成的一项功能。就像 DNA 一样，RNA 实际上可以储存无限多的潜在编码序列。但跟 DNA 不同的是，RNA 通常是单股，而不是

---

① Ferris, “Mineral Catalysis,” 149.

双螺旋结构。这个结构特征让 RNA 有着名副其实的弹性，实质上可以变成无限多种形状，以便配合自身强大的编码能力。在 1990 年，杰克·绍斯塔克（Jack Szostak）在哈佛大学的实验室示范了驾驭这种多样性分子的一种方法。在这个实验中，他们选择将有机染料（有特殊侧基的碳环）当成目标分子，希望在此找到黏附在上面的 RNA 分子。绍斯塔克跟埃林顿让包含 1000 亿随机 RNA 序列的溶液，在实验室的玻璃器皿中流动。其中很少一部分黏附到染料分子上。他们把这些成功的配对分离出来，然后利用标准的实验室技术，生产出一整批跟这些成功配对类似的随机 RNA。他们通过这个仪器反复测试更多精致的 RNA 混合物，并借此培养出一整套经过高度演化以便配合目标的 RNA。他们称这些演化过的 RNA 为“适体”（aptamer），词源是拉丁文 aptus，意思是“适应”。

这项早期的工作，直接导致该领域最具野心的一项生命起源研究计划。既然磷脂囊泡有自行组合的倾向，RNA 有编码、催化并拣选确切目标的倾向，绍斯塔克的实验室就把运作中的 RNA 嵌进囊泡里，这个做法有潜力继续发展出第一个复合生物体。

绍斯塔克的实验室拥有许多引人关注的成就，其中就有填满 RNA 的囊泡。囊泡在渗透压驱使之下，可以靠自己成长并分裂。实验室证明一个简单的 RNA 机器可以在一个囊泡内运作。这些微小的系统只靠简单的化学力量驱动，就可以从附近的空囊泡窃取脂肪酸来让自己长大。囊泡只靠系统中的压力和化学梯度来“竞争”原料，而不需要复杂的酵素。细胞膜的成长甚至创造出一种能量通道，将来原始生物也许就能借此运送氨基酸跟其他营养素。这些实验显示，极微小的脂肪酸囊泡可以运作看似“达尔文式竞争与能量储存的原始形式”，指出一条通路，由前生物高分子发展为有能力复制、适应的生物。

绍斯塔克和他的同事努力建立一个能够发展自身新奇属性的化学系统，即一个会演化的系统。一个有机体要被认为是“活的”，所需条件不只是孤悬在细胞膜隔间里会自我复制的RNA。RNA和细胞膜的交互作用，要以能够把新物质带进系统中的方式为之。绍斯塔克说：“对于我们的工作而言，演化就是终极目标。我们正在做的事情则变成了化学领域的一个计划，并且试图从化学中得出演化行为。”[①]

达成这个目标就能提供证据，不但说明生物实际上如何演化，还能说明化学反应是如何运作、在早期地球上又是怎么运作的。40亿年的时间，把科学和实际的生命起源给隔开了。自从1953年米勒的第一个“原始汤”实验以后，生命起源研究就一直致力于了解促成生命缘起的可行化学条件。

填满RNA的囊泡中所发生的简单演化，将会是起源研究中的主要成就。这不会显示出生命原本是怎样演化的，只会透露出某些渠道似乎能让演化发生。

科学界对演化如何运作的了解，远超过对演化如何从无到有的了解。从犬种培育、基因改造农产品，到分子生物学，都是在已然欣欣向荣的演化系统中运作的。

当物理学家和化学家从生物学家背后窥看，生物学家则探究细胞如何照着自己的基因码来自我创造时，演化的定义就变得越来越复杂了。已经有150年历史的简略定义，在大多数时候还是够用。生命之所以可以从其他看似成长的现象（像是结晶）中分隔出来，

① Szostak, interview with the author, June 12, 2007.

是因为生命的复制并不完美，并且生命会吸收、消耗能量，以便设法活着穿越自然选择的筛网。经过改造的后代，让基因组和表现型或者某个有机体的可观察特质集合里产生了新特征，其中的某些会被拣选出来，其他的则不会。在此提出五个重点，作为对演化的描述，值得牢记在心。这是由尼古拉斯·巴顿（Nicolas H. Barton）跟他的同僚在《演化》（*Evolation*）一书中很灵巧地归纳出来的，在接下来的四个章节里，我们将会重述这些重点：

- 演化是通过通用的细胞机制发生的（其中包括RNA、核糖体、蛋白质、小分子，还有从环境中进入的物质），这个机制把DNA的信息拼凑成表现型。最早的生命，可能并不需要具备上述所有零件。人为与定向演化，示范了演化如何能在只有RNA分子族群的状态下发生。但是要演化出“我们所知的生命”，就需要更复杂的机制。

- 生物学家在这种通用的细胞相关机制，跟属于某特定物种中任一生物体的机制之间做了区分。只有族群会演化，个体则是适应。当个体选择与复制重塑基因池的时候，生物就会演化。

- 早在1859年达尔文出版《物种起源》之前，自然哲学家就把生命设想成一棵枝杈众多的树。分子生物学让这个比喻面临挑战。在微生物的世界里，枝杈彼此交错、融合又分歧。微生物可以在活着的时候就获得或失去基因。这种水平式的基因转换，让演化“看起来”更像是浓密的灌木而非一棵大树。

- 演化并无目标。地球史并不是朝向吼猴、鲨鱼、风产液菌、导致蛀牙的细菌或HIV病毒的方向发展的，同理可证，也不以人类为发展目标。

- 最后，演化的驱力是随机突变中的天择。一个生物体的天生特质、天敌、所处的环境及其他事物，可能会把天择加诸此生物之上，即该生物的基因是否会传递到下一代[①]。

对于碳的全球性故事，演化是其中的动力。借助这种动力，生物扩大和缩小自身对于碳的胃口，在这个过程中，生物为地球系统所改变，也改变了整个地球系统。

① Barton et al., *Evolution,* 10–11.

第三章

大洪水：分子化石与温室大崩溃

因为我们活在

一个带菌的世界，

而我是个带菌的女孩。

——苏济·瓦格娜（Sazy Wagner），在此向麦当娜致歉[①]

距今 27 亿年前，有一些非常小的东西，从另一些非常小的东西里演化出来。这并不令人意外，微生物一直在突变和置换基因。这正是细菌会变得对抗生素免疫的原因。真正让人惊讶的是，这些称为蓝菌的小东西多子多孙到这种地步，连排出来的废物都让地球延续了数亿年的古代碳循环变得不稳定。长期以来，科学家一直试图概述这些小生物的早期演化，近年来更是有着新颖的深入见解。

从生命浮现之后，数不尽的物种曾经活过又死去，蓝菌是其

① 这三句打油诗是谐拟麦当娜的名曲《物质女孩》（*Material Girl*），把歌词里的 material（拜金的）改成 bacterial（带菌的）。

中一种具有巨大影响的生物，地位突出。蓝菌发明出我们所知的光合作用——以阳光、二氧化碳和水制造出碳水化合物，同时放出废弃物氧分子。这种生物有时被称为“蓝绿藻”，但其实并非藻类，这就好像海马其实不是马。其他类型的光合作用在那之前就存在，到现在仍有，只是其他类型的光合作用并没有从水中取出作用所需的电子与质子，把二氧化碳煮成糖，也没有在这个过程中排出氧。

蓝菌的故事，解释了演化如何偶然碰上成功的新方法，集合起来的效应像瀑布般流遍整个地球系统，并且重塑了碳循环。要思考演化对地球系统的冲击，有一种方法是视之为一个灵巧又经常改变形态的碳运送者。就蓝菌而言，演化力量很可能碰巧正中生命初始以来最具影响力的创新之举：从阳光、空气中的碳以及水，来制造碳水化合物。这种创新不只是在非常非常多年以后，带来红藻与绿色植物的兴盛时代，蓝藻的全新技能（用大气中的二氧化碳交换大气中的氧）还把碳循环抛入灾难性的混乱，然后又重新创造。

某些科学家曾经主张，大气含氧量增加以后杀死了许多微生物，但这点很难证实。对于碳循环脱轨时哪些微生物可能会消失，历史足够悠久的石头只提供了宝贵的极少数化石与微量的有形证据。可以确定的是，许多习惯住在氮、甲烷和二氧化碳混合大气中的微生物，都在氧气中窒息。从“氧气大屠杀”[1]中生还的物种，撤退到地球上没有气体渗透进去的黑暗小角落。另一个论点则主张，氧更有可能引发一次生物圈的扩张，让生物圈延伸至先前贫瘠不毛的水域，那里的生物体可以在有氧气的环境下兴盛[2]。厌氧细

① De Duve, “Birth of Complex Cells ,” 56.

② Knoll, *Life on a Young Planet*, 107.

胞仍在氧气所不能及之处生长茂盛，比如在肠道、沼泽或海底的烂泥里，或者在地表以下 3.2 公里深处的岩石上。现在的大气中有大约 78%的氮、0.9%的氩、0.1%的水蒸气和微量气体，以及 21%的氧——地球曾经对付过量最大、最变化多端的污染源。

碳的故事同时也是氧的故事，两者就像是化学周期表版的约翰·列侬与保罗·麦卡特尼：双方都有单飞生涯，但都不及他们合作的成果令人赞叹。元素周期表是强有力的证据，说明宇宙是有秩序的，用科学化的心灵就可以辨识得出来。德米特里·门捷列夫（Dmitri Mendeleev）曾把伏特加配方标准化，还建议沙皇经营当时新兴的全球石油工业。他在 1869 年用已知元素的性质为基础，编出了周期表。他的天才在于比辨识模式更不得了的方面：他预测科学家将会找到他那张表里缺席的元素，还预告了这些元素的性质。在 1871 年，锗就像他说的那样出现了，另外两个元素也接踵而至，门捷列夫的声誉就此获得肯定。或许周期表在图像上的单调，让这张表所揭露的宇宙秩序显得失色。

在蓝菌演化之前，宇宙中并没有任何已知的力量，是特别为了把水分子拆解成氢离子（质子）、电子跟氧而存在的[①]。对于蓝菌的出现时间，研究者意见有分歧。在漫长时间的障蔽之下，研究远古的科学家要从沉积岩及其同位素模式，来重建过去的气候。蓝菌在 27 亿年前（这么久远以前的时间，就好像百岁老人生命中的头几秒钟）或 23 亿年前，可能曾经留下有迹可循的碳。有个反复被提起的非主流看法，把蓝菌的出现摆在 38 亿年前的澳大利亚。有些历史超过 35 亿年的生物标记（或称分子化石），可能一度属于蓝

① 直到 2007 年，天文学家更加自信地探测太空中的分子氧，它们栖息在大约 500 光年外蛇夫座浓密的星云中。Larsson et al., “Molecular Oxygen,” 1–11.

菌，虽说这些化石的确切年代还在仔细研究中，就像马里斯的全垒打纪录旁边还打了个星号[①]，表示还未正式承认。科学家越深入探究，就越发现难以聚焦。在科学中最重要的不是拟真的叙述，而是变动不定、精益求精、永远未完成的证据集合体。这些证据由专业人士依据他们的最佳判断提出，并且由其他专业人士运用他们的最佳判断来做评估。在科学中，手段能够把目的正当化。

就实际效果而言，地球是一个封闭的物质系统。在地球系统中，碳、水及其他物质的总量是不变的。用科学术语来说，就是质量守恒。什么都跑不掉，所以只是从空中循环到陆地、到海洋、到沉积物、到地幔，周而复始。质量守恒定律为以下观察提供了框架：微小的生物可以改变整个地球。渺小的物体只要数量庞大，不管怎么样划分（原子、分子、蓝菌、有壳藻类、树木或者汽车），都可以替碳开出一条通道，在一段时间之后改变碳的全球流动，并随之改变地球生物的生存条件。大量小到看不见的生物体，经历大量的时间，就能改变一个大到无法掌握的星球——一般常识都会抗拒这种想法。蓝菌对碳循环的破坏，看似比一百万只猴子最后真的用打字机打出莎士比亚剧本还要不可能；但以地球历史久不可测的长度来说，无可计数的细菌物种每天都会制造出更加无可计数的个体，这样看来，猴子是免不了要打出莎士比亚剧本的。一个分子又一个分子，一个细胞又一个细胞，一年又一年，在长达数亿年的光阴里，蓝菌排出了足够的氧气，可以把以甲烷、二氧化碳、乙烷和

---

① 罗杰·马里斯（Roger Maris），美国职业棒球大联盟选手，在1961年打破了1927年由贝比·鲁斯（Babe Rath）保持的单季60支全垒打纪录，但当时大联盟故意以1961年单季比赛总场数过多为由，硬是把马里斯创下的61支纪录旁边打了个星号（61*），不肯正式承认，直到1991年才取消所有纪录上的星号。

二碳气体为主的大气搞得天翻地覆[1]。不知怎么的，普通常识在检视某些普遍性事件时就失效了。

由同行审查期刊论文，是科学界专业人士用来表示“嘿，看看我们找到什么啦”的传统做法。作者的同僚会察看他们到底找到什么，然后自行决定这个发现是否有意思，结果能不能重复验证。如果的确可以，这些结果又怎么融入更大的图像里。对于可疑的犯罪事件，我们可以寻求的最高权威是市民同胞（陪审团），他们在专业法官的引导下，依据物理证据达成结论。依此类推，科学界的最高权威就是专业群体本身，历史上都是由同行评审专业期刊的编辑居中斡旋。挪威科学院的简·弗里乔夫·伯恩特（Jan Fridthjof Bernt）就说：“一段科学陈述就是一次沟通。”[2]知识只有在对话之中、在有凭有据的时候才会浮现。如果科学家不在他或她自己的工作成果里找碴，别人很可能就会动手。理想状况下，科学是有结构的，可以让每件事都保持透明公开，让每个人都保持诚实。

蓝菌属于蓝菌门，此门包括2000多个物种。就算是今天，几乎只要阳光照射得到的水域，就有蓝菌门生物生存[3]。蓝菌门生物总数据估计有10^{27}之多，你完全无须远走，就可以看得到。如果你曾经换过彩色打印机的墨盒，蓝菌英文名称的字首cyano看起来或许很眼熟。墨盒通常有三种颜色：黄、洋红、蓝绿色或蓝色。这种细菌实际上看起来更像是蓝绿色而非蓝色［cyano的意思是蓝色，同

---

① Kasting, e-mail to the author, September 4, 2007.

② Bernt, Climate Action 2007 conference, Carnegie Institution for Science, Washington D. C., October 22, 2007.

③ Ditty, Williams, and Golden, “Cyanobacterial Circadian Timing Mechanism,”515.

样的字首在 cyanogen（氰）或者 cyanide（氰化物）里出现时，指的是一种内含碳氮族元素的分子]。根据一个细胞所继承的光吸收色素排列，色彩也会有所不同。某些蓝菌是蜡绿色的，有些则是红色的。变色龙之类的动物，则可以根据自身从白光光谱（红、橙、黄、绿、蓝、靛、紫）每一点所接收到的光量，来改变自身的颜色。有一种蓝菌称为原核绿藻，被认为是地球上数量最繁多的单一物种。原核绿藻跟聚球藻放进生物体内的碳，数量胜过其他物种[①]。

如果你在海中戏浪之后起了疹子，蓝菌可能寄居在你的皮肤上，导致了所谓的泳者瘙痒症。蓝菌居住在岩石、土壤和热带雨林的树叶底部。在一个沙漠绿洲里，必须运气好，才不会看到蓝菌泡在某处刚出现的水坑里[②]。你吸进的氧气，大约 30% 是由蓝菌制造的。这些生物也间接地催生了另外的 70%。植物与树木之所以有固定碳的技巧，都要归功于这些会分化水的微生物工匠。蓝菌黏在建筑物外面，处于这样的岩石生态系统让"壁花"一词有了意外的新意义[③]。不管你住在哪里，下次你到闹市区去，就去找看起来最脏的白色建筑物。那些石墙收留的微生物生态系统中，包括了演化上的革命分子，它们毫无光彩地坐在一片脏污之中。

在蓝菌的大半历史之中，这些细菌住在都会办公大楼石灰岩砖外墙以外的地方。蓝菌中更老派的成员，仍然像无都市时代的祖先那样过活。"跟时间脱节"（othertimely）并不是一个真正的英文单词，然而或许应该要有这个词。对于这些几乎彻底被征服的菌落来说，这个形容词还挺贴切的。"超脱尘世的"（otherworldly）一词就技术上来说不算对，感觉却对了。称为"层叠石"的微生物

---

① Catling and Claire, "Loss of," 3; Azam and Worden, "Microbes, Molecules," 1622.

② Jones, "Personal Effects," 14–16.

③ Gaylarde, Silva, and Warscheid, "Microbial Impact," 342.

群落，仍然在某些遗世独立的海湾里茁壮生长。这些地点通常水很浅，富含盐分，而且一直在浪潮中被淹没又再风干。你如果想知道，在任何生物都还没有视力可言的很久以前，地球的海岸看来该是什么样子，这些地点是最佳选择。在巴哈马埃克苏马群岛（Exuma Cays）中的李斯托金岛（Lee Stocking Island）外围，就生长着一群半米高、巨大笨重的石灰岩堆。在淡水中也曾经发现活的层叠石，像是在明尼苏达北部的弗米利恩湖（Lake Vermilion）就有[①]。不过澳大利亚是许多古生物学家最喜欢的游乐场。

澳大利亚西部提供给科学家一个丰富的矿藏，这里同时拥有“活化石”跟已经变成化石的生物。整个地区坐落在一块称为“皮尔巴拉稳定地块”（Pilbara Craton）的大陆上，这是一片含铁量丰富的平原。让岩石循环再生的力量，在长达35亿年的时间里，放任这个地块自生自灭。现有最扎实的生物标记证据，可能是西澳大利亚斯特雷利湖（Strelly Pool）燧石区妥善保存了34亿年的层叠石[②]。细菌可能并没有发明光合作用，但这个地区同时提供了最古老和最晚近的细菌光合作用遗迹。在1954年，澳大利亚科学家就在叫作鲨鱼湾的地方发现了有3000年历史的层叠石。

现在微生物在鲨鱼湾过的生活，跟当初蓝菌还是自然界怪胎时一模一样。50多种蓝菌，在地毯般的5毫米厚泥沼之上繁衍兴盛。这些烂泥是层叠石的顶尖大厨，白天把二氧化碳炸成有营养的分子，晚上把氮改造成氨。在泥沼下的垫子里，微生物处于一个拥挤的生态系统里，靠着彼此的副产品过活。数十亿的细胞彼此依赖，以求获取营养并自保。呼吸硫气的微生物吸收蓝菌捕捉不到的长波

---

① Sommers et al., “Freshwater Ferromanganese,” 407.

② Schopf, “Fossil Evidence,” 880; Brasier et al., “Fresh Look,” 887; Allwood et al., “Stromatolite Reef,” 714.

长光子，借此把其他细菌的废物变成硫酸和能量。紫硫菌靠着硫元素、硫代硫酸盐和硫化氢过活，发酵菌则会把糖瓦解成酒精和二氧化碳[①]（发酵菌的子孙后代，在啤酒业自谋生路时也做得不错）。层叠石墩之所以会成长，就是因为每一代都会在身后留下一层薄薄的石灰岩或碳酸钙。

在更广大的细菌世界里，蓝菌是很有影响力的分支。从生物多样性、族群和生物量来看，我们生活在一个属于细菌的世界里。按照估计，微生物总数约为 5×10^{30} 个，微生物使用的碳几乎和所有植物用掉的一样多[②]。平均 1 毫升海水中，就有大约 100 万个细菌和超过 1000 万个病毒[③]。我们属于生命之树上的怪胎分支，这是依据人类与细菌（我们血缘最疏远的表亲）之间相隔多远来判断的。我们每个人都是分化的复杂细胞形成的集合体，身上爬满搭便车的微生物旅客。我们的细胞是好几种微生物整合之后的结果。我们所知的生命是由细胞所组成的，这些细胞本身就暴露出古代生物住进来以后赖着不走的蛛丝马迹。

我们对细菌很不友好，大半是因为其中有几个糟糕的物种。某些细菌，比如鼠疫杆菌或者炭疽杆菌，会杀死人。不管是好是坏或者不好不坏的细菌，一般来说都与人类和平共生，尽管我们与细菌并非相互依赖。在小宝宝诞生的时候，他们身上涂抹着大量从产道产出时沾上的细菌。然而等到脐带切断以后，医生就会往他们眼睛里滴红霉素，以避免细菌感染。威斯康星大学麦迪逊分校的肯尼斯·托达（Kenneth Todar）曾经估计过，人类内脏里的微生物数量，

---

① NASA Ames Research Center, "Stromatolite Explorer," multimedia Web site, http://microbes.arc.nasa.gov/movie/large–qt.html (accessed November 26, 2006).

② Whitman, Coleman, and Wiebe, "Prokaryotes," 6578.

③ Azam and Worden, "Microbes , Molecules," 1622–1623.

就跟体内细胞所包含的一样多，而且我们皮肤和嘴里的超大量微生物还没算进去[①]。这些细菌铺满了你的键盘和门把，还有建筑物的混凝土外墙。每个地方都充满了细菌，而且细菌又演化得如此迅速，根本无法估计除了180万种左右的动植物以外，到底还有多少物种。微生物物种可能比动植物多得多，也有可能更少，这就看物种要怎么定义。细菌挑战了一般的物种分类方式，蓝菌也不例外[②]。1998年，三位佐治亚大学雅典城校区的教授在发表文章时写道："我们对原核生物的多样性缺乏详细的知识，这在我们的地球生物知识中是一个重大的疏漏。"[③]三个生物领域的其中两个有个非正式名称是"原核生物"[④]，原核生物有别于真核生物，是因为原核生物有着"裸体"的DNA——没有细胞核。

生命之树的根，现在看起来跟20年前大不相同了。三个领域涵盖了所有生物：细菌域、古菌域及真核域。古菌域是单细胞的微生物，但是差别在于古菌表现基因码的方式与细菌不同。在许多状况下，古菌与细菌可以在我们认为会杀死生物的环境条件下茁壮生长，比如在深海火山口、北极冰层之下、含盐度极高的海湾和腐蚀性的酸性液体中，或者地表以下3.2公里处的岩石里。这些微生物对这类环境的偏爱，让其中最强悍的种类得到了"嗜极生物"的绰号。真核生物则组成了我们所熟悉的生命形式。大象、蘑菇、仙人掌、金鱼——除了古菌和细菌以外的所有生物——都是真核细胞或者是真核细胞的集合体。这些生物把自己的DNA储存在受细胞膜约束的细胞核中。细胞也有小小的器官，称为细胞器，细胞在此

① Todar, "Bacterial Flora of Humans."

② Oren, "A Proposal for Further Integration, " 1895.

③ Whitman, Coleman and Wiebe, "Prokaryotes," 6582.

④ Grinspoon. *Lonely Planets*, 119.

回收养料中的能量。植物在细胞器里把大气中的碳嵌进碳水化合物中。

科学家假设，现代蓝菌的远古祖先把二氧化碳转成碳水化合物的方式，跟现代的后裔毫无二致。这是个合理的假设。“假设”一词在科学界里的意义，比日常对话中更严肃。一项假设就是一则关于世界如何运作的陈述，以观察或者逻辑（或两者兼备）为基础，而且只要一有可能，假设的真实性就该受到检验。目前的假设（现代蓝菌生活方式与祖先无异）是基于下面的观察：生物倾向于在不同物种之间保留最重要的演化创新。就像我们没有理由认为生命的开端不止一次，我们也没有证据怀疑生物不止一次创造出含氧光合作用。光合作用只产生了一次，随后同样的复杂创举在细菌、藻类、植物之中做演化式的散播，这听起来比这种复杂体系从头来过好几次要可信。奥卡姆剃刀定律（Occam' s Razor）值得牢记在心。所需假设最少的解释，有最高的概率成为正解。

科学家设定，古生物过活的方式与其现存的后裔相同，这个信条称为“现实主义”，或“现实主义古生物学”[①]。这是从描述地球物理变化的地质学原理中出现的一个重要变体。根据该项物质学原理，板块构造、火山和岩石风化等地球物理变化总是依循相同的方式。现实主义的意思是，除非出现相反的证据，最佳的猜测会是古生物过活的方式近似其现存后裔。一般公认如果这个信条催生出最有可能的解释，通常这也就是唯一的解释了。对于地球古老的过去，“最佳”与“还不错”的解释可是大有差别的。现实主义让科学家巡游碳的光合作用之路，对于这段旅程到底是今天还是20亿年前发生的，就暂不论定（但心里有数）。

① Brocks, interview and e-mail to the author, July 23, 2006, February 7, 2007, April 25, 2007.

利用一种类似我们24小时生物钟［“24小时制的”原文circadian，其拉丁文词源意为“关于一天的”］的机制，蓝菌实际上可以辨别时间。30亿年的日出日落，把蓝菌训练得会预测日出和夜幕降临。要是必须对阳光做最大程度的利用才能活下去，追踪太阳几时出现、几时消失，就变成强制性的训练活动了。从黎明到黄昏，蓝菌经营着微生物工厂，把氢和二氧化碳焊接成碳水化合物。很惊人的是，蓝菌的24小时制节奏运作得简直像钟表一样。蛋白质和小分子，取代了捆在手腕上的石英振动器、齿轮与弹簧。温度、湿度或光线的一点变化，就可以触发一个蛋白质振动器，启动替微生物“上紧发条”、应付今日工作的反应循环。日出与日落的时间在一年之内会产生变化，所以蓝菌必须持续地重设自身的时钟。对于逐渐提早或推迟的日出时间，蓝菌有时候会调校失败。得州农工大学的苏珊·戈尔登（Susan Golden）开玩笑地称呼这种现象是“时差”[①]。还是同一套基本原则：24小时制节奏受到破坏，而且一定要做调整。

太阳升起了，光子随着晨光而下，沐浴着鲨鱼湾。这件事可能发生在今天，或者很久以前。光粒子冲向一个从层叠石顶端跳起1毫米左右的蓝菌——这是蓝菌今天的第一次收获。太阳产出地球，光子产出电子，物理产出化学，化学则产出生命。光子给予天线般的分子能量，这些分子吸收可见光中的蓝色与红色波长。受体把光子的能量传送到细胞，中间通过极重要的叶绿素分子。叶绿素是对

---

① Golden and Canales, “Cyanobacterial Circadian Clocks,” 191–193; Golden, interview with the author, November 28, 2006.

光敏感的色素，会吸收光子的能量并传递到光合作用生物的细胞里。叶绿素是很可爱的分子，碳的几何构造让这种分子有着四叶苜蓿般的外形。全部 55 个碳建造出骨架，在中央坐落着四个氮原子，还有镁制的靶心。一条碳氢化合物长链会把叶绿素拴在细胞的光合膜内，这层膜上点缀着把电子往前带的蛋白质[①]。

每个人都知道植物需要水。但水浇上去以后会变成什么样子，就不是那么一目了然的了。植物循着当初由蓝菌所开创的流程走：把水分子分解开来，借此准备迎接进入的碳。植物有一种能拆解水的特殊蛋白质合成物，可移除两个电子和两个质子，这些电子跟质子全都会变成富含能量的分子，来帮助把碳导入一个细胞。所以植物每次开采两个水分子，就会制造出一个用不着的氧分子。所有陆地植物和藻类都有同样的蛋白质合成物（称为光系统Ⅰ、光系统Ⅱ），这更进一步指出绿色植物和红藻本质上是经过装潢的蓝菌式住宅大楼。

从水中被移除的电子迅速穿过一个光合膜，最后变成在某种电池似的分子之中。质子不能长驱直入，会被光合膜挡在外面。质子从水中释出以后，在光合膜后方游荡，与蓝菌的内部隔绝。这些质子必须仰赖出入口，才能从膜的一边移动到另一边。成群质子喧闹着蜂拥而上，但能通过的数量有限。唯一的门就在前方，通过一个看起来像是旋转木马的“机器”进入细胞内部。质子的体格实在太强壮，所以变成了能源搬运工（可以比喻成水力发电用的水坝），输送让细胞可以制造生物通用燃料分子“三磷酸腺苷”（ATP）的能量。科学家把像这样的不平衡状态称为一种梯度，广义上可比喻成莫罗维茨在前一章描述的闪电和龙卷风。那些质子被困在一个高压系统里，想破门而出。

---

① Nelson and Cox, *Lehninger Principles*, 694.

那个旋转木马是一种称为“ATP 合成酶”的蛋白质合成物，它会把质子安插在一个磷酸盐离子和一个已经用过的细胞电池之间。这个细胞电池称为“二磷酸腺苷”（ADP）。ADP、质子和磷酸盐离子结合起来组成了 ATP（三磷酸腺苷）[①]。细胞的电池是带电的，等着袭击第一个路过的二氧化碳分子。这把我们带向一个重要时刻。

在太阳的能量被转换，又暂时储存在分子电池里以后，蓝菌准备好要从空气中收集碳了。二氧化碳分子徘徊在某个蓝菌上方一皮米高处。气压和细胞的吸引力，又推又拉地把那个分子往里面拖。那里有两个分子搬运工，正在细胞系统内部等待。其中一个搬运工是五碳糖。二氧化碳分子没办法靠自己找到搬运工分子，还需要一种小名叫作 Rubisco［原名“二磷酸核酮糖羧化酶”（Ribulose-1, 5-bisphosphate carboxylase oxygenase）］的特殊酵素帮忙，才能把二氧化碳引导到正确的位置。Rubisco 可能是地球上最丰富的一种酵素，并且合成了树叶叶绿体中一半的蛋白质[②]。这两种分子，酵素及其小分子基质，把碳合并到一个碳水化合物里。当 Rubisco 把二氧化碳安插到基质里的时候，做出来的结构就是一种笨重的糖，会裂成一模一样的两半，每一半都包含三个碳原子。但某些植物（如玉米）被称为碳四植物，因为在前述反应之后做出的第一个产品是一个碳四分子，而非碳三分子[③]。光合作用的“暗反应”就这样进行下去。细胞把化学媒介物集合起来又拆解，直到最后做出稳定的六碳糖“葡萄糖”为止。

碳在建筑方面的灵活度如此之高，所以科学家需要特别的化学用语来形容到底发生了什么事。在这一大堆分子之间，我们很容易

---

① Krauss, *Atom*, 206.

② Nelson and Cox, *Lehninger Principles*, 748.

③ Campbell et al., *Biology* , 200.

就跟丢了碳及其同伴的踪迹。从某方面来说，我们可以把生物学与化学共用的语汇，想成碳的3300万个名字，每个化学结构都有不同的描述性名称可供区别。碳水化合物都有同样的通用化学式：H_2O，呈现1∶2∶1的比例。但是这个化学式不会告诉你有多少的C（碳）、H（氢）和O（氧），也没告诉你这些元素是怎么安排的。事实上，这个化学式没多大用处。有好几打碳水化合物都有这个通用化学式CH_2O。光合作用的暗反应会制造出$C_6H_{12}O_6$。这样的化学式提供了更多关于这种分子的信息，然而还是没解释最重要的信息。这个分子的形状是什么？6个碳、12个氢和6个氧可以构成16种可能的组合，而且还有16个镜像分子没算进去，其中每一个镜像分子跟自身的对掌分子，都是"既一样却又不一样"的[①]。要特别指定其中一个，科学家需要化学语言的精确性：一个特别用在化学中的语言，其中每个音节都代表着分子某一部分的数字、位置或形态。

追溯碳从二氧化碳到葡萄糖的光合作用之路，要花费十多年时间或用创意做冗长乏味的研究。加州大学伯克利分校的科学家利用在20世纪40年代晚期还是新发现的碳放射性同位素，把结果给做出来了。

同位素是了解恒星如何制造能量、地球和生命如何运作的关键。碳、氧、硫、铀、铅及其他元素的同位素，是追踪过去不可或缺的线索。这些同位素指出这个星球的年纪、偶然撞上的陨石处于什么年代、哪一种生物体在多少年前住在哪里、何时气候起了变化以及这变化又有多激烈。碳十二组成了地球上将近99%的碳；碳十三也是稳定的原子核，只构成略多于1%的碳。对于这种比较重的同位素，生物的耐受量各有不同，但通常远少于碳十三在地球上

① Shallenberger, *Taste Chemistry*, 153.

的自然出现量。如果13磅的砖头在其他方面跟12磅的砖头并无二致，何苦要用13磅的砖头来盖房子呢？举例来说，测量碳同位素在古代岩石中的比例时，科学家可以推测哪种生物以前曾经住在那里。如果岩石中的碳十三含量低于20‰，可能就有某个生物曾经在那里活过又死去。碳十三比例的变化，对于哪种生物把自身的原子遗留在身后是很有力的指标。比方说，制造甲烷的细菌对于碳十三的耐受度极低。所以，如果有机岩石里含有非常少量的碳十三，在有其他证据佐证的状况下，科学家可能会推论，产甲烷菌曾活在岩石中。同位素也能帮助我们了解现在。地质学家在碳酸盐岩石中找到的同一类同位素性质，可以揭露哪些顶尖脚踏车选手和棒球选手作弊，用了能加强运动表现的禁药。

放射性同位素在近代历史上有很多用途。因为碳十四是不稳定的（具放射性），所以考古学家靠它来为历史不到五万年的东西定年。这种同位素的原子核中除了八个质子以外，还有八个中子。碳十四是在宇宙射线碰上了氮以后在大气中形成的，但在地球全体的碳之中只构成了微乎其微的一部分。在超过5730年来，定量的碳十四会有一半衰变成氮。借助测量放射性的碳衰变成氮的比率，考古学家、历史学家和地质学家可以为某个物体的起源定下一个比较精确的日期，前后误差值在40年内。甚至还有碳十一，这种同位素非常不稳定，在21分钟内就会有一半衰变回硼[①]。

梅尔文·卡尔文（Melvin Calvin）、安德鲁·本森（Andrew Benson）和詹姆斯·巴沙姆（James Bassham）用已知富含碳十四的二氧化碳来喂藻类，这样他们才可以侦测这些生物体内的碳含量。以往研究者的经验证明，用更不稳定的同位素碳十一来做实验太困

① Beerling, *Emerald Planet*, 175.

难了。他们执行这个实验很多次，杀死这些藻类的时间间隔越来越短，然后侦测碳十四在这些媒介分子中的含量，直到他们找出碳到最后变成葡萄糖以前的反应路径为止。对于他与同僚是如何奋力完成这件事的，卡尔文这么说：“当你有齐全的资料时，要得到正确的答案就用不上什么花招。真正有创意的招数是，你手上只有一半资料，其中又有一半有误，而且你还不知道哪一半是错的，却还能得到正确答案。”①

既然古生物学家没办法在实验室里重新打造出早已消失的生命当年的生存条件，他们转而找寻线索。来自远古而最有帮助的线索是生物标记——分子化石，这是当年由生物留下的化学物质遗迹，但是会随着时间分解。就像任何推理小说迷所知的，犯罪现场在几小时之内就会缺乏有用的线索。对于死亡的生态系统来说也是如此，不过是在长得多的时间尺度上。除非保存得特别好，DNA 衰败得太快了。蓝菌化石——这些细菌顽强的外鞘——可以往前回溯到大约 21 亿年②。要看到比这更久以前的事物，地球化学家就必须找寻蓝菌中剩下的分子遗骸。

最古老的地质学可以回溯数十亿年前——10 亿、20 亿、30 亿、40 亿，任何以“10 亿”为单位起跳的数字都大到太难以理解。你可以想个 100 万试试看。达尔文就仰赖他一位同事所做的类比：“拿着一条长度为 83.4 英尺（1000.8 英寸）的纸卷，然后沿着大厅的墙壁展开。接着每隔 0.1 英寸就做个记号。这 0.1 英寸就象征 100 年，而

① Calvin, *Following the Trail of Light*, 134.

② Hofmann, “Precambrian Microflora,” 1040.

整条纸卷就是100万年。”[1]这就是100万年。100万年相对于地球的历史，就像是六天半的时间跟一位80岁老人。地质学家的工作是针对“远古时间”，这个词汇被视为“深太空”在时间上的对应物。甚至连科学家都无法真正了解远古时间，他们只是照着数字做判断。就像环境科学家威廉·拉迪曼（Willian Ruddiman）曾写过的：“我怀疑，即便是我们这些终身研究地球史的人，对于它的深广度，都没有真正的了解。”[2]

平均来说，在岩石被地幔召回重铸，或者像喜马拉雅山那样被推高然后侵蚀掉以前，岩石能维持大约2.5亿年。这表示5亿年前的岩石有一半已经不见了，而且有90%的石头来自非常久远的年代[3]。因为某种缘故逃过地壳构造重塑的岩石，是我们手上唯一关于地球历史的原始资料。科学家知道某些科学宝藏有经济上的价值，也为之忧心忡忡。地质学家必须报告他们在科学论文中提到的化石位于何处，但也用某种方式庇护这些化石，这样他们的竞争者和化石猎人才不会去洗劫一个30亿年未受污染的岩层。在我写到这一段时，据称有一个具有22亿年历史、周长约8.8厘米、被磨亮了的层叠石，在eBay网站上以69美元卖出（包邮）。其他层叠石的价格，各依尺寸大小而顺序标价[4]。

在远古领域工作的科学家，很小心地分辨“现存最佳证据”与“有力”甚至“良好”证据之间的差别。研究远古地球的科学家工作时就像侦探，不过在相同程度上，也有点像老故事里的醉汉：在晚上弄掉钥匙，却只在路灯下面找，因为只有那里有亮光。化石记

---

① Darwin, *Origin of Species*, 269.

② Ruddiman, *Plows, Plagues and Petroleum*, 15.

③ Schopf, “Fossil evidence,” 869–870.

④ eBay, “Huge 3.5 inch Stromatolite,” item number 130051673910, December 3, 2006.

录并不完全，而且是随意保留下来的。科学家只能在“照得到光的”过去寻找钥匙。光照得最亮的地方，是地球上最古老的集体墓穴，暗色岩石中富含有机碳，却未经历变质作用。世界上只有少数几个地方，古老到足以包含最早生命体可能留下的微粒，这些地方是南非、加拿大（可能还有格陵兰岛），以及澳大利亚。

巴布尔巴（Marble Bar）是澳大利亚最苦于热浪侵袭的城镇，这样区区 400 人的小镇，在大部分地球仪上竟然都有标记，还挺奇怪的。蜘蛛、蝎子和蛇的数量，轻轻松松就超越人口数。途经沙漠荒野的旅客会偏离他们的路线，沿着笔直的含铁平原开到 160 公里之外，只为了买杯啤酒喝。出了巴布尔巴，就有路标警告旅客：**下一个加油站位于 650 公里外；以下 250 公里，有袋鼠出没**。火车经过时会把震动传到方圆数十公里外。道路笔直地展开，没有弯路也没有出口。那里真的什么都没有，除非你刚好是个地质学家。

就算在高科技时代，地质学家还是只有一种方法获取实验室用的样本。他们必须造访像是巴布尔巴地区这样偏远的地方，拿着榔头从地球上凿下小碎片。地质学是一门深入内部的科学。地质学家在我们这个星球的身体上到处爬行，摩挲并记忆地球独特的胎记与疤痕，聆听呼吸的回声，并且舔舐着岩石。他们替化石拍照，通常旁边摆着十字镐、钢笔、折叠刀或硬币，以此充当比例尺。如果你对于这件事没个概念，你可能会纳闷为什么有这么多人离家远走，跋涉到这片贫瘠的山谷，就为了替他们的十字镐、钢笔、折叠刀和硬币拍张照。30 亿年来，这些石头第一次离开自己所处的环境，一个个被堆进盒子里，然后一盒盒被装上卡车。

地球化学家必须知道要找什么，以及到哪去找。有机碳（一度是生物的一部分）被储存在地下的石灰岩、沙岩、富含有机物的黑色岩石或者油污里。古生物学家常常利用采矿或石油公司取出的岩芯，生物标记也常常有助于显示对采掘工业有价值的资源该去哪找。包含数百万种分子的油母质岩，在压力和热度之下转变成在纸上看似纠结铁丝网的东西。回到实验室里加热这些岩石，科学家就可以把分子从团块中分离出来，然后分析分子在这份样本里可能留下什么样的特征。

把岩石加热到石油流出来为止，长期以来都被当成徒劳无功的做法。石油被认为是受到污染的物质，是地质上较晚近的碳氢化合物渗到较低的地层以后形成的。有种假设认为生物分子会被分解到难以辨识，这又让研究者更为却步。

1999 年有一项相当有趣的研究，挑战了这个经验法则。当时罗格·塞蒙斯（Roger Summons）跟澳大利亚地质调查局（Australian Geological Surrey Organization, AGSO。现为澳大利亚地球科学局）的同僚，共同发现活的蓝菌制造出少量的独特生物体膜。这本身没什么特别的。这只是一种罕见的分子特征，称为 2α-methylbacteriohopanepolyol。科学家了解分子会如何随着时间、受热及受压而分解，这让他们想追踪一种特殊的分子目标。如果古代蓝菌的生活与今日无异，那些蓝菌应该留下这种分子的一种衰退形式：由 31 个碳原子形成 5 个环的格子状分子，称为 2α-methylhopane。所以如果这种分子在岩石记录里出现了，可能就指出目前已知最古老的蓝菌最后在何处安息（同样具备五环碳骨架的这种分子结构总称藿烷，藿烷埋在岩石里的量，可能也跟所有生物中的碳一样大[①]）。

与此同时，AGSO 团队的另一个成员把这些生物标记从样本里面提炼出来[②]。约亨·布罗克斯（Jochen Brocks）是一位德国化学

① Brocks and Pearson, “Building the Biomarker,” 248; Summons et al., “2-Methylhopanoids,” 554.

② Knoll, “New Molecular Window,” 1025–1026.

家，为了拿他的地球化学博士学位来到悉尼大学。他和他的同事把岩石样本放到溶剂里，总共泡了三次，他们才觉得已经把所有造成样本污染的石油给洗掉了。新碳氢化合物的外观让他们相信，最后看到的是未经污染的岩石。这些样本被研磨成更小的碎片，以便得到更原始的表面。每1克岩石只能产生百万分之二十五克有研究价值的石油。2α-methylhopane出现在被提炼出来的石油里，这表示27亿年前的蓝菌活在现在的澳大利亚西北部。

这个团队也发表了能提供确凿（虽说是间接）证据的研究结果，证实蓝菌曾经在那里生存过。如果蓝菌在那里，就会把氧排入空气中，呼吸氧的真核生物细胞（假设这种细胞当时真的存在）能把这种氧分子加工成某种特殊分子。所以当布罗克斯在样本里发现类固醇分子（实质上是已经钙化的胆固醇）的时候，他跟他的同僚推论，真核生物在27亿年前已经演化出来了，这比过去估计的时间整整早了10亿年。伍迪·艾伦曾说过："我不想通过我的作品达到不朽，我想通过不死来达到。"胆固醇中的四环架构跟碳原子的支链，除了不能不死，可能比我们必须给予的任何东西都更持久。

许多知名科学家都接受指出这些生物标记已有27亿年历史的证据，但这样还不算是获得保证。这些岩石可能到头来还是受到污染，也可能没有，而且也不太可能证实一个分子的年纪。科学界通常在追求发现的兴奋感的同时，也要有持续不懈的怀疑主义精神，或者保持模棱两可的态度。布罗克斯解释，地球化学家要替古代岩石定年，就必须收集环境证据，例如分子是否未受污染、本来就属于那个沉积层，等等，正反证据都要收集。对于在太古代岩石中的生物标记，有大批的证据显示这些标记真的很古老了。这些生物标记已被彻底煮过，而且就像地球化学家预期中那样改变了。这些科学家发现，其中没有“现代”（历史少于 5.5 亿年）的污染物[1]。布罗克斯的实验室里使用的化学作用，并不容易复制。他说，科学家（特别是他所仰慕的资深科学家）要是不能重做、也不能反驳他的工作成果，又不能把他的研究跟他们自己的假说调和在一起，应该就只能举出太古代时期的不确定性为证，然后把他们自己的研究成果视为蓝菌日后的卷土重来。

其他研究继续证实布罗克斯的蓝菌分子化石存在。现在转到麻省理工学院任教的塞蒙斯，和他的学生在南非发现了 26 亿年历史的 2α-methylhopane，看来比澳大利亚发现的生物标记更不可能受到污染，受污染的可能性，是布罗克斯自己一直无法排除的。这两位科学家对于 1999 年的样本是否有可能受到污染，持不同的见解。在科学界，这构成了更密切合作的理由，而非相反。塞蒙斯说：“科学家拥抱这类分歧，因为这迫使我们更提高自我要求，并且发现更好的证据，这就是进步的方式。到最后，有个聪明的学生会发现另一个不同的途径，然后我们就会知道谁是正确的。布罗克斯和我现在对于太古代生物标记的意见不同，但我特别请求他来审查我们格里夸兰地区研究成果的新论文，因为我们知道，他会是我们最严苛的批评者。”[2]

他们特别小心地提炼通过南非阿古伦的格里夸兰钻探计划（Agouron Griqualand Drilling Project）所钻出的两个岩芯，以便把污染的潜在可能性降到最低。除了水以外，钻头不必用别的流体就能穿透较低的地层，而且原料在钻出之后会尽可能快地送检。这两个岩芯相隔大约 32 公里，却含有相同模式的蓝菌分子标记证据，

① Brocks, e-mail to the author, February 7, 2007.

② Summons, e-mail to the author, November 9, 2007.

还有迹象显示这些碳氢化合物本来就在寄居的岩石中。换句话说，这些蓝菌可能在那里活过又死去，其遗体埋在太古代末期的沉积层中。类固烷出现的确凿证据，也都在这些岩芯里。[①]

如果蓝菌在27亿年前住在鲨鱼湾，而且氧分子是在距今24.5亿～22亿年在大气中达到临界标准，中间还有2.5亿～5亿年的时间间隔必须解释。

根据某个假说，以经历过那段时期的澳大利亚西部沉积岩中碳十二转变成碳十三的比例来看，“氧气绿洲”可能慢慢酝酿了2.5亿多年。氧气可能逐渐地累积，然后在24.5亿年前达到某个“门槛”值，当时岩石显示出系统性变化的最早痕迹[②]。或者，大气的氧气化可能突然一翻身就变了，而不是缓慢漏出[③]。由物理证据引导的计算机模型指出，在大气中的气体浓度是稳定的，直到累积值达到一个“门槛”为止。跨过这个“门槛”以后，臭氧就容许氧分子迅速地在接近地面的地方累积。关于氧气何时出现、出现得有多快，每年都有一些科学论文勾勒出科学界现在的看法。

如果生物标记定的时间点——27亿年到头来是靠不住的，这些研究就是在讨论一个不存在的问题。蓝菌可能是后来才演化的，这样就没有2.5亿～5亿年的时间空白要填补了。加州理工学院的约瑟夫·克什温克（Joseph Kirschvink）就怀疑布罗克斯的生物标记年代，并且论证蓝菌可能只需要100万年的时间就能让大气充满氧。[④]

碳在生物和海洋里吸收掉的氧，不可能多到足以避免氧气在空

---

① Summons, e-mail to the author, October 15, 2007.

② Eigenbrode and Freeman, “Late Archean Rise,” 15759.

③ Goldblatt, Lenton and Watson, “Bistability of Atmospheric Oxygen,” 683.

④ Kopp et al., “Paleoproterozoic Snowball Earth, ” 11133.

气中累积。如果从蓝菌降生到有大气含氧的证据出现，中间要花上3亿年，一定有某种东西把氧吸收掉了。地球提供了许多其他的水沟可以掩藏污物。硫矿显示出24.5亿年前开始的变化。就像生物偏爱较轻的碳同位素碳十二胜过碳十三，氧也比较喜欢跟某些硫同位素起反应。在大气里含量颇高的太阳紫外线，会把地球历史开端时那四种硫同位素以外的硫化合物分解掉。沉淀到地面的物质，反映出天然的硫同位素有多丰富，会汇集成各种化合物，比如黄铁矿（又称“愚人金”）。但在24.5亿年前，这种非质量硫同位素消失殆尽。最轻的硫同位素会和氧起反应，制造出硫酸盐气胶，即酸雨，而不是以火山口喷出的那种硫化物形态落到地球上。在23.2亿年前，黄铁矿上的非质量同位素分馏信号消失了，让这个年代成为大气氧化的传统临界点[①]。某些铁和铀矿的消失，也支持了氧在距今24亿～22亿年降临的说法。

一旦硫跟铁吸收掉它们的那一份氧，氧就会在甲烷、二氧化碳与其他气体构成的大气中累积。戴维·卡特林（David Catling）与马克·克莱尔（Mark Claire）简洁地陈述后来发生了什么事：“大气中的氧分子跟甲烷会互相毁灭。”[②]这种氧化燃烧并不像火炉上的蓝火苗那样充满戏剧性，但结果是相同的。两种气体反应之后变成二氧化碳和水。甲烷的损耗发生在大约23.2亿年前，可能延续了超过100万年[③]。把甲烷变成二氧化碳的温室交换作用，会导致能源从地球系统急冲而出，让地球的温度下降10度。

接下来二氧化碳从天空中被洗掉，更进一步削弱温室作用。

---

① Kasting, “Rise of Atmospheric Oxygen,” 819; Holland, “Oxygenation of the Atmosphere and Oceans,” 905.

② Catling and Claire, “How Earth’ s Atmosphere Evolved,” 11.

③ Kopp et al., “Paleoproterozoic Snowball Earth, ” 11131.

甲烷温室的毁坏，可能是气候遭遇双重打击中遭遇的第一击。这加速了二氧化碳从大气与海洋中被除去、埋入沉积层的长期趋势。雨滴会打在山岳和暴露在外的岩石上。在往下流的过程中，雨滴吸收二氧化碳，因而变得偏酸性。酸雨释出了硅酸盐岩石中的钙与镁离子，并且把那些物质洗去，沿着山区小溪往下流，进入大河。一度属于大气的碳和属于大地的钙与镁，注入了海洋。一旦水中含有超过自身吸收量 20～25 倍的钙，这个浓度就彻底压倒了避免离子彼此起反应的能量界限[①]。钙和碳酸盐形成了碳酸钙（石灰石），然后沉到海床上，从海洋与大气的碳循环中脱离，进入莱维所说的那种生命状态："其单调程度，一想起来就不可能不觉得恐怖。"[②]

在整个地质时期，碳循环与气候的主要驱动者是板块构造运动：地球的地块持续地转变，造就大陆与海洋的新表面图样。在大陆移动或者新陆块浮现时，就会为这种硅酸盐岩石风化作用提供新的目标。在超过 100 万年的时间里，碳从大气中被洗刷掉，这个过程要负最大的责任。这个过程可以驱使气温下降，因为碳会迁徙到沉积层，潜没作用则会把碳带回地幔，最后又从一座火山里回到地面[③]。美国太空总署的戴维·德马雷（David Des Marais）曾经估计，地下的碳蕴藏量是断断续续增加的，大约每隔 1 亿年会突然爆发一次。从 25 亿年前开始，一直到前寒武纪结束之前不久（不到 6 亿年前）才终止。[④]

另一击是这样降临的：岩石风化把二氧化碳从空气中洗掉，然

---

① Ridgwell and Zeebe, "Global Carbonate Cycle," 302.

② Levi, *The Periodic Table*, 226.

③ Hay, "Tectonics and Climate," 409.

④ Des Marais, "Carbon Isotope Evidence," 607.

后二氧化碳伴着从陆块中释出的矿物泼洒到海里去。少了甲烷与二氧化碳造就的温室，太阳又太微弱，无法满足地球的能量需求，这座星球在一连串大规模冰河作用下冻结，穿插了灾难性的“雪球地球”事件。海洋在赤道冻结了300米厚，而且保持这个状态达数百万年。热带沿线有着0.8公里的厚冰层。许多生物都被消灭了。克什温克写道：“这真是千钧一发的时刻。”①

尽管地球上的冰河覆盖了海洋，寒冷的天气也不会影响火山或深海火山口的喷发。海底和陆地火山继续把种种物质喷到空中与海里。这种物质里有一部分对蓝菌来说是有营养的，大多数是铁和含磷物质。含磷物质特别重要，在任何生态系统中，缺乏磷是抑制生长的因素。在对我们来说长得不得了的时间里（或许有1000万～7000万年）②，火山喷发物设法创造出另一个温室，这一回大部分由二氧化碳组成。既然蓝菌有方便的渠道取得所需的所有水分，就只有铁和磷会抑制蓝菌了。所以在冰退却的时候，蓝菌就能够擦干被冰河掩盖住的磷。因此，蓝菌的数量大增，而且让较低的大气充满了氧③。这种场景出现过的证据藏在南非的马甘因岩层（Makganyene），这是一个巨大的锰矿床，坐落在一个更巨大的铁矿床上。在“雪球地球”时代之后的蓝菌造氧热潮中，会出现这样的矿床，正符合我们的预期。氧和铁起反应，比和锰起反应更容易。所以氧气潮让铁从海洋中沉淀，然后锰覆盖在上面。

“雪球地球”事件是生物的灾难性过滤器，把强韧的生物跟不能耐寒的生物区分开来。演化已经延续了40亿年，穿越了地球化

---

① Kirschvink, “Red Earth,” 19.

② Lane, *Oxygen*, 48; Kirschvink, “Red Earth,” 16.

③ Kopp et al., “The Paleoproterozoic Snowball Earth,” 11132; Kirshvink, “Red Earth,” 15.

学上的灾难与陨石带来的浩劫。这些干扰从来没有太过头，虽然确实很糟，许多物种死掉了，不过并没有将这个星球彻底消灭干净。空气中有太多的碳，会把地球变成一家糖果店；太少，就会让地球变成雪球。地球从来没有过热（像金星）或者过冷（像火星）到回不了头的地步。杀不死生命的，就会让生命更强韧。

第四章

天性凶残：猎食、防御与海洋的碳循环

竞争本质上是残忍的，而且免不了导致冲突。

——藤本隆宏（Takahiro Fujimoto）

“乏味的十亿年”或者“地球史上最沉闷的时期”，发生在“雪球地球”事件引起大气骚动后，直到演化逐渐通过海洋侵入碳循环为止。这种变化的初期，动物生命在大陆架上“爆炸”，这个过程起于5.42亿年前，正是寒武纪的开端。在长达5400万年的时间里，所有存活动物的身体蓝图，都以地球史上空前绝后的多样性在发展。在许多创新之中，生物体对于生物碳酸钙（经常被称为“壳”）的制造，有着日渐增加的控制力，这在生态上造成了长远的后果。①

在寒武纪大爆炸以后3亿多年的时间里，生命渐渐地通过海洋侵入碳的非生物循环里。在今天，海洋中充满了称为颗石藻的有壳

① Holland, “Oxygenation of the Atmosphere and Oceans,” 908; Buick, Des Marais and Knoll, “Stable Isotopic Composition, ” 153; Ogg, “Status of Divisions,” 194.

藻类，它正是活生生的证据，证明就算是微小的生物，如果全都对碳很有胃口，就可以重新改变全球碳循环的方向。这些很有美感的生物体（及其近亲），在大约 2.25 亿年前开始出现在化石记录中。这些藻类身上贴满结晶化的碳酸盐圆盘，圆盘的形状是接近无限的对称性。颗石藻个体小到看不到，除非你有一台倍数很大的显微镜，可以分辨 0.001 毫米的物体。然而在一个颗石藻花团里，包含了数不清的上兆个细胞，要用卫星摄影才能拍到全景。每年颗石藻花团都覆盖 140 万平方公里的海洋，从亚热带地区到阿拉斯加和挪威的水域，都变成一片振奋人心的浅蓝色。颗石藻群如此明亮，比其他海水多反射三倍的阳光，把太阳的辐射能弹回太空中。最浓密的颗石藻花团，每升可以塞进 1.15 亿个细胞。[①]

颗石藻的意思是“种子石”，这种藻类和其他带壳的生产者在横跨数百万年的时光里，建筑了欧亚大陆的许多白垩山脉。在今天，这些藻类在海洋食物链与碳从海洋表层到海床的运输两方面，都是很重要的一部分。在海床的深度，只有不到一半的碳是有机的，或者来自软组织[②]。颗石藻可能制造了一半的无机碳，或是掉到海洋底部的碳酸钙。但是颗石藻的未来，因人为的全球变暖而困扰重重。所以，让文明得以发展的海洋与大气碳平衡，未来的稳定性也很令人堪忧。

这些抢眼的生物是怎么出现的，还有它如何获得对海洋碳循环这样大的影响力，这两个问题会带领我们穿越寒武纪——由地球各大陆与大气的剧烈变化，以及生物在演化上的应变所导致的动物及海洋生态系统大爆炸时期。

---

① Tyrrell and Young, “Coccolithophores ” (forthcoming).

② “无机碳”的概念看起来有些矛盾，因为“无机化学物”的定义是完全无碳的。事实上，在地质化学中，“无机碳”描述了地球系统中由自然力传输的物质，这些物质的循环过程没有经过生物，至少没有经过生物软组织。

生命在超过五亿年前长出了厚厚的皮肤。生物也长出尖锐如矛的突出物和牙齿。碳酸钙外骨骼同样覆盖着掠食者与猎物。在化石记录上，三叶虫是占优势的一种奇怪生物，外表油亮光滑。长期以来，三叶虫都让业余化石猎人和专业古生物学家迷恋不已。细长的腿从分成三个平行区块的对称身体上往外伸，因此得到“三叶”这个名字。它的眼睛是由碳酸钙构成的——名副其实是石头（石灰石）做的①。三叶虫遍及全世界，它哐哐作响地舔掉海床上那些无力自保的虫子。

在这样的成对猎捕关系里，风险从来就不均等。猎物的生命危在旦夕，成功的防卫只是延迟猎食者的晚餐时间而已②。在整个寒武纪，外壳甲胄和武器刺激出加速生命发展的演化武器竞赛。从 1994 年起，国际科学机构就根据证据同意，寒武纪的年代是在 5.42 亿年前。替岩层定年的地层学，是一门受益于现代精确技术的古老科学。解读岩石和化石，并不是什么高难度尖端科学。19 世纪地质学家就明白，地球的地层学分层起于寒武纪。比寒武纪还老的沉积层让他们非常困惑，因此在 1891～2004 年，地质学家一直没增加任何新的地层时期③。地质学家根据化石、放射性同位素时钟、同位素占比或地球的磁场变化，把世界区分成彼此有别的地质时代标尺。有两大“宙（元)”：前寒武纪（隐生宙）和显生宙，后者是希腊文中“丰富生命”的意思，以寒武纪为开端。这些“宙”

① Fortey, *Trilobite*, 92.

② Dawkins and Krebs, “Arms Races,” 489.

③ Knoll et al., “A New Period,” 621.

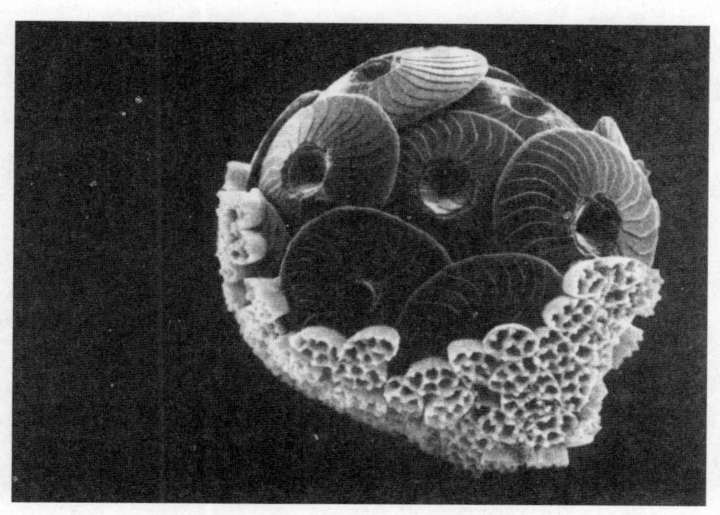

一个只有 15 微米宽的颗石藻，或称有壳藻

下细分成 11 “代”、许多“纪”“世”和年。[①]

地质学是全球性的大事业，而整个世界的科学群体都有准备，要用世界彼端的岩石来验证自己这一边的证据。寒武纪的英文名称（Cambrian）来自于英国的坎布里亚（Cambria），是第一批动物化石出土的地方。然而现代定义下的寒武纪，却是根据纽芬兰幸运城附近发现的化石虫标定的。同样的化石也和死亡谷发现的碳十三同位素反常现象联结在一起，那有可能是寒武纪前大灭绝事件的象征。最后，同样的碳十三变化跟在阿曼进行的一项精确铀同位素定年有关联，这项测量把年代定在 5.42 亿年前。[②]

在寒武纪以前的 30 亿年里，细胞团占据着潮汐湖、浅水的大陆架、海底火山口和开放海域。大部分远洋缺乏会制造外壳的生

① Ogg, “Status of Divisions,” 185.

② Amthor et al., “Extinction of Cloudina, ” 431.

物，在整个生物历史上，这种状况可能延续了90%的时间。碳酸钙制造是由地球系统中蛮横的物理力量所支配的。板块构造移动把山脉推出海面，并且猛然拉动其他盖在下面的东西。地球经常改变的大陆表面，改变了风向与海洋流动的方式。溶解在水中的二氧化碳侵蚀了岩石，其中的矿物质被冲到海中。温度骤降导致冰河形成。海平面下降了，只是在冰河融化的时候，就会在新的大陆上溢流成新的河流。海洋的碳酸盐系统是整体海洋碳循环的中枢回路，很少、甚至没有受到生命的影响。

2003 年，有两位科学家找到一个实际的方法来思考从无生命到有生命的转变。理查德·齐比（Richard Zeebe）和皮特·韦斯特布鲁克（Peter Westbroek）把海洋状态区分成“奇爱”“浅水”和“白垩”海洋。他们建造了一个计算机模型，来探究海洋中碳酸钙饱和程度的历时变化。这种划分提供了一个有用的架构，可用来思考生命如何在数亿年时间里改变海洋[①]。碳酸盐是由三个氧原子和一个碳组成的一种离子（CO_3^{-2}），换句话说是一种带电粒子。它会和钙（Ca^{+2}）起反应产生碳酸钙，在海洋沉积层和后来形成的岩石中，碳酸钙是埋藏碳的主要宝库。

地质学家半开玩笑地引用库布里克电影里的奇爱博士，来描述过去生命成批灭绝的海洋。“奇爱海洋”支配了地球历史的绝大多数时间[②]。针对38亿年高龄的岩石所做的同位素研究显示，当离子含量丰富到超过饱和浓度好几十倍的时候，石灰石就会在海里形成非生物性的沉淀。扇状结晶、白垩石片还有其他海床地层构造物，在古代地质记录中到处出现，指出钙和碳酸盐在过度饱和的水域会结合起来落在

---

① Zeebe and Westbroek, “Simple Model,” 1.

② Hsu et al., “Strangelove Ocean,” 809.

海床上。在地球的地壳上，到处都是好几立方公里的碳酸钙。[1]

对于7.5亿年前的大陆形状，地质学家知道得很少。他们根据铁在全球各地火山岩里的冻结状态，来推论从那时开始好几纪的世界地图。铁在地图上的对应位置指出，主要的大陆漂移是从6亿年前开始的，接着开创了一段气候变化剧烈、生态不稳定的漫长时期[2]。到了5.8亿年前，雨水把矿物质从短短胖胖的大陆中洗出来，而这些大陆会在许多年后，漂移成北美、亚洲和欧洲。当时的超级大陆“冈瓦那大陆”，包含了我们今天所知的南美洲、非洲、大洋洲、南极洲和印度。

地壳构造隆起替寒武纪搭好了舞台，但同时还发生了更微妙的事件。寒武纪开始的数百万年前，有一阵氧气流在大气中溢流，这可能就是引发生物多样性爆发的“引信”。“蓝菌革命”是在此之前不到20亿年前发生的，但直到寒武纪开始前，氧分子才聚集到可以支持较大的生物体。氧气以两种方式帮助生命变得体积更大又更有创意。生物把自由的氧约束到比过去更复杂的生物分子中，而有氧呼吸让生物能够取得比以前多大约10倍的化学能量。[3]

好几个研究证实了氧气兴起的年代。丹麦的地球化学家发现，前寒武纪深海沉积层的铁同位素混合度显示，直到最后一个前寒武纪冰河时期结束以前（5.8亿年前），都还没有氧渗透到深海。另一个研究团队则报告，碳和硫同位素的变化指出在那之后不久，氧的浓度就上升了。地质学家从沉积物的分析中得知，第一批动物出现在大约5.75亿年前。这就表示，500万年的时间必定足以制造出让

---

① Ridgwell and Zeebe, “Global Carbonate Cycle,” 1309; Hayes, interview with the author, July 23, 2006.

② Mark McMenamin and Dianna McMenamin, *The Emergence of Animals*, 97–103.

③ Ward, *Out of Thin Air*, 12.

动物呼吸的空间。丹麦的研究显示，氧分子的生产水准保持稳定，而且有助于2500万年后两侧对称可移动生物的兴起。到了5.5亿年前，地球上已经有许多奇妙的生物，从几厘米到一米[①]。

在动物生命史上，“寒武纪大爆炸”可能是重大起源事件，然而不是寒武纪让这一切发生的。在我们把微生物世界抛诸脑后以前，下面这件事值得一提：每个人、动物、树木、真菌或藻类身上的每个细胞，都有三四个细菌祖先。我们喜欢自命不凡，认为我们的大脑袋、用两脚行走和对向拇指，都让我们有别于其他生物，事实的确如此。但我们的演化和我们的健康，完全仰赖于其他比较小却和我们一样“高等”的生命形式[②]。我们是一连串微生物融合兼并的产物，这让生命起源看起来更容易了。每朵花、每个真菌、每只草原土拨鼠以及我们体内的每个细胞，都包含了很久以前诱拐征服来的细菌。

一个细胞捕捉合并另一个细胞的过程，被称为内共生。几乎所有真核生物都有一些小小的器官（细胞器）被称为线粒体。这些细胞能源中心，是鲨鱼湾那些层叠石上的居民“紫硫菌”的后裔。属于这一纲的细菌靠空气燃烧碳水化合物燃料过活，已经有30亿年之久。深入演化的过往历史会发现，有某些呼吸氧的细菌被吞噬到厌氧细胞里，这些细胞需要帮助，才能在氧气渐增的大气里继续成功繁殖。现有靠细胞供应能源的植物，其祖先就是这些细菌，证据在于细菌跟线粒体共有很多相同的DNA[③]。

---

① Kerr, “Shot of Oxygen,” 1529; Canfield et al., “Late-Neoproterozoic Deep-Ocean,” 92.

② Margulis, *Environmental Evolution*, 141.

③ Nelson and Cox, *Lehninger Principles*, 38–39; Lane, *Power, Sex, Suicide*, 56–61.

另一波融合兼并发生得比较晚，是在“乏味的10亿年”期间。浮游植物（基本上是藻类）演化出叶绿体，这是蓝菌的直接后代。草地与森林的绿意，可不是来自自家生产的植物光合作用科技。这门技术是来自10亿多年前被绑后从未获释的人质——蓝菌。红藻同时平行演化，也有蓝菌式的代谢机制。颗石藻从阳光中制造自己的碳水化合物，但它部署光线触角的方式，与绿色植物远亲稍有不同。事实上，颗石藻基因组显示，这种生物演化的路线跟红藻渐行渐远。[①]

生物体如何学会制造碳酸钙外壳，是第二顺位的问题。首先，它们学会的是如何“不”制造这种外壳。河水把所有的钙、镁和溶解的二氧化碳冲进海里以后，黏糊糊的前寒武纪生物一定很难避免在无意间成了结晶体增长的平台。细胞和组织意外地变成碳酸钙成形的触媒[②]。想象一下，你醒来的时候脖子和肩膀上长出了石灰石，你可能有两种选择：要么往自己身上抹一层厚厚的凡士林，免得再长出更多石灰石；要么让这玩意儿毁了你拥有健康人生、繁衍后代的机会。

如果这些生物生来具有某些机制，可以抑制矿物生长，那它就有比较大的概率能撑过去。幸存者可能有能力分泌某些防止钙化的黏液状防御物质[③]。一旦分泌黏液的生物确立了继续存活的能力，这些生物的突变就会传递给后代，后代子孙会遗传这种技能。用黏液对付碳酸钙增生，变成标准的“现成”生化学，数千万年前从共同祖先分化出来的生物都会这一招[④]。

知道如何避开某种东西和利用这种东西为己牟利就只差一小步了。在寒武纪之前的一段时间，外壳变成一项演化优势。藻类突

---

① Falkowski et al., “Modern Eukaryotic Phytoplankton,” 358.

② Knoll, “Biomineralization and Evolutionary History,” 331.

③ Marin et al., “Skeletal matrices,” 1554.

④ Knoll, “Biomineralization and Evolutionary History,” 332, 339.

变种披着碳酸钙装束现身。猎食者大口吞掉那些没披上盔甲的突变者亲戚，让适应最成功的生物去繁殖。这些会造壳的物种，造出的壳只有少数可见特征是相同的。但是许多壳在生物学上都有相同的形成目的：本来是为了防止钙化用的，后来为了自己的好处，他们才把钙和碳酸盐离子结合在一起。真核生物独立发展出碳酸盐外壳制造法，有过 28 次之多[①]。

最早的碳酸钙化石可追溯到大约 5.5 亿年前。把一叠蛋卷冰激凌杯压缩到小于 3 毫米，这样你就会对最平凡的碳酸盐化石 *Cloudina* 大致长什么样有概念了。在易碎的外壳里，装着蠕虫似的生物。*Cloudina* 可能靠着原始礁岸上的层叠石或者藻类来摄取营养[②]。这种住在管子里的生物内部是什么样子，或者跟其他生物有何关系，还没人知道。地质学家从 20 世纪 70 年代早期开始，已经发现了几百个这样层层叠叠的锥形骨架，从纳米比亚到美国死亡谷都出现过。在中国，*Cloudina* 把自己最重要的故事告诉了地质学家。

Cloudina 在古生物学界之所以声名显赫，主要是因为这种生物没被吃掉。*Cloudina* 逃避猎食者的方式是隐藏到自己的管子里去，就像是没戴手套的手藏到一件大衣的袖子里。变成化石的外壳（更确切地说，是钻到壳里面去的孔）指出，有些生物觉得 *Cloudina* 是一顿不错的美餐，值得把这顿好料赶出那具盔甲的袖子。在中国发现的 100 个化石管子之中，20 多个有不速之客来过的痕迹。这些猎食者在壳上钻了 15～85 微米的洞，没留下其他的痕迹[③]。猎食是一项行动，发生时间短暂，所以要用岩石捕捉这种画面比用 16 厘米摄影机或者手持数码摄影机难得多。正因如此，

---

① Knoll, "Biomineralization and Evolutionary History," 330.

② Bengtson and Zhao, "Predatory Borings," 367.

③ Hua, Pratt, and Zhang, "Borings in *Cloudina* Shells," 457.

Cloudina 很重要。这是致命版捉迷藏最古老的记录。珊瑚礁和外壳最后移植到没有生命的海扇和层叠石上。当碳酸盐化的技巧散布开来以后，住在壳里的生物大为兴盛，演化对碳的胃口改变了海洋的整体碳循环。

位于寒武纪化石下方的沉积层碳十三同位素分布，指出了灾难性的天气骤变。即便真有前寒武纪动物继续存活到寒武纪，那也是少之又少。

古希腊的爱神阿佛洛狄忒是生命出现的一种可爱比喻。她是从海中的泡沫里成形的，而且本来住在波浪之间，一直到宙斯召唤她到奥林匹斯山定居为止。她当时的恋人，比较不重要的海中神祇涅里忒斯非常伤心，拒绝离开水中陪伴阿佛洛狄忒。诸神为了惩罚他，把他变成了一种贻贝。

“浅水海洋”（neriric ocean）是以涅里忒斯（Nerites）的名字命名的，主宰的是浅水的近海生态系统，或许有200米深，贻贝、蚌类和牡蛎在此打发时光，还有小虾子与螯虾到处跑。在寒武纪生物“大爆炸”后大概3亿年里，生物（尤其是体积大的生物）会冒险走出这片陆架。此时，这些生物会打断碳酸钙在奇爱海洋的非生物性形成过程。浅水海洋是一段过渡期。生物还没有让海洋的碳循环稳定下来，而长期以来让石灰岩沉淀的化学力量，仍旧是最稳定的渠道。物种在这个场景中进进出出，没有一个能提供足够的生态系统稳定性，变成可靠的碳搬运工，把碳送进海洋深处。但生命已经踏出入侵海洋的步伐，从遍及地质记录各处的化石中就可以找到证据。

地质学家以克制的热情，详述这些生物前往西伯利亚、澳大利亚或（理所当然的）英国的东坎布里亚的旅程。在《一个年轻星球上的生命》（*Life on a Young Planet*）一书中，哈佛教授安德鲁·诺尔（Andrew Knoll）提到北西伯利亚寇图坎河（Kotuikan River）的一道悬崖。这道超过120米的“高墙”，保留着1500万年演化变迁的历史记录。河床边的碳酸盐石头看来已有5.44亿年的历史。以毫米为基本单位的圆锥形碳酸钙化石，点缀着这些较低的地层。从那里开始，生命变得更大更多样，在悬崖表面留下越来越复杂的化石。动物进入这个“记录本”，并且留下自己的“行踪、足迹和藏身之地”。在更高的地方，来自多达80个不同群体的生物在那里接受瞻仰，躯体分成三部分的对称性，彰显出这种生物一度是演化上的成功案例。[①]

对于寒武纪大爆炸的解释很多。瑞典古生物学家斯特凡·本特松（Stefan Bengtson）就曾经指出，大家最普遍接受的寒武纪大爆炸起因，就是“有人研究的任何东西或现象”[②]。我询问伍兹霍尔海洋学研究所的资深科学家约翰·海斯（John Hayes），是否有人像他说的一样，“没有完全迷上寒武纪，也没有着迷于生物矿物化在这段时期扮演的角色”，他轻轻地笑了起来。他说：“如果有人自称如此，我想我们应该小心提防这些人。”[③] 因为科学界已经把收集来的成批可能因素，排列成类似编年式的顺序，近年来学界慢慢酝酿着兴奋的热度。

首先，从7.5亿年前开始的地壳构造改变和气候变化，是寒武纪在地球物理学上的深度原因。不管在哪一种地质时间尺度上对生命与气候进行讨论，都很难过度高估地壳构造因素所扮演的角色。板块的运动导致地壳隆起，导致风、水和气候的重新调整。也正因

① Knoll and Carroll, “Early Animal Evolution,” 2129; Knoll, *Life on a Young Planet,* 8–11, 14.

② Bengtson, “Origins and Early Evolution of Predation, ” 300.

③ John Hayes, interview with the author, July 23, 2006.

如此，导致了气候的重新安排。除了陨石袭击以外，唯一的例外就是人造的地球变暖。人类的工业活动正在改变重要的气候秩序，速度比板块运动和岩石风化还要快。

其次，在最后一次前寒武纪冰河期之后的五年内，氧气就弥漫在整个大气里。这个现象有个可能的理由是，某种有机物质可能演化出来了，而微生物发现很难或者不可能瓦解这种物质。坚韧的聚合物不容易受到生物分解，至少当时还不会。这导致碳储存在地下有机物质中，同时氧则逃进了天空。没有氧气洪流，“大型生命”可能永远演化不出来。

第三，任何演化上的创新都意味着基因突变，还有细胞器官如何表现成生物体显型或可观察特征的突变。古生物学家寻找（存活或早已绝灭的）生物体之间的共性，并且把共通的特性往回投射到假设中或者已成化石的前驱者身上去。一般认为，决定对称身体形态的基因在寒武纪之前已经进化了几千万年。所谓的同源异型基因（又称 Hox 基因），决定了左右对称动物的身体蓝图。在今天，果蝇、人类和蠕虫依据同源异型基因里的编码命令，得到他们的形体。把我们的头摆到肩膀上、把腿摆在臀部下的这些基因，也同样为甲虫、熊和龙虾服务（在基因 Hox1.1 上面，老鼠跟果蝇的差别是一个氨基酸密码。身体蓝图变化幅度很大，但让蓝图启动的指令 HOX 基因大部分没什么差异[①]）。

地层构造奠定了基础，氧让大型生物在生化学上有可能出现，基因已经就位。是猎食者与猎物之间的外壳武装竞赛，引爆了寒武纪吗?

可能并非如此，但这些事情都让寒武纪得到了推动力量。武

---

① Nelson and Cox, *Lehninger Principles*, 1115.

器竞赛已在进行中。制造骨骼的丰富原料，让猎食和自保变得更加复杂。猎食不只限制在武装防卫和攻击武器而已，只有一小部分寒武纪生物有。大小、速度和化学武器早已帮助追捕和逃亡。本特松反对寒武纪有单一的“触发点”。他写道，外壳跟猎食确实在这些事件中扮演了某种角色，但寒武纪距离“石灰质化装舞会”还远着呢。最安全的解释是各项因素的协调汇聚[①]。你可以想象一下，一堆沙一次加上几粒，堆得越来越高、越来越宽。在某个时间点上，一些额外的沙粒导致沙堆如瀑布一泄而下。寒武纪就是一次演化上的瀑布，导致此事的沙粒是生物结晶碳酸盐、氧气、猎食、气候、基因发展、地层结构活动和各种其他因素。

猎食鼓励了碳酸盐外壳在演化上的扩张与创新。盛行的猎食活动跟生态系统中的多样化发展彼此相关[②]。从微生物到三叶虫，甚至还有其他生物到处活跃，让海洋中的食物网变成了一种碳弹珠台。某些生物在自己曾住过的地方留下碳酸盐残留物，某些生物则被吃掉。这些生物拥有的碳，从一只动物传到另一只动物身上，不是留在水中的柱状食物链里，就是落入海床成为沉积物。

直接掉到海床上，或者经历食物链以后以海床为终点的外壳，引起我们的主要兴趣：演化对碳循环逐渐增加的影响。在浅水海洋中，碳酸钙制造者固定扮演着把碳放到海床上的角色。不过这些制造者还没有掌握整个流程。

一场大灭绝分隔了二叠纪跟三叠纪。在 2.51 亿年前的化石记

① Bengtson, “Origins and Early Evolution of Predation,” 300.

② Huntley and Kowalewski, “Strong Coupling,” 15006.

录里，大约有95%的物种消失了。这个事件的起因还在争议中。失控的温室可能导致这场毁灭。火山爆发了，从今天的西伯利亚喷出了岩浆，洒遍如欧洲大小的整个区域，深度从400米到3000米。与这些喷发有关的温室气体释放，可能引发了变暖，并因此熔化了海中广大的冻结甲烷矿床（称为“甲烷冰”）。如果甲烷沸腾起来，而且替温室锅炉加了燃料，生命就会被煮成几近于全灭的状态，当时就发生了这种事[①]。这个事件发生在将近100万年里，而生命需要1亿年才能再补足其多样性与数量。颗石藻就在二叠纪大崩溃之后，第一次在远洋中聚居。

二氧化碳降低了海水的碱性（或者说增加了海水的酸性），溶解的二氧化碳让水带有弱酸性。大量溶解的二氧化碳改变了海水的酸碱值，因此也改变了生命的条件。对仰赖碳酸盐外壳的生物打击特别严重。在这个群体中，大约88%的属在二叠纪之后消失，但只有10%没有碳酸盐外壳的物种死掉。某些生物能够生存下来，并且用碱性较低的水来制造外壳，但在全球变暖把温度提高到不适合居住的程度后，还是难逃一死[②]。

二叠纪大灭绝为“白垩海洋”的发展清出了一条路。Creta是拉丁语里的白垩，白垩纪（Cretaceous）的名称也由此而来。这是恐龙的全盛时期，也是石油制造的时期。大多数地质时期都是根据重要的化石发现地点来命名，而石炭纪和白垩纪是以物质命名的，强调碳从短期碳循环里大量渗出，并埋到沉积层里。

此时超级大陆冈瓦那开始了地壳构造上的分离，在两亿多年的滑行以后，抵达今天我们熟悉的大陆位置。到了2.25亿年前，住在

① Benton and Twitchett, “How to Kill,” 358–362.

② Knoll, “Biomineralization, ” 342–344.

外海表面的颗石藻把外壳留在海床上。这些“虫子”（专家对颗石藻的昵称）让海洋具有某种稳定性。在几乎把一切都玩垮的前寒武纪气候骤变期间，这种稳定性曾经消失过。颗石藻跟另外两种浮游植物——腰鞭毛虫和硅藻，一起形成了海洋食物链底层的铁三角[①]。

颗石藻在这个世界的白垩岩层中留下了自己的印记，这些岩层从 1 亿年前一直累积到 6500 万年前，每 100 年长出 1 毫米。仅英国一地的白垩量就让人惊叹不已。多佛白崖（The White Cliffs of Dover）耸立在那里，就像是死后落在海床上的一只白垩生物。白垩岩从英吉利海峡之下延伸到法国，从巴黎底下北上穿过丹麦和中欧，往东延伸至克里米亚半岛和叙利亚，往南到达北美洲[②]。在 200 种左右的颗石藻物种中，最丰富的就是钙板藻（*Emiliania huxleyi*）。相对于白垩岩，这种藻算是初来乍到，第一次留下遗体是在 27 万年前，直到 7 万年前才达到全盛[③]。钙板藻的学名来自“达尔文的斗犬”生物学家赫胥黎（T. H. Huxley），在 19 世纪 60 年代，他长期鼓吹白垩是解释地球历史的一种方式。

颗石藻能用来长壳的营养，可说是捉襟见肘。单细胞真核生物群没有太多能量或原料，可以用来做新奇的盔甲。颗石藻很节省。这些果冻似的单细胞真核生物群，由彼此重叠的球状防护盾保护着，只要不是原封不动地掉到海床上的初生岩石上，每一个都能撑上差不多一星期之久。这些生物如何制造出防护盾，是一个演化上的课题，它们如何用最少原料达成最大效果呢？盔甲造价高昂，需要巨

① Falkowski et al., “Modern Eukaryotic Phytoplankton,” 359.

② Tyrrell and Young, “Coccolithaphores” (forthcoming), McPhee, “Season on the Chalk,” Huxley, “On a Piece of Chalk,” 174–176.

③ Rost and Riebesell, “Coccolithaphores and the Biological Pum,” 106.

大的能源才做得出来，然后一辈子拖着跑。从收获来看，这笔投资是否值得，就看这些生物到底有多需要盔甲。颗石藻显然很需要。

正常状况下，蛋白质是生物的建筑团队，但颗石藻养不起蛋白质。颗石藻要到夏末时节欠缺氮和磷的水域，才会生长茂盛。颗石藻收集这些原子，好用在DNA、RNA和维生的重要蛋白质上。颗石藻的蛋白质并不会自行建造外壳，而是通过称为“多糖”的复杂碳水化合物，来做直接的建筑工作。这些用上百或上千个原子组成的分子，包含的只有碳、氢和氧。它们把钙和碳酸盐离子拉在一起，形成结晶体。球石粒（颗石藻的外壳）的制造是在囊泡里发生的，离子在此联结成碳酸钙晶体，这些晶体会被塑造成一个环，而这个环是外壳的中心。每个晶体都把自身特殊的网格朝放射线方向发展，这时这些晶体会累积成一个盾，接着彼此重叠的防护盾就成形了。结晶体有自己的建筑创意。碳酸钙的几何学会接管一切[①]。随着这些碟状物的成长，囊泡会胀大到接近细胞的外细胞膜。一旦完成以后，外壳会滑出组织外，进入球体上另外20来个铠甲石板上的某个防御位置，就像前面颗石藻的图片那样。

颗石藻在中生代中期一度出现以后，可能曾经创造出一种重要的缓冲作用，持续地把碳打进海床，并且维持气候稳定，抵御太大的冷热变化。现在远洋中一半的无机碳，还有较低地层碳总量的四分之一以上，都是来自颗石藻的外壳。

食物网络底部是个拥挤的地方。大约5000种的薄片和小球状体，在海洋最高层的30米内到处跳动。光靠区区几种生物体，就驱动了整个系统，还有其中的少数物种。这些浮游植物改变了海洋

---

① Young and Henriksen, “Biomineralization Within Vesicles,” 200–205; Tyrrell, e-mail to the author, March 19, 2007.

碳循环，发挥了与其身材大小不成比例的力量。这些生物组成了地球上少于1%的光合作用物质，却把这个星球上45%的碳固定到细胞里。作为一种会形成外壳、运行光合作用的“虫子”，颗石藻以两种重要的方式影响了海洋碳循环。首先，光合作用已经是旧闻了。颗石藻消化营养物，然后把这些东西在阳光下煮成高能量的有机物质。把溶解的碳吸进自身的细胞里，从广义来说就是带进了海洋食物链里，这让颗石藻成为大气中的二氧化碳在海洋中的主要“阴沟”。颗石藻为了建造细胞而吸收的碳，比起建造外壳所需的多了3～10倍[①]。

颗石藻被浮游动物狼吞虎咽吞掉，其中包括翼足类动物（蚌类的小个子表亲)、桡足类动物（蟹类的小个子表亲）这种微小的动物。桡足类动物吸引了某些海洋生物学家的注意，一方面是因为这种动物在生态上的重要性，另一方面也因为它们看来就像科幻小说里的怪物，有护体铠甲、10只腿，还有看来让人发毛的毛发状触角。桡足类跟翼足类动物会消化颗石藻黏糊糊的内脏。球石粒（颗石藻的外壳）的营养成分，大致上跟海螺壳差不多。所以浮游动物会把球石粒薄片（一次会多达10万片）打包成丸状的残渣，然后在自然界移动这些残渣的时候随手抛下[②]。原料不是留在食物链里，就是跟球石粒一起充当沙袋，让小颗粒掉到海床上，把碳从生物圈中移除。大量生物把残渣包起来带走、排出粪便然后留在深海里，对气候产生直接而有规律的影响。

颗石藻把人类工业排进空气中的二氧化碳抓下来，但这里还有个令人困惑的转折。制作外壳也会制造二氧化碳。颗石藻中数量最

---

① Tyrell, e-mail to the author, January 31, 2008.

② Shatto and Slowey, “Thinking Big.”

多的物种钙板藻大量生长，有时候可能会让某地区大气中增加的二氧化碳比被抓下来的还多。长期而言，这些“虫子”会把碳装起来带进海洋和沉积层。虽然从短期来看，这些生物会让大气中的碳问题恶化；但从长时间尺度上来看，总体净值效果是从大气海洋系统里移除了大量的碳，但这是“净值”。

海水化学是很微妙吊诡的。酸跟碱基的性质非常重要，就跟这两者在整个生化学里的地位相同。酸跟碱基是根据酸碱值来衡量的。蒸馏水跟血液的酸碱值是中性的 7。酸是正电离子高的溶液，酸碱值低于 7。碱基或者碱溶液有数量较少的正电质子，酸碱值读数高于 7。海洋是碱性的，酸碱值大约为 8。人造的全球变暖，却让海洋的酸碱值不那么高了。海洋的酸碱值从工业革命以后，已经降了大约 0.1 个单位。这表示海洋化学成分大约改变了 30%。酸碱值是一种对数，就像衡量地震的里氏震级（Richter Scale）标准一样。[①]

人造的二氧化碳排放被吸收到海洋以后，让海洋的碱性降低了。卡内基研究院（Carnegie Institute for Science）的肯·卡尔代拉（Ken Caldeira）创造出“海洋酸化”一词，用来形容较强大的二氧化碳温室对地球水域的影响。既然外壳成形仰赖酸碱值，其改变会让保持海洋碳循环的造壳物种生存受到威胁，并且因此影响整个气候的稳定。海洋酸化是二氧化碳排放带来的最大威胁之一。

科学家还需要做更多研究，以便了解今日的颗石藻如何运作，这样才能更准确地预测全球变暖会怎样改变颗石藻的存活能力。很有可能，某些物种对变化的敏感度比其他物种更强。2000 年的研究显示出较低的海洋酸碱值对钙板藻有何影响。这些美丽的外壳轮

---

① Kolbert, “Darkening Sea,” 68.

辐只有 50 纳米，看起来朽坏虚弱。其他物种数量虽没那么多，却能抵抗改变。

过去的气候冲击曾经破坏颗石藻的良好运作。在恐龙生态系统被连根拔除的陨石撞击之后，海洋可能曾经变得更酸，会造壳的微生物也跟着死光光（在 20 世纪 80 年代针对这个主题所进行的分析仍嫌不足）。几年之后，天气变化可能会把碎片从空气中洗去，冲下这个星球的阴沟，直到海洋沉积层去。有人认为，在整个系统所受的冲击逐渐消失之后，颗石藻还是卷土重来了，虽然可能花费了几百万年的时间。如果像科学家所担忧的，海洋酸碱值下降了 0.7 个单位，足以创造出一个新的海洋系统来配合地球的新大气，那旧事就不太可能重演了。

第五章

目击者：二氧化碳与生命之树

对着树，轻声许个愿。

——小野洋子（Yoko Ono）

在我们的经验之中，少有其他事物像银杏这样，同时拥有神圣与世俗。目前可辨识出的最古老的银杏祖先是被嵌在化石里的，有2.7亿年以上的历史。银杏能生存到现在，并不只是靠运气。银杏需要分子弹药库和系统性的武器，以便对抗疾病、猎食者与时间。银杏见证了大半的树木发展史、陆地植物的激增，以及两者对碳循环的改变效果。根据合理的推测，银杏早该在很久以前就沉入淤泥之中了。但它反而活了下来，同时扮演荷马与卡珊德拉，讲述着过去的伟大故事，并且对未来发出警告。对银杏来说，人类的出现是9000万年以来发生的最重大的事件。

从波士顿开始，往南到南卡罗来纳州的查尔斯顿，沿着底特律河河堤，再往西到太平洋，都可以看到银杏树。19世纪园艺学家在美国东北部的城市里到处种植银杏，因为这些树对煤烟的耐受度极佳。现在，在有车辆污染、风暴和季节温度变化会对人类造成风险的地方，都市规划专家就会派银杏出动。树木必须很强韧才能在芝加哥活下去。莫斯科的中西部，实际上每年在暴风雪后都会封闭一阵，官方会封锁树被强风吹倒在电线上的地区。而这个城市的资深林务官员告诉我，在官方记录上，从来没有一个居民通报过风暴压垮了银杏树[①]。

有一棵银杏树曾抵挡住了史上最强武器。在 1945 年 8 月 6 日，早晨刚过 8 点，美军在日本广岛投下了原子弹。8 万多人瞬间死去，成千上万的人在几周、数月甚至数年内死于辐射后遗症。爆炸中心点外 8 公里处的竹林被引燃烧焦。这场爆炸把 1 公里内的所有丛林和草本植物都炸光了，在爆炸范围 700 米内，一直寸草不生。

在分界线之外的几米处，报专寺（Hosenbou Temple）彻底变成了废墟。在 1946 年的春天，有个惊人又意想不到的事情发生了。寺前的一棵银杏树，虽然树干部分被毁，但还是从根部发出芽来[②]。银杏长期以来一直是备受日本珍爱的文化与宗教象征，在这天早晨，又变成了新生的至高象征。

深入了解银杏历史的神秘与挑战，在 1946 年春天的那个早晨，又达到了象征性的顶点。这种树已经花了 2.7 亿多年的时间去芜存菁——这个历史比现存的其他树种都要长。银杏有很多故事可说。除了在历史与文化上的重要性以外，它不只是一种活化石，在广岛原子弹爆炸以后更是如此，它变成了在极端条件与时代中生存下来的象征。

好几代生物学家都用树来当作演化关系的视觉象征。在《物种起源》出版后的一个半世纪里，生物学家把其中一幅图表重绘了无

---

① John Lough, interview with the author, Crhicago , Illinois , April 2006.

② Ishikawa and Swain, *Hiroshima and Nagasaki*, 87; Del Tredici, “Ginkgo and People,” 4.

数次，这是一棵概要式的生命之树，上面有着无数的生命枝杈。达尔文并没有发明生命之树图，但他表达得比其他人更清楚。“芽由于生长而生出新芽，这些新芽如果健壮，就会分出枝条遮盖四周许多较弱枝条，所以我相信，这巨大的‘生命之树’在其传代中也是这样，这株大树用它枯落的枝条填充了地壳，并且用它生生不息的美丽枝条遮盖了地面。”[①]

达尔文的生命之树第一次出现在1837年的笔记本里，那里填满了先前六年他搭乘“小猎犬号”航行时的观察记录。在1859年《物种起源》出版之后，他努力要把图表深植到同侪与敌人的心中。就在七年之后，博物学家恩斯特·海克尔（Ernst Haeckel）发表了自己著名的“生命之树”。树状图停止在种的层次，这已经达到达尔文的终极目标：“我相信那样的时代会来临，虽然我有生之年未必能见到。到时候，对于每个伟大的自然王国，我们都会有非常接近真实的家族树。”[②]

种系发生学就是对演化关系的调查。生物通过共同祖先得到的共同特质，被称为同源特征。两个物种拥有的同源特征越多，它们的关联就越近。在分子生物学发展成熟以前，生物学家只有表现型（可观察特质）可供比较。相似的特质不必然暗示着一种演化上的关系。同功特质看来相似，却是由各自独立的谱系传下来的。

这种做法对于建立演化谱系仍然很重要。接着，收集来的零乱资料（来自解剖学、代谢方式、蛋白质以及基因）被组织成信息矩阵，也就是一张简单的图表，物种表列成直行，各项特征则在顶端排成横列。研究者会把这个矩阵送进一个计算机模型中，根据某些

---

① Darwin, *Origin of Species*, 105.

② Desmond and Moore, *Darwin*, 456–461.

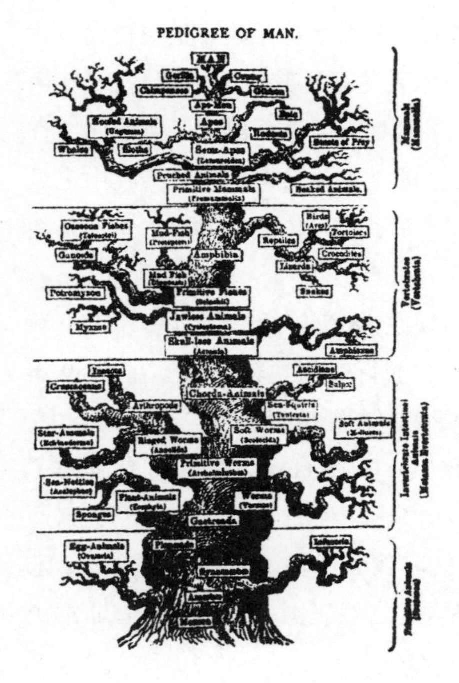

海克尔在1866年绘制的插图："人类的家谱"；此图以人类为中心，是对"生命之树"的一次初期尝试性概括

标准对全部的信息做评估。这些标准会尽量把资料最佳化，转换成一棵修剪得当的家族树[①]。

20世纪80年代，生物学家开始在他们意想不到的位置，发现特殊的基因。细菌基因出现在古菌的基因组里，反之亦然。如果生命受限于"后代渐变"这种达尔文式的繁殖、突变与天择概念，那么这些亲缘关系遥远的细菌，就表现出一种不可能发生的关联性。这些观察结果，只能这样解释：微生物能够在自己的生命周期之内，获得或者失去整套基因（或其中的片段）。这种被称为"水平基因转移"的现象，威胁了"生命之树"作为生物学传统规范的地位。如果演化在时间中往"上"或者往"外"移动，

① Delsuc et al., "Phylogenomics," 361–375.

生命之树还算合理。但基因可以横向跳跃，而这种“基因杂讯干扰”扰乱了分类作业。有少数几位科学家抛弃了这种规范，认为这在理论上不可能，实际上又不好用；其他人却认为，对于更新演化规范、补充达尔文的远见这个目标而言，水平基因转移是一项挑战[①]。

达尔文梦想的“非常逼近真实”的家族树，在专门研究陆地植物的生物学家手中最接近于开花结果。从1993年起，来自超过12国的数百位科学家组成一个叫作“深绿”的团队并肩工作，他们爬梳形态学、繁殖方式和基因资料，建立了对于30万种左右的陆地植物有效的家族树[②]。“深绿计划”用来重建这些亲属关系的资料矩阵，是以大约10个标准为基础。他们从这些特征外推，在基因时间中回溯到大约4.75亿年前，当时多细胞有性生殖的绿藻被冲到岸上，最后在那里落地生根。

这种植物祖先现存的最近亲戚是轮藻——一种让湖水钙化的绿藻。植物“爬到树上”，演化出一大片后继的植物，比如叶苔或角苔，苔藓也出现了[③]。到了4.2亿年前，顶囊蕨类植物从河边和旁边的泛滥平原上生出几厘米高的芽。顶囊蕨“就身材来说就像苔藓”[④]，被认为是第一种维管束植物，这表示顶囊蕨会长出某种管状的组织，能够在内部传递营养和原料。

植物生理学的化石与计算机模型显示，叶子在石炭纪变得很普

① Simonson et al., “Decoding the Genomic Tree of Life,” 6611; Brown, “Ancient Horizontal Gene Transfer,” 131.

② Deep Green, data matrices available at http://ucjeps.berkeley.edu/bryolab/GPphylo/data_matrices.php (accessed February 2007).

③ Green Plant Phylogeny Research Center, “Hyperbolic Trees,” http://ucjeps berkeley.edu/map2.html (accessed February 20, 2007).

④ Greb et al., “Evolution and Importance, ” 4.

遍。植物需要树叶，因为植物最基本的粮食——二氧化碳——变得越来越稀少。二氧化碳造成的大气压力下降了 90% [1]。当二氧化碳浓度下降、氧气浓度上升的时候，叶子通过气孔吸收碳的效率，让树木和其他植物都从中获益。3.65 亿年前的古羊齿，是目前已知最老的木本树木，高度至少达 6 米。这是一种原裸子植物，也就是裸子植物的祖先。裸子植物中就包括银杏，这种植物的特色是种子暴露在外，跟种子嵌在果实中的被子植物相对。大约 3.5 亿年前，似鳞木属兴起，这种植物的树干直径有 183 厘米左右，还有鳞片状的狭长叶子 [2]。这些树木从下面的湿地里吸收大量的水分。在当地资源枯竭或者树木年纪大了以后，树干的坚韧度受到侵蚀，这些树就会整个趴倒在下面的沼泽里（有时候还会压在另一棵树上），然后在几百万年的时间中，靠着热与压力变成煤炭。

就像蓝菌称霸古代海湾、造壳生物征服海洋达数百万年一样，树木基于相同的原理，变成一种生物学上的重要成员。树木解决了一个问题——开发了先前不曾利用过的资源，而且做得很有效率。大气跟其他植物的生态系统中包含了足够的碳，可以留给一旁的树木。比碳更珍贵的是氮，氮在蛋白质、DNA 跟 RNA 核碱基还有某些小分子之中扮演了重要的角色。比氮更罕见的是磷，磷在生态系统中的丰富性，通常会限制成长的幅度。碳、氮跟磷在陆地的光合作用生态系统中，比例大约是 830：9：1[3]。

有这些类型的原料，无怪乎生物把碳送走，并且尽可能多地摄取氮与磷，就会生长茁壮。树木就是这么做的。树木把碳储存在自己身上，联结成纤维素和木质素（就是这种大多数由碳构成的物

---

① Beerling et al., "Evolution of Leaf-Form," 352–354.

② Greb et al., "Evolution and Importance, " 4.

③ Chameides and Perdue, *Biogeochemical Cycles*, 64.

质，让木头有硬度）。磷和氮则保持树叶里的浓度，在核酸、蛋白质和各种其他生物分子之中发挥作用，然后再掉落到地面，准备好被吸收到新的树叶或者新的生物体内[①]。树干也会把树叶抬高到超过地面的地方，让叶子能晒到更多太阳。

早在银杏的祖先出现之前，维管束植物跟树木就重新安排了碳循环的路线。地球到处移动自己身上大部分的碳：移到海洋里，往下送进沉积层和岩石中，然后通过硅酸盐岩石的风化作用与火山的排气过程，再回到大气中。海洋就是这样，从大陆上把碳带进海底的碳酸盐中。每年岩石风化都造成了少量的碳运动，经过数千万年后，就积少成多了。

树木让岩石风化有了超级推进力。树根会制造出酸，就和有机物质腐化的状况一样。树根还会把土壤固定在定点，这延长了岩石与这些酸保持接触的时间。植物吸收地下水，其中某些水通过树叶的气孔散发。蒸发的水进入空气中算是一种暂时性的措施，因为这些水会以雨的形式再落下来，然后进一步增加岩石的风化效果[②]。树根是复杂的生态系统，细长的分支和微生物共生，把岩石侵蚀成土壤，加速朝向海洋的旅程。

耶鲁大学的罗伯特·伯纳（Robert Berner）解释，全球的碳循环以两种不同的速度发生，而且长期的循环受到忽略。伯纳在他2004 年的书《显生宙碳循环》（*The Phanerozoic Carbon Cycle*）里，展示出一个新模型，说明在跨越 5.5 亿年的时光中，碳如何在地球表面与岩石里移动。光合与呼吸作用的组合，把次要的短期碳循环转变成伯纳所研究的百万年尺度碳累积值。这表示风化、掩埋和火

① Knoll, “Geological Consequences,” 10.

② Berner, “The Carbon Cycle and CO_2,” 77–78; Royer, e-mail to the author, October 19, 2007.

山排出气体，都是有主要影响力的流通过程，而且在整个地质时间里，这些因素都支配着气候，直到现在才有改变。还有另一种说法是，长期的碳循环仍然主导着气候，但是现在人类也对气候施加了不小的控制力。

碳的质量在地球上是守恒的。这表示从富含有机碳的岩石风化后释出的碳、从陆地和海底火山中散发出的碳，到埋在有机与无机沉积层中的碳，在许多不同长期储藏处的流通过程，加起来必定得到相同的总量。GEOCARB 模型，就根据观察和预测中的风化、碳埋藏、排气的比例来描绘这些景象，在一张上溯到 5.5 亿年前（就在寒武纪大爆炸之前）的时间表上，画出碳的流动。这个模型是否成功，取决于这些结果跟二氧化碳的高峰与低谷期有多贴近，同时也取决于碳在地质学上的替代物——海洋浮游生物分子化石，以及钙化土壤中的碳同位素[①]。一旦对照其他资料校准之后，这些模型就变成了调查工具。计算机模拟与地球化学上的证据，互相强化并带动彼此发现新的证据与研究路线。

GEOCARB 显示，有某种不寻常的事件，刚好通过岩石风化补充了大量被埋藏的碳。发生在石炭纪的这件事相当罕见，此后再也没有以同样大的规模发生过。被埋在沼泽之中，会让所有死去的有机物质无法接触呼吸氧的细菌。在其他状况下，这些细菌会把纤维素（或许还有一些木质素）吞下变成二氧化碳。树木会变得干枯坚硬，其中所包含的碳则原封不动。越来越多的土壤落在树木上造成的压力，以及从地球内部辐射出来的热，会把这些古代林木煮成木炭。以宾州系统沉积层中采掘出来的这种木炭为例，这些有机物质

① Berner, *Phanerozoic Carbon Cycle*, 1–10.

被碾压到只有原先的七分之一到二十分之一大小[1]。对于地球系统来说，这就表示，有越多的碳消失在腐殖土中，就有越多氧不受打扰地在空中漫游。

石油出现的时期比石炭纪及其后继者二叠纪晚得多。从寒武纪之后，碳积聚在冈瓦那大陆（几乎有半个地球大、现在已经碎裂的拼贴大陆）外侧隐蔽的浅水海湾。其中一个结果就是形成现代的中东，这个地方坐落在一个地质学上无与伦比的和谐汇聚点上，并且掌握了这个世界超过60%的剩余石油。当三叶虫在寒武纪后的海洋中四处嬉游时，阿拉伯板块躺在冈瓦那大陆的东北边缘。来自融化冰河的水，在凹陷的低洼地区泛滥——这里就是现在的沙特阿拉伯中部。海洋生物突然数量大增，使得留下来的沉积层形成富饶、厚达 75 米的生油岩。地球内部的热煎煮生油岩在数千万年以后，石油就从生油岩中渗入地质上的“陷阱”里[2]。很有趣的是，地球没有制造石油的标准方法。位于世界各地的六个石油形成区，每一区都在不同时期的不同状态下形成石油。富含碳的生油岩在侏罗纪和白垩纪开始成形，却花了很长时间把碳挤出去。70% 有开采价值的石油，形成年代可追溯至科尼亚克期（距今 8930 万～8580 万年）；有 50%的石油则是从渐新世就有了（距今 3390 万～2300 万年）[3]。

世界上最大的油田是沙特阿拉伯的加瓦尔，这块油田比起它东南部的表亲年轻得多。加瓦尔的储油岩层是在二叠纪和石炭纪期间形成的。跨越白垩纪，经历新生代，热与压力把石油从旁边含油量丰富的页岩中煮出来，变成大约涵盖 5309 平方公里的现代油田——这个区域甚至比往东北方向延伸的罗得岛（Rhode Island）还要大。

① Greb et al., “Desmoinisian Coal Beds ,” 130–131.

② Cole et al., “Organic Geochemistry,” 1441–1442.

③ Klemme and Ulmishek, “Effective Petroleum Source Rocks.”

数年前曾经造访美国的沙特阿拉伯石油公司顾问阿菲菲说：“这是基本地质学。你需要五种条件才能形成大量的石油累积，而这些条件以很漂亮的方式集中在一大块地区里。”[1]从生油岩形成地区的地形状态，到把碳留在那里的生物演化状况，都是影响因素。有一位美国的石油地质学家，用比较生动的方式说明这件事：“财神爷的确对着中东微笑！”[2]

碳的大规模埋藏，让石炭纪因此得名。地质学家把石炭纪的年代定在距今3.59亿～2.99亿年。这是个奇异的时期，碳埋藏量达到巅峰，因此大气中氧含量也跟着达到顶点。当时大气氧含量超过30%，现在只接近21%。这样丰富的氧，让动物的代谢系统发达到现在可能会觉得有如梦魇般的程度。博尔索弗蜻蜓是一种两翼展开达50.8厘米的巨大昆虫，堪为石炭纪动物群的象征。

木本植物激增时，气候再度改变了。太阳年纪渐长，所以放出更多的热。生命和地质情况埋藏了大气中的碳，就像温带地区居民在季节改变时，会在地下室穿上温暖的衣服。现在人为燃烧的化石燃料，完成了专事分解的微生物在似鳞木属及类似植物身上所做不到的工作：撮合碳与氧，以制造出二氧化碳和一个迅速发展的温室。化石燃料的消耗，是在重建三亿多年前那个已不再需要（实际上还造成了大量毁灭）的温室地球。我们这个碳纪元，把一部分前石炭纪温室烧回天空中，地球（至少是“我们的”地球）可不再需要这种东西了。

---

① Afifi, “Ghawar”; Afifi, e-mail to the author, June 6, 2007.

② Stoneley, “Review of Petroleum,” 266.

在某次冰河时期让石炭纪结束之后，推断中最古老的银杏始祖才倒在土壤里（变成化石），但在此之前，早就有一些类似银杏的树叶出现在化石记录里了。这些化石被归类在某个含混不清的范畴里，其中包括中国银杏叶化石（对于这笔记录存在的判断可能过度乐观），以及更实际一些的 Enigmophyton[①]。

银杏的故事是非常直观的演化故事，却有个意外的转折。银杏从来不死，对这种植物来说，是理所当然的。银杏做了所有优良物种应该做的事情。银杏现身之后，留下一些化石快照，显示出这个家族正在成长之中，但很快就消失绝迹。有数百个物种够资格算作橡树；槭树的演化树顶端开枝散叶，分成 100 多个物种。但银杏只有一个存活物种，在这个一度子孙浩繁的家族中，是唯一存活的后代。大多数植物物种会活个几百万年，超过 1.2 亿年的时间过去，银杏却显然没有任何改变。

银杏是证明种系发生学基本法则的一个特例。关系紧密的生物体，在生态系统改变时通常会一起灭绝。这很合理。如果住在同一个镇上的人都在同一家工厂工作，而这家工厂又移到另一个国家去了，那么这个镇上每个人都会失去工作。在生物学上也是一样。如果一群互有亲缘关系的树木，全都在同一个生态系统里繁衍，当这个生态系统出了问题，所有的树都会遭殃。

然而银杏没有现存的表亲，这真的很奇怪。银杏目身后留下来自 6 个科、19 个属跟许多不同种的化石，它们绝种了，只剩下一种硕果仅存。在真核生物域的植物界，银杏是银杏门、银杏纲、银杏目、银杏科、银杏属中唯一的物种[②]。

---

① Beerling “Evolution of Leaf-Form,” 354.

② ITIS Standard report page, “Ginkgo biloba.”

没有人解释得出银杏为何存活下来，虽然以前有少数人努力尝试过。这种植物有某种生化防御机制吗？是树叶中厚厚的碳氢化合物像密封剂一样，把所有不好的物质挡在外面吗？遗传学家正在研究植物世界，虽然在本书写作时，银杏还只有一部分做了DNA定序。而定序本身并不能揭露藏在银杏表现型之中的任何秘密。史密森学会古植物学部门主任斯科特·温（Scott Wing）说："这是否表示一种一流的惊人化学魔术发生了？形态上的稳定有某种意义，只是我还不知道这代表什么。"不只他一个人这么想。让银杏存活下来的一个因素，无疑是这种树能从根部发新芽的重生能力，就像报专寺那棵银杏在1946年春天所做的一样[①]。

与银杏相似程度不只一点点的最古老化石，是在1914年由一位俄国地质学家发掘出来的。地质学家在19世纪80年代到20世纪60年代之间发掘出的银杏化石实在太多，以至于"银杏学界"陷入了一场命名危机。名字太多引起混淆，所以在1968年一位学者恳求同僚就此住手。汉斯·特拉劳（Hans Tralau）写道："古植物学家有一种强烈的倾向，总是没完没了地创造新的物种。"他回顾了1个世纪内发掘的银杏化石，发现只有一个最后没变成新物种[②]。每个初出茅庐的古植物学家，只要踢到一块印有银杏的石头，就会宣称这是个新物种，但外面多的是你能踢到的银杏化石。

化石银杏叶具有泛着银光的棕色或黑色。真正保存良好的化石，是薄薄的半透明棕色。有时候田野调查中的地质学家会撬开一条裂隙，发现一个6000万年来不曾见光的蜡状化石。虽然冬眠了漫长的时光，一阵突如其来的强风可能就让这些鬼魂般的叶片在风中翻

① Del Tredici, "Evolution, Ecology and Cultivation," 9.

② Tralau, "Evolutionary Trends," 64.

飞，就好像突然从一次午睡中醒来。银杏叶有一种像蜡一样的厚厚角质层，这层蜡（链状碳氢化合物，有27～33个碳原子的长度）可能保护了这片毫无生气的叶子免于彻底分解的命运。哈佛大学阿诺德植物园的资深研究科学家、银杏的世界级专家皮特·德尔·特雷迪奇（Peter Del Tredici）说得很公正：这种植物靠着滥用资源而得以繁荣[①]。

这些最早的化石蒙着一层模糊不清的面纱。原先，急切的古植物学家把银杏的首度登场时间摆在石炭纪末期。基因分析可能会支持这种估计值，虽说要是某种原始银杏出现了，数量应该也不会多到足以加入形成木炭的马拉松过程。已发现的化石指出在石炭纪之后，银杏目在二叠纪“突然出现”[②]。这个现存属的某些最古老化石，是20世纪中期在苏联的亚洲区域南部发现的，化石年代在侏罗纪早期，可能是在1.75亿年前。地质学家从这些树叶推测银杏源于亚洲。后来的研究让银杏的地理来源显得越来越不清楚。这种树开枝散叶成许多科和种，但并没有留下任何明显的地理传播途径[③]。

在距今2亿～1.46亿年，侏罗纪公园里充满了银杏，而且可以确定的是，三叠纪（距今2.51亿～2亿年）和白垩纪（距今1.46亿～0.66亿年）早期也是如此。银杏在其他时期也都有大量惊人的化石，但那1亿年的鸿沟让学者多年来大为困惑。中国的古植物学家在2003年发现了一个失落的环节。他们宣称发现了一个有1.21亿年历史的银杏化石。它的生殖器官显示，这个老银杏跟现在生长在我们都市街角的银杏实际上一模一样。这个化石显示，在恐龙灭绝至今两倍的时间里，这种树大致上保持不变[④]。

---

① Raver, “Hardy Ginkgo Trees,” 34.

② Tralau, “Evolutionary Trends,” 64.

③ Tralau, “Evolutionary Trends,” 68–70.

④ Zhou and Zheng, “Missing Link, ” 821.

最后，天气变化终于影响了银杏[1]。从距今 9000 万年开始，银杏在化石记录中的数量减少了。那比恐龙遇到的陨石袭击早了 2500 万年以上，但这个事实并没有阻止某些银杏研究者继续认定，这两件事有某种共通点。这个论证是这么说的：恐龙停止食用银杏并散布其种子。但从来没有人发现过肚子里有银杏种子的恐龙，或是含有银杏种子的石化恐龙粪[2]。

到了 2500 万年前，银杏从极北地区消失了。在不到 200 万年前，银杏才退出欧洲。日本西南部可能一直都有银杏，中国的局部野外亦然。没有人知道，这世界上最后一片银杏林（位于中国的天目山）是自然生成的，还是数千年前的人类祖先栽种的[3]。在 17 世纪末，有一位名叫恩格尔贝特·肯普弗（Engelbert Kaempfer）的荷兰旅人，把日本长崎的银杏果，还有他针对银杏所做的详尽素描与描述带回国去。他种在荷兰乌得勒支的银杏，现在仍然矗立在那里。

沉积层证据指出银杏在“动荡不安的环境中”仍茁壮成长，这种环境指的是容易泛滥的河床，或者土壤迅速被翻动的土地[4]。通常在这种环境下繁衍良好的植物生长速度快、采取无性生殖（银杏的确可以），而且块儿头一定不大（银杏的确是）。银杏对于动荡环境的适应力，解释了这种树为何成功赢得 19、20 世纪都市规划家的欢心。跟其他环境相比，人行道是易受干扰的地方。银杏变成了都市人行道周边的防御工事，用以对抗污染、热气、寒气、疾病与昆虫。在人行道上的那一方土壤里，银杏圆柱似的往上长，所以街道管理人不必担心它会长到人行道外面去。成熟银杏最低处的枝条，

---

① Del Tredici, “Evolution, Ecology and Cultivation, ” 7–9.

② Del Tredici, “Evolution, Ecology and Cultivation, ” 13.

③ Del Tredici, “Ginkgo and People,” 3.

④ Royer et al., “Ecological Conservatism,” 90.

这个 *Ginkgo adiantoides* 化石是在北达科他州出土的，年代可追溯到古新世晚期（古新世大约在 5600 万年前结束），它实际上跟现代银杏一模一样

也足以让个子最高的行人行动无碍，这就省下了修剪的时间和金钱。种银杏很有效率。银杏承受得了撒在结冰道路上的盐巴。害虫显然对银杏没多大兴趣，银杏的自然杀虫剂功效，让某些东方（银杏的原生地）文化传统下的读者使用银杏叶来当书签。

银杏一旦臻于成熟，也是美丽动人的。年轻的银杏树有种查理·布朗式圣诞树的感觉。僵直、线条不漂亮的枝条，直挺挺地从树干上伸出。想象一下，长叶子的台球杆随便乱插在一根长树皮的旗杆上是什么样子。银杏是树木中的丑小鸭，要花上 100 年才能进入全盛时期。哈佛大学最顶尖的植物学家萨金特（C. S. Sargent）在 1897 年写道："没有多少树种会像这样，在年轻时代几乎看不出将来会那样耀眼夺目。……（银杏）跟美国的环境格格不入到如此地步，甚至有个只认识年轻银杏容貌的伟大园艺师宣称，银杏在我国的植物景观中无法占有一席之地。”[1] 在他写下这段话之后没几个月，被派到美国的中国大使为了纪念美国第18任总统格兰特的一生，在这位总统位于曼哈顿上西区的新古典主义陵寝后面，种下了一棵银杏树。如同萨金特所知，这棵树现在在围起来的区域已经长到24.3米高，旁边还有个纪念牌。要让银杏长到真正让人望之俨然的程度，就必须让银杏树生长到比美国历史还长个2～4倍的时间。在东亚有许多指标性的银杏树已达数百岁，已知最古老的存活银杏已经超过2000岁了。

城市林业员因为银杏而产生的困扰，跟营队辅导员面对早熟青少年的问题属于同一类。你要怎么阻止他们发生性关系？银杏的繁殖对于都市来说是一种周期性的问题，这问题已经发生一个多世纪了。银杏果会长出一种果实状的外层，闻起来酷似狗粪，并且含有一种会导致皮肤发炎的化学物质。在华盛顿特区，母树树干会被喷上一个黄色圆圈记号，就像是《红字》的植物学版本。从以往报纸上的消息和城市林业员的闲谈中获悉，每一代城市居民好像都是第一次知道银杏果闻起来气味恐怖（但要是烹调得当，银杏果其实是一种珍馐）。

如果你认为你对银杏的性生活不会熟悉，那么实际上这档事会比你预期中的还要简单。科罗拉多大学的威廉·弗里德曼（William Friedman）说："故事是一样的：一个精子碰上一个卵子。"[2]

无性生殖让生命延续了25亿年没有爱的岁月。有性生殖提供了一个相对效率较低却更友善的方式，让基因代代相传。第一种陆地植物，类似现代轮藻的藻类，就已经是有性生殖了。如果你在下雨

① Del Tredici, "Ginkgo in America," 158.

② Friedman, interview with the author, September 13, 2006.

天外出散步时，看到人行道上有花粉散落，你实际上是走过了数千个苔藓精子，这些精子正到处游着找寻苔藓卵子。所以你得小心点儿。

银杏保留了来自藻类的性起源：银杏精子会游向卵子。只是这些精子是在地平面以上 21 米左右的地方“游”。尺寸大小很有关系，大个子的公银杏占据较有利的位置，可以让风带着花粉粒穿越空中，朝着一株母树的胚珠飞去。母树上的胚珠捕捉并吸收花粉。在胚珠里，母银杏会把花粉活化成精子。银杏的精子有着在地球上数一数二的尺寸，直径长达 86 微米，比人类的精子还要大三倍多①。银杏精子游泳的方式也不一样。人类的精子借助摆动尾巴自行推进，这是从单细胞细菌鞭毛称霸的时代留下的返祖现象。银杏就不是这样了，它的精子有好几千根鞭毛，每个都朝向头部的方向，在胚珠分泌的一种黏性液体里拉着自己往前跑。到了 8 月或 9 月，种子会受精，含有胚芽的果实就会落到地面上，发出让大多数城市人掩鼻的新鲜恶臭。运气好的胚芽会被某些动物当成腐肉吃掉(这点还颇容易理解)，然后散布到动物自身营养丰富的粪肥里，让胚芽准备好在来年春天生根发芽。

随着全球变暖在 20 世纪八九十年代持续严重，在 21 世纪的第一个 10 年，古植物学家转向银杏寻求指引。银杏的叶子不只精致美丽，也老得很健康，而且银杏叶用来吸进二氧化碳的气孔，对于我们过去、现在甚至未来的气候而言，提供了一个关键线索。

科学家耗费了许多年，研究银杏气孔成长与大气二氧化碳之间

① Norstog, Gifford, and Stevenson, “Comparative Development,” 9.

的关系。敏感的仪器能够极准确地测量二氧化碳的浓度。在已知的二氧化碳条件下，精确计算树叶上的气孔，让科学家能够对树叶及其碳来源之间的关系有所了解。在实验室中，他们也会控制二氧化碳的成分，以便观察在二氧化碳增加或减少时，树叶的气孔会不会跟着增加或减少。银杏并不是唯一的研究对象。针对多种植物所做的研究和实验显示，增加的二氧化碳结果不是导致气孔变窄，就是让气孔数量变少。古植物学家就是通过计算气孔数量，来推算过去的天气状况[①]。这个关系看来受到基因编码控制，但目前研究还只是个开始。

如果银杏在二氧化碳浓度高的大气中成长，树叶上每平方毫米所需的气孔就比较少，一样可以填饱银杏的胃口。以此类推，当大气中的二氧化碳成分低时，树叶会制造出更多的气孔——用更多的工人来发掘更为稀少的资源。

了解树叶对不同浓度的二氧化碳有何反应，这是第一步；接下来，研究者分析有数百万年历史的银杏化石，通过显微镜或显微影像照片计算气孔数量。气孔计数本身只会耗费一个不怎么有趣的下午，却能产生某些引人入胜的结果[②]。

中国与英国科学家团队，把 1998 年收集到的银杏叶、从 1924 年保存至今的银杏叶，还有来自绝种银杏的四个化石拿来比较[③]。科学家希望在特定树叶的气孔数量与已知的空气二氧化碳浓度之间找到相关性。在即将进入 21 世纪的时刻，大气中含有大约 380ppm（百万分率）的二氧化碳，而且每年都增加大约 2ppm。这个研究中发现，银杏叶每平方毫米的气孔量从 1924 年以来减少了将近 30%，从每平方毫米 134 个变成每平方毫米 97 个。白垩纪和侏罗

① Retallack, “Carbon Dioxide and Climate, ” 660.

② Beerling and Royer, “Reading a CO_2. signal, ” 86, 90–94.

③ Chen et al., “Assessing the Potential,” 1309–1313.

纪化石树叶上的低数量，也巩固了说明这些时期二氧化碳浓度较高的其他替代性地质学证据。

研究人员察看了四种银杏的化石，年代从距今5850万年到5340万年，这些化石实质上与现代银杏根本就是同卵双胞胎。他们发现这些气孔必定是在二氧化碳含量在300ppm到450ppm的温室条件下成长的，经历过一次重要的灭绝事件：古—始新世极热事件(PETM)。就结果看来，二氧化碳含量太低，不足以独力导致古—始新世极热事件，这种地球五大灭绝事件之一（现在由人类导致了第六次灭绝事件）的发生。但这只是容易的问题。许多因素都可能促成温室效应，海洋中的甲烷爆出来，可能就引发了古—始新世极热事件。更难解释的是含有大量二氧化碳成分的冰河时期。幸运的是，没有人曾经观测到任何类似的状况[①]。

其他组的气孔资料，强化了地质记录中俯拾皆是的气温与二氧化碳的相关性。人为全球变暖的独特之处，在于我们确知到底是什么导致大气中产生额外的碳（工业燃烧排放以及森林砍伐），以及对温度的影响。科学家现在通过精确检测观察到的相关性，已由过去气温与二氧化碳浓度的间接证据（替代性证据）补足了。氧同位素比例指出了过去的温度，跟某些海洋化石中所反映出的温度相同。已绝种植物和银杏的化石树叶气孔指数，显示出过往温室中的二氧化碳成分[②]。

大气中的碳成分一旦比现在的浓度高出甚多，银杏气孔与先前推断出的以往二氧化碳浓度之间的关系，就会彻底失控。树叶对于超过500ppm的二氧化碳浓度变化，会变得较不敏感。我们现

---

① Beerling and Royer, “Fossil Plants as Indicators,” 544.

② Retallack, “Carbon Dioxide and Climate, ” 665.

在的二氧化碳浓度已经超过380ppm，同时还在不断升高——如果包括其他温室效应气体，就是大约430ppm了。这是个问题，也限制了气孔解读过去的功效。联合国政府间气候变化专门委员会（Intergovernmental Panel on Climate Change, IPCC）的第四次评估报告，第一次花整章的篇幅谈论气候的史前证据。作者团队点出史前气候与现今议题之间是有关联的。但他们也提醒，就现在来说，光是回溯100万年以上的时间，就已经出现了太多的变数，难以为地球的未来提供借鉴，更别说是0.5亿～2亿年的状况了。一旦时间架构延伸到数百万年之久，地质学发展过程就会压倒生物学上的信号。评估报告写道："一般认为，二氧化碳在这些长时间尺度上的变化，是受到地质变化的过程驱策的（例如火山运动来源或者硅酸盐风化造成的削减）。"[①]

不管史前气候替代性资料是多么不确定，科学是很有创意又引人入胜的，而且仍旧证实了根据更直接的证据所做的研究。第四次评估报告在2007年初发表之后不久，耶鲁大学的伯纳和杰弗里·帕克（Jeffrey Park），以及卫斯理大学的达纳·罗耶（Dana Royer），用计算机模型模拟了跨越4.2亿年之间的气候敏感度——二氧化碳含量倍增所造成的温度变化。伯纳将模型运作的结果拿来跟罗耶收集的替代性证据（海洋浮游生物留下的生物分子，以及钙化土壤中的碳同位素）比对，以便检验模型。他们发现，在二氧化碳加倍造成气温上升2.8摄氏度之后，这个4.2亿年的模型与地球化学上的替代性证据是相符的[②]。要让碳数量倍增所导致的气温上升低于1.5度，就必须发生极端不可能的事件，比方说让

① IPCC, *Physical Science Basis*, 440.

② Royer et al., "Climate Sensitivity Constrained," 2310.

植物有足够的光线、营养与空间，可以在碳重新加入大气时就将之彻底吸收。比这低的温度目标会让这个模型失效，二氧化碳则会移入负数的范围。

今天，银杏再度上路，在跟气候变化交锋了数百万次之后，期待着特殊的一回合。1953～2000 年，银杏在日本的成长季节改变了，在春天早了四天开始，在秋天则晚了八天结束。银杏知道这个世界再度变暖了[①]。

日本和东亚的其他国家各地均有银杏，许多人视之为圣树。在中国山东莒县的浮来山有一棵 3000 年的老树，树干周长 15.7 米宽，高达 24.3 米。日本人在 1941 年入侵中国时，摧毁了许多银杏。加上当地为了柴薪或制造煤炭而过度砍伐，对树林造成了毁灭性的冲击。在 1956 年，中国科学家发誓要保护天目山，这是最后一片可能由野生银杏形成的已知森林，然而在 20 世纪 80 年代早期之前，这种保育的意图大半还只是象征性的。DNA 测试显示，小范围的野生银杏区还是存在的。这些树木的基因比起街头栽种的树要多，街道边的树往往是从活着的树上接枝而来（亦即复制树），而不是受精的种子长成的[②]。

有一棵朴实的银杏树站在靠近底特律河岸的地方，它既是地标，也是艺术品。小野洋子，前卫艺术家兼披头士乐队灵魂列侬的遗孀，回忆起她在日本的年轻时代：在日本，虔诚的人会把信息写下来，放到靠近神殿或庙宇的圣树上（银杏也是其中一种）。她曾说过："那些纸条从远处看起来很像是白色的花朵……在我很小的时候，这样的景象令我印象深刻，我从来没忘记过。"在 2000

① Matsumoto et al., "Climate Change and Extension, " 1634.

② Del Tredici, "Phenology of Sexual Reproduction," 268.

年，小野洋子捐赠一棵银杏树给底特律，作为进行中的计划“许愿树”的一部分。计划中的人工林企图唤起古老的习俗，把自己的祈愿之词绑在树上。小野洋子作品的收藏者乔恩·亨德里克斯（Jon Hendricks）解释道：“虽然在这么偏北的地方，银杏树很少见，她还是选择这种树。……这是一种古老的树，在不寻常的气候变迁中度过了这么长的时光，或许这种树可以象征在底特律这种城市生存所需的事物。”[1]

---

① Hendricks, e-mail to the author, November 22, 2005.

第六章

体内的一把火

正如一个知名体育解说员所说的那样："在今日的联盟中，ATP是最受低估的分子。"

——莫罗维茨

每年5月的第三个星期天，就会有6.5万人（包括世界级跑步者、热忱的业余爱好者，还有穿着奇装异服的怪胎）在旧金山的"越湾12公里路跑"起跑线上集合。每年都有几百名选手脱到只剩下鞋子，戴上黄色的脚踏车帽，以自然界属意的方式竞赛。

服装在历史上是比较晚近的发明。在过去，人类的祖先像猩猩一样多毛，并不需要衣服。达尔文猜测，热带的高温导致毛发从阳光照射得到的皮肤撤退，只有头部是奇特的例外。人类祖先在大约5万年前开始着装；考古学证据，还有以布料为媒介的体虱在基因上的发展历史，都确认了这个年代[①]。其他生物都不穿衣服，它们如果觉得冷，就会移居到比较接近赤道或海底火山口的地方，就像

① Kittler et al., "Molecular Evolution of *Pediculus humanus*," 1414.

某些嗜极微生物与其他不常见的生物。

科学家长期以来都在抓他们长满头发的脑袋，轻捻他们的胡须，纳闷人类毛发稀少是怎么回事。犹他大学的生物力学专家丹尼斯·布兰堡（Dennis Bramble）和哈佛大学的体质人类学家丹尼尔·利伯曼（Daniel Lieberman）过滤以前的研究，测量记录人类身体的动态状况，并且考察来自化石骨骸的线索[①]。他们的结论显示，持久奔跑应该从一种瘦身爱好提升为一种在演化上很重要的生存技巧。从结果来看，有大量的生理特征都支持这种假说：跑步在人类的发展与生存中，扮演了重要的角色；帮助人体有效散热的无体毛现象就像弹簧般有力的肌腱、肌肉发达的臀部或丰沛的流汗量一样，只是支持这种假说的其中一种特征。

在类似越湾长跑比赛这样人数众多的活动中，选手群的后段可能要花上 20 分钟或更长的时间，才能跨越起跑线。人潮拥挤的程度，迫使起跑速度几近于步行。人与猿分道扬镳，直立行走了有 600 万年之久。来自肯尼亚的图根原人大腿骨，对于某些人类学家和生物力学研究者来说，表示自从人类和黑猩猩共同的祖先分家以后不久，人类就是靠两脚前进了[②]。称为“露西”的阿法南方古猿则是在 318 万年前，在现代埃塞俄比亚哈达的土地上行走。她的骨骸证明了几乎所有你想在两足动物身上看到的东西，最明显的就是结实的骨盆[③]。

步行的一半实质上等于跌落，生物力学专家称之为“反向钟摆”。步行者的重心在全力大步前进时最低，后脚靠着脚趾平衡，准备好举起，前脚脚踵则接触地面。当后腿往前移时，重心就举起

---

① Bramble and Lieberman, “Endurance Running, ” 345–352.

② Galik et al., “External and Internal Morphology, ” 1450.

③ Berge and Daynes, “Modeling Three-Dimensional Sculptures,” 149–150.

了。这个中心点大致上位于慢跑短裤的系带附近，或者旧金山马拉松中裸体参赛者的肚脐下方。身体重心的高度在后腿跨到前方的时候达到最高点。这一刻着地的脚伸长到几乎和地面成直角，从重心部位往下移。这是步行最困难的部分，把重心往上提。从这个地方开始，步行只是经过控制的跌落。重力把中心点往下降，步行者朝地面跌落，只有踏下另一只脚才能避免跌倒[①]。

“演化行进图”显示出一长串渐渐变得不像猿类的人，每一个都有越来越稀疏的毛发和直立的姿势。这个图像实在太经典了，又太常被拿来嘲讽，所以让人很难相信这幅插图第一次出现在1970年，当时是出现在“时代生活书系”的《原始人》（*Early Man*）一书中[②]。过去许多关于人类或者动物演化的插图，激发了作者的灵感，然而这幅插图本身扭曲的信息比解释的信息还多，看起来更像警察让嫌疑犯排排站，而不像先祖世系图[③]。演化是比一场游行更复杂的事情，甚至比达尔文那不断开枝散叶的演化树更混乱。就算尽量往好处说，演化行进图还是把年代顺序跟因果关系混为一谈了。能人的时代早于直立人，但并不是直立人出现的决定因素。演化并不是直线的发展行进，也不是一场接力赛，朝着经常被误认为演化终点线的“现在”奔去。演化的终点如果没有提早，就会在太阳燃烧殆尽的时候来临。

如果布兰堡跟利伯曼的假说是正确的，插图右侧的那些人，也就是较晚期的无体毛行进者就不该步行了，他们应该用跑的。化石骨骸提供了证据，说明跑步用的骨骼构造在距今260万年以后才成形。在埃塞俄比亚的贡纳河谷发现了那时的手工石制工具，这些工

---

① Bramble and Lieberman, “Endurance Running,” 346.

② Howell, *Early Man*, 41-45.

③ Gould, *Wonderful Life*, 27–35.

具显示人会吃肉，这就表示他们想出某种方法（比方说跑步），赶在其他动物之前追上被击倒的羚羊、斑马和猪。这可能有助于让他们选择长牙猫科动物与其他猎食者的膳食：富含蛋白质与碳氢化合物的食物。

我们这位跑步者的骨骼构造大约是在此时出现的。修长的脖子让直立人能在朝着"成群秃鹰聚集"（这表示地面有残余食物）的地方奔去时，朝步行的反方向摆动肩膀，保持头部稳定，注意路上的障碍物。人有一条颈背部的韧带，把头部后方连接到脖子底部。猿类就没有这种特征。我们的气管比我们的鼻管宽，这让嘴巴可以更迅速地吸进氧气。再者，通过嘴巴呼吸散热的速度比通过鼻子呼吸来得快。缺乏体毛能够带来某些自然的空调功能，而我们长而纤细的躯干和瘦瘦的四肢，让热量可以迅速散发出去。细腻复杂的肌肉、肌腱与韧带系统吸收每一步的震动，暂时储存这种能量的一部分，然后松弛开来，再把这股能量反弹到下一大步里。结缔组织，如足底筋膜、跟腱及髂胫带（从臀部延伸到膝盖的组织）节省了跑步耗费的大约一半能量。人类学家长期以来主张，脑部的大小决定了人类的优势，但有可能是大屁股让我们撑到脑部进化成熟。臀大肌是位于背部底端的大块肌肉，防止我们在跑步的时候扑倒。利伯曼在一场会议发表论文时，就这么问道："为什么我们的臀肌这么大？"[①]

在旧金山马拉松的起跑线上，参赛者们急于起跑，但大多数人都保持着很舒适甚至太过舒适的步行速度，大约每秒 1.5 米。很快人群就变得稀疏了，行进速度跟着变快。在每秒 2.3～2.5 米的时候，我们的整个身体就"换档"了[②]。钟摆状态消失，躯干往前倾。

① Bramble, e-mail to the author, November 29, 2007; Chen, "Born to Run," 65.

② Bramble and Lieberman, "Endurance Running," 345.

赛跑者的双足在接下来的12公里中不会同时接触地面。这些竞争者做的是他们（我们）全都“天生”要做的事：奔跑。

他们奔出去。当横膈膜肌收缩时，胸腔会扩张。肺吸进空气以便充满更大的空间，并且跟外部的压力取得平衡。从身体流向肺部的血液带有二氧化碳——或许就是从意大利面条、能量饮料或者前一天摄取的任何食物中，进入身体的同一批碳原子。接下来发生的事，是一大堆物质如何通过阻力最少的路径在身体中旅行。化学物质与压力梯度，又推又拉地带着分子、原子和次原子粒子在体内绕行。

二氧化碳和氧气以相反的方向互换位置，在肺膜中渗透。二氧化碳在血液中的浓度，比氧气在肺泡中的浓度低得多，所以二氧化碳从血液中流进肺泡里。每个血色素都会联结四个氧原子。血色素是一种看似四叶苜蓿的分子，外围有34个碳原子，环绕着由四个氮原子和正中央的铁所构成的中心。血色素跑出这个区域时，会连接受体分子：球蛋白。（结果形成的）血红素结构带着氧气穿越血流，到达某个需要氧气而且必须摆脱二氧化碳的肌肉细胞。所以反向的气体交换发生了：氧气进入细胞，然后二氧化碳转变成一种酸，夹带在血液中运回肺部。

哺乳动物、昆虫、鱼类，甚至绿色植物，特别是呼吸氧气的微生物，都会燃烧碳水化合物，并且以这个方式来平衡短期碳循环中的呼吸和光合作用组合。燃烧是氧加上碳与氢原子之后产出能量的反应，会制造出二氧化碳和水。体热则是在维持自体运作的生物性燃烧之后所产生的废物，类似蜡烛或者汽车引擎所产生的热量。缺乏体毛这个特征，能帮助人类赛跑时有效散发由好几兆个细胞动力工厂（称为线粒体）持续燃烧所产生的体热。

科学家是在蒸汽机大为普及的时期，理解了燃烧给予哺乳动物动力的原理。在1780年，拉瓦锡与拉普拉斯做了一些实验，他们在实验中比较煤炭燃烧和豚鼠呼气的结果，两者散发出来的物质是一致的。拉瓦锡写道：

> 一般来说，呼吸只不过是缓慢地燃烧碳与氢，这跟点亮油灯或者蜡烛所发生的事情完全一样，而从这个观点来看，呼吸着的动物就是名副其实的可燃性躯体，燃烧、消耗自身……也许有人会说，燃烧与呼吸之间的相似并没有逃过诗人（不如说是古代哲学家）的注意，他们已经阐述诠释过了。这是偷自天国的火焰，是普罗米修斯的火把；这不只代表一个原创性的诗意想法，更是自然界运作的忠实描绘，至少对于会呼吸的动物来说是如此。可能有人因此这么说，附和古人的看法：生命的火焰在婴儿第一次呼吸时自行点燃，除非死亡，否则不会自己熄灭。①

自然与机器之间有不可否认的共通性。呼吸与燃烧在我们的经验中，并非完全无法相提并论之物，虽然文化因素让两者有别。每个人腹中都有一把大约37摄氏度的火，没有一种燃烧比这个更“内燃”了。机器燃烧的是碳氢化合物，动物燃烧的是碳氢化合物和碳水化合物。碳和氢在其化学链断裂的时候会释出能量，并且和氧重新形成分子——无论碳和氢刚开始是在一位赛跑者四头肌中的葡萄糖、汽车引擎中的异辛烷，还是蜡烛的蜡里。有时候，这些路线互有交集。我们知道猪吃煤炭，然后将之转换成不可燃的黑色粪肥②。

---

① Nelson and Cox, *Lehninger Principles*, 490.

② Landa, “Oink If You Love Coal,” 60.

在人类开动钢铁制成的机器以前，肌肉驱动社会。人类、马匹、猎豹、羚羊和骆驼都由线粒体提供动力。所有真核生物都有（或者曾经拥有又失去）线粒体。这些细胞器就是发电厂，其中的能量储存在碳与氢构成的燃料里，这些能量会转变成可用的形式：三磷酸腺苷。人类在每个肌肉细胞中有300～400个线粒体[①]。演化史上最伟大的一步，从原核生物迈向真核生物，关键就在于线粒体。尼克·莱恩（Nick Lane）就在《力量、性与自杀》（*Power, Sex, Suicide*）里主张："如果那时没发生线粒体的合并，现在我们就不会在这里，任何形式的智慧生物，或者真正的多细胞生物也不会出现。"[②]

葡萄糖的燃烧分成两个阶段，先是无氧的，然后是有氧燃烧。前者称为无氧呼吸，在真核生物和微生物中无所不在，由此看来这种呼吸方式出现在氧气革命之前，而且（很显然地）熬过了这场革命。无氧呼吸与氧气呼吸相比，就像是福特汽车20世纪初生产的廉价T型车与一级方程式赛车之间的差距。

无氧呼吸会制造出副产品乙醇（酒精），同样的乙醇分子，除了让人酩酊大醉，还能发动酒精汽油引擎汽车。在银河系的浓密分子云中所侦测到的，也是这种分子。从某种意义上来说，每个人体细胞都是微型蒸馏器。

所有曾跑到双腿失去知觉的赛跑者都知道乳酸。在运动员需要的氧超过血液所能供应的量时，这种物质就会在肌肉中累积。这个限制称为最大摄氧量。当赛跑者迫使自己跑得更快，快到让氧气来不及到达肌肉，无氧呼吸就补上这个空，制造出乳酸。要到赛跑

---

① Lane, *Power, Sex, Suicide*, 26.

② Lane, *Power, Sex, Suicide*, 25–26.

者处于恢复期的时候，乳酸才会在线粒体中氧化。专业运动员接受最大摄氧量测试的时候，乳酸的制造就是一个门槛。如果乳酸正在形成，就已经达到最大摄氧量了，肌肉已经转向无氧呼吸。用精确的实验室设备，就能测出最大摄氧量。参与研究的运动员戴上呼吸管，然后跳上跑步机或脚踏车。计算机会测量氧的摄取量。要测量血液中的乳酸成分，实验人员会从耳垂取少量血液样本，然后插入能快速分析乳糖酵素成分的机器中。

刚开始还是葡萄糖的碳，会作为无氧循环中分解的葡萄糖三碳产物，进入有氧呼吸[①]。其中一个碳脱落，以便制造二氧化碳。剩下的两个碳分子联结成一个运输工具，护送剩余物质进入一种几乎所有好氧生物都有的反应循环，把剩下的能源炸出来。之所以称为一种循环，是因为开启这个碳燃烧过程的同一批分子，在流程末尾会重生。这个循环最常见的称呼是克氏循环（Krebs Cycle，又名三羧酸循环或柠檬酸循环），以说明了这个循环的科学家来命名。当初德国生物学家汉斯·克雷伯（Hans Krebs）在研究媒介分子穿过鸽子胸部的路径时，辨识出这种反应序列。实验发现切碎的鸽胸肌肉在与原来的身体分离之后，还保有氧化燃料的能力[②]。有两个碳的剩余物质，翻转着穿过克氏循环的八个反应，在这期间这些碳被氧化成了二氧化碳。从这些媒介物中拔出的电子，迅速穿过线粒体膜中的一个电子传递链，最后停留在水里，其中一些水会变成汗水分泌出去。克氏循环会以反方向进行同样的反应，就像莫罗维茨曾经论证过的，还原的三羧酸循环就是生物最早期代谢系统的拟化石。

发现线粒体如何制造生命通用燃料分子“三磷酸腺苷”的过

① Forte, “Bio 1A: General Biology at UC–Berkeley.”

② Krebs, “The Citric Acid Cycle,” 407.

程，是一个典型范例，指出观察与证据如何压倒科学中的其他因素——包括专业权威、人际关系政治、未审先判和自以为无所不知的傲慢。一个处于生化学界既有体制之外的流放者，发现了这个称为“化学渗透作用”的机制，线粒体借此生产三磷酸腺苷。皮特·米切尔（Peter Mitchell）靠个人财富生活，住在位于英国格林的家中。在“二战”后物资缺乏的年代，他想都不想就开着罕见的劳斯莱斯出门。他留着贝多芬式的发型，在自宅的侧翼厢房做研究[①]。在1961年，他发表了一篇颇具争议性的论文，指出细胞建造三磷酸腺苷的时候，以集中质子来控制住线粒体膜。质子所带正电彼此之间的排斥力，把呼吸期间释放的能量导向一个释出阀，一种复合蛋白质：三磷酸腺苷合成酶（the protein complex ATP synthase）。就像三磷酸腺苷在叶绿体中合成时一样，三磷酸腺苷合成酶在质子通过导槽时，把磷酸根和这些质子联结到二磷酸腺苷上去。

米切尔的“化学渗透作用”论文，在分子生物学界引起了轩然大波。愤怒、屈尊施恩和冷漠的态度，在接下来17年中渐渐平息下来，转变成充满惊叹的认可：他当初是对的。米切尔在1978年发表的诺贝尔奖得奖感言，以他对于自己从失败者变成诺贝尔奖得主的看法起头：

> 当然，我可能是错的，而且不管怎么说，伟大的普朗克不就说过，新的科学观点并不是因为说服了反对者才成功，而是因为反对者最后都死光了。所以，刚开始还只是假说的化学渗透作用，现在被尊为化学渗透理论——就算不是在生化层次上成立，也是在生理学层次上成立——这个事实让我既震撼又欣喜，两种

① Lane, *Power, Sex, Suicide*, 85.

情绪强烈的程度同样彻底。而我过去最有才干的论敌，现在还处于科学生命的高峰，这让我更感动。[①]

在实际作用时，三磷酸腺苷进行的是一种无碳活动。三磷酸腺苷包含着10个碳原子，全部扎成环状，处于分子中不起作用的一端。当磷酸根或者磷氧基（phosphorus-oxygen group）联结或者脱离另一个磷酸盐的时候，三磷酸腺苷就会储存或释出能量。一旦重新充电以后，三磷酸腺苷就会迅速脱离，进入肌肉中执行工作的蛋白质——肌动蛋白和肌球蛋白之中。三磷酸腺苷会在这里和水起反应，丢掉其中的第三个磷酸根。这股能量会传递到两个蛋白质中，这些蛋白质会互相错开，制造出肌肉收缩。

有氧呼吸并不特别有效率。细胞只用掉葡萄糖中大约38%的能量，其他能量则以热量形式留在身体里。从呼吸氧的微生物到人类在内的所有生物，都以这种模式进行有氧呼吸。至于哪些生物最有效地运用了这种通用的生化学，生理学研究阐明了这一点。

为了研究人类跑者如何不同于其他物种，科学家曾经把呼吸管绑在马、羚羊和猪身上。“跑者”（cursor）这个词源于罗马时代，用来形容快递信使，虽说这个词在现代最为人熟知的意义，会让人想到在荧幕上“跑来跑去”的光标。哺乳动物跑者是动物界块头最大的。羚羊显示出惊人的增氧能力，每1公斤体重每分钟大约用掉300毫升的氧气。顶尖的人类马拉松选手有可能比羚羊还要再多其用量的五分之一[②]。叉角羚羊就是举世无双的呼吸能手。这种羚羊有较宽的气管和较大的肺部、心脏与肌肉，能够以更快的速度让更

① Mitchell, “David Keilin’ s Respiratory Chain Concept, ” 295.

② Heinrich, *Racing the Antelope*, 122.

多的物质通过心肺系统。从 20 世纪 70 年代早期开始做的各种研究显示，哺乳动物的大小和身体活动巅峰时摄取的氧容积有着直接的关系。体积大小会控制最大摄氧量，然而叉角羚羊吸入的氧气，是同等大小的哺乳动物摄氧量期望值的三倍。

生理学家相信，一只 77 公斤重的哺乳动物（比如一个人），每前进 1 公里，每公斤体重应该需要 100 毫升的氧气。实际上，人类跑者需要的氧气量比这还多两倍，是 212 毫升[①]。正因如此，人类在哺乳动物中是耐力顶尖的跑者，这才会让人这么惊讶。这种技巧必定来自于有效利用氧气以外的其他事物。在 1984 年，当时还是密歇根大学博士生候选人的戴维·卡里尔（David Carrier），在一篇“不完整而且大半都是推测”的论文里主张，有效率的燃料储存和代谢系统（以及散热方式）或许可以弥补不足的氧气摄取量。这篇论文在 25 年后重读，仍然引人入胜。

卡里尔论证，部分答案可能在于让我们慢下来的东西：我们的两条腿。与猎豹、灵缇犬和马不同，人类的呼吸并不是以 1∶1 的比例搭配跑步的步伐。四足动物在前脚落到地面的时候呼气。胸腔自然地收缩了，准备好以自然的节奏呼气。多数四足动物在步伐、氧气摄取量和代谢系统协调好的时候，会达到最理想的奔跑速度。就呼吸与步伐间的配合来说，人类比善于奔跑的四足动物更有弹性。人类通常是以 2∶1 的比例让跨步与呼吸做配合，但也可以运用其他许多不同的比例，比如 3∶1，有时候是 4∶1，依照速度及代谢系统的要求而定。人类实际上从来没有维持过 1∶1 的比例。我们跑步时的呼吸速率，通常比同样体型的四足动物慢得多。

---

① Carrier, “Energetic Paradox,” 483.

人类耐久跑步的另一个奇妙之处在于运输成本。一名马拉松选手跑步时，每一单位身体质量在每一个单位距离里所消耗的能量，和他在慢跑时消耗的能量一样多。布兰堡说：“人类跑步特征的运输成本曲线是扁平的，我们对此还没有好的力学解释。……不太可能与人类不寻常的呼吸模式有关，虽然这可能在多种混杂因素里占了次要的一小部分。”[①]

两条腿减缓了我们的速度。猎豹最著名的特点是，冲出去追逐猎物时的速度超过每小时 96.5 公里。然而要是一只猎豹全速冲刺很长的时间，就会把自己活活热死。丛林猫奔跑时产生的热量是休息时的 60 倍。和大多数哺乳动物一样，这些猫科动物每平方厘米的皮肤上，汗腺比人类少。这些动物的奔跑距离之所以有限，是因为体温过高而不是因为跑得太累。在 0.8 公里的全速冲刺之后，不管晚餐有没有着落，这些大猫都会停下来，因为热到没办法跑下去了。它靠着停步喘气来甩掉余热。灵缇犬也会喘气，一方面是要缓过气来，另一方面也是要排出跑步时产生的多余热能。要调节生物的内燃热量，停下脚步这种办法很粗糙，但猎豹显然没什么其他的选择。理查德·泰勒（C. Richard Taylor）和维多利亚·朗特里（Victoria Rowntree）在 1973 年发现，猎豹会在跑了 1 公里左右的时候停止追逐猎物，因为体温上升得太高，到达了 40.5 摄氏度[②]。

骆驼能跑得比马或人类更远，而且是在炎热的沙漠中行动。驼峰体内（以单峰骆驼而言）储存的并不是水，而是碳氢化合物燃料，就像是跑者把一箱能量补充棒绑在背上一样。骆驼的保水本领

---

① Carrier, “Energetic Paradox,” 485; Bramble, e-mail to author, November 29, 2007.

② Taylor and Rowntree, “Temperature Regulation,” 850.

可以从血液中看出来。当骆驼用尽水分以后，血液就会变得浓稠。在人类跑者因为脱水而脚软的时候，骆驼却能设法推动黏稠的含氧血液到细胞去，线粒体就在那里等待补给。

当生理学家计算食物的能量成分时，他们会把注意力集中在三类分子上：碳氢化合物、碳水化合物和蛋白质。碳氢化合物中储存的能量，是另外两种分子的两倍。在新闻报道中，碳氢化合物经常被当成石油的同义词，但身体制造并燃烧这种化合物时，并不需要从地下汲取。不论其形式是来自肌肉细胞的三链状甘油三酯，还是来自脂肪中的辛烷，碳氢化合物就是碳氢化合物。它描述的是一个极端庞大的化学物质领域，从填满一桶油的各种分子，到我们体内储存能量用的极特殊的脂肪都包括在内。生物脂肪有易起反应的碳氧双键，身体就从这里开始拆解生物脂肪。有着 200 个碳原子和 402 个氢原子的碳氢化合物（$C_{200}H_{402}$），有着比宇宙间所有电子数量估计值更多的潜在结构变化[①]。碳氢化合物实在不是一个非常明确的字眼。

身体燃烧碳氢化合物的速率，根据运动的强度与持续性而定。一张全身脂肪燃烧率的图，看起来就像一个和缓的曲线，脂肪氧化作用在最大摄氧量的 50%～60%时达到最高峰，然后在身体仰赖碳水化合物的时候渐渐缩减[②]。脂肪酸以三种变化形式出现，由脂肪酸长链上的碳对碳双键数量来界定。对身体来说，要切碎并代谢掉双键比较容易。在 4～36 个碳原子之间的任何地方，都可以联结到一个脂肪分子，其中大多数或者全部的碳原子都有单键，在单键

① Cairns–Smith, “Sketches,” 157.

② Venables, et al., “Determinants of Fat Oxidation,” 164; Helge, “Muscle Fat Utilization,” 1255.

中每个碳都联结到另外两个碳和两个氢[①]。在饱和脂肪中，任何碳之间都没有双键。单元不饱和脂肪有一个碳对碳的双键，多元不饱和脂肪则包含一个以上这样的键。因此，有碳对碳双键的脂肪酸链只有较少的氢键。为了取代每个碳都联结到两个氢的状态，不饱和脂肪在彼此之间制造两个键，并且制造一个键联结氢，让自己处于氢键“不饱和”的状态。

对于每种脂肪或者油脂的宏观性质而言，化学键具有重要的意义。植物油比猪油更有益健康，因为油脂中的双键比较容易分解。这种差别在室温下就看得出来：植物油是液态的，猪油是固态的。汉堡或培根中出现的长链饱和脂肪，在室温下仍旧保持固态，需要大量的能量才能分解。奶油的碳氢链有更高比例的双键，奶油在室温下会变得软一点，但仍然是高度饱和的。而橄榄油或者芥菜籽儿油这类植物油中的甘油三酯链含有更大量的双键，在室温下会融化[②]。植物油氢化会把碳对碳的双键转变成单键，然后在每个碳上面加上一个氢原子。要是食物包装上的成分表声称含有“部分氢化的植物油”，这就等于含有“工厂加工过的合成猪油”。

蛋白质是能量来源的最后手段。水解（这表示在水中分解）把化学键溶解在氨基酸中，就像火车司机可能会让车厢脱钩。身体会在核糖体中把这些物质重建成新的蛋白质。

身体用起来最顺手的能量分子是碳水化合物。碳水化合物的名字已经暴露出自身的组成成分：与水化合的碳。葡萄糖这种碳水化合物，是身体较偏爱的能量糖分来源，表示成六碳环或者 $C_6H_{12}O_6$。

① Nelson and Cox, *Lehninger Principles*, 363.

② Nelson and Cox, *Lehninger Principles*, 368.

许多葡萄糖分子连接在一起（或者说“聚合”），变成一种称为肝糖的淀粉，保存在肌肉或肝脏中。碳水化合物产生的能量只有脂肪的一半，但是就整体而言，释放食物能量并储存在三磷酸腺苷中所需的步骤较少。而且碳水化合物进入身体的形式，与身体可以运用的形式很接近。在赛跑前几天大吃碳水化合物，可以让运动员储存两倍的肝糖，借此增强耐力[①]。碳水化合物也是大脑的粮食。脑部只代谢碳水化合物，而且摄取量很大：脑部只构成身体质量的2%，却消耗身体所需能量的20%。

能量是所有时代故事的开端。没有能量，就什么都没有。我们进食、工作和战斗以便确保能量。身体把能量储存成梯度（就像是泵一样，引导质子通过三磷酸腺苷合成酶），还有脂肪、碳水化合物和蛋白质这样的高能量分子之中[②]。从物理学的角度上来说，所有物质都可以转换成能量。那就是爱因斯坦用五字算式 $E=MC^2$ 所表示的内容：能量等于质量乘上光速的平方（光速每秒大约 299792500 米每秒）。核子爆炸并未独占这个公式[③]，当你踩下油门、跑上一段路或者点燃一支蜡烛，就有极微量的物质被转换成能量。1 克汽油在燃烧时释出的能量，只等于其质量的一百亿分之一[④]。

能量通常的定义是“做功的能力”，更长的叙述会显示出这个词有多难解释。光是电磁能，光谱涵盖长而慢的电波到短而快的高频伽马波。电磁光谱中央的一小部分是可见光（或称白光），由我们视为颜色的东西组成：红、橙、黄、绿、蓝、靛、紫。动能是运动中的物质，热则是热能。在制造或分解分子化学键（所有生物都

---

① Carrier, “Energetic Paradox,” 487.

② National Research Council, *Limits of Organic Life*, 20.

③ Greene, “That Famous Equation,” 31.

④ Smil, *Energy*.

有）的时候，则有化学能。太阳跟原子弹则有核能。重力能则让你稳坐在椅子上[①]。让人困惑的是，各种能量大都可以互相转换。

国际科学界迫使能量度量衡有一定程度的清晰合理性。这种清晰合理之所以有限度，是因为这些单位对于我们怎么考量每日的细胞能量，只有间接的影响。医生、节食人士、运动员和食品药品监督管理局（FDA）衡量能量的官方标准是卡路里（大卡）——一种在专业领域并未获得认同的传统热量衡量单位。用C表示的大卡其实是千卡（kilocalorie）的缩写，等于1000小卡（c）；1小卡等于4.184焦耳，1大卡等于4184焦耳。很不幸的是，大卡常常被误拼成c开头的小卡。

虽然如此，通用度量衡让我们有可能计算各种不同燃料（食物、汽油、炸弹）中的能量。要是你在晚宴中与人争辩64盎司的汽水与2盎司的汽油哪个能量高，这种换算能力倒是挺方便的（答案是两者所含能量差不多）。自行车运动生理学家林艾伦（Allen Lim）博士曾经计算过，一辆房车以96.5公里的时速开上386公里以后，用掉的能量相当于1987罐可口可乐或者472个麦当劳的巨无霸。反过来说，如果你估计地球上的65亿人每人一天需要平均2000大卡的食物，总能量就跟1万辆车用80.4公里的时速开上24小时所需的燃料一样多[②]。

碳水化合物、碳氢化合物和蛋白质进入身体后不只变成燃料，还要变成结构原料和酶。代谢系统分解食物，并且把其中的碳嵌进让生物维持活动的所有事物中。生化反应途径也会产生一些小分子，这是生物身上的灵活使者，其中包括神经介质、类固醇、前列

---

① Smil, *Energy*, 8–9.

② Lim, interview with the author, January 4, 2008.

腺素和费洛蒙（信息素）。

酪氨酸是 20 种用来建造蛋白质的氨基酸之一。健康的人可以自己制造酪氨酸，不过氨基酸就不是这样了，我们必须从外界摄取。我们也从蔬菜、豆类和鱼类中取得许多的酪氨酸。酪氨酸不只是身体在蛋白质建造过程中的一块砖头而已，它也是某些重要神经介质的原料。在我们进食、享受性爱、使用某些禁药，甚至在学习的时候，多巴胺就会点亮脑部的快乐中枢。肾上腺则会把多巴胺提炼成一种神经介质——去甲肾上腺素。当去甲肾上腺素失去一个碳原子的时候，就会变成肾上腺素，这种化学物质一般写成 adrenaline，是含有九个碳的激素，其中六个原子绑成了自然界最普遍的芳香环（化合物）[①]。

处于竞争状态的跑者实际上并不能“感觉到肾上腺素流过他的血管”，但实际上就是这样。美国科学家开始用 adrenaline 来称呼肾上腺素，因为有个药厂拿 adrenalin 去注册商标了。这个词是拉丁与希腊文的“肾上面的激素”：“加在”（ad）“肾脏”（renal）上的腺体所分泌的产物。科学家在一个世纪以前就已经精通肾上腺素的化学结构及其作用了，它是一种特别为人熟知的小分子，也是被化学家破解的第一个化学结构激素。肾上腺素是身体的警钟，在“打或逃”的处境下，随着神经元信号的刺激喷射到血流里。心跳加速，推动血液流过我们大约 16 万公里长的循环系统，血压升高，呼吸道扩张。肾上腺素唤醒储存在肌肉与肝脏中的肝糖，这是一种葡萄糖链（或称葡萄糖聚合物）。脂肪酸被分解成可用的燃料。一整批激素跟迷你蛋白质（miniprotein）负责向细胞发出警告，把葡萄糖铲进需要葡萄糖才能工作的细胞里，肾上腺

---

① Nelson and Cox, *Lehninger Principles*, 844.

素就是其中一员。

如果肾上腺素是化学物质的起跑发令枪，称为“内源性大麻素”（endocannabinoid）的化学物质就代表终点线。当跑步变成20世纪六七十年代的流行运动时，运动医药大师分派给肾上腺素的角色，远超过这种物质作为身体家园守卫的地位。他们推论肾上腺素可能导致“跑者的愉悦感”，这是指在长时间又费力的运动期间或之后产生的感受。在十年之内这个想法就失宠了，这时科学家对内啡肽（endorphin）产生了兴趣。内啡肽是一种阿片类药物，因为这种物质与鸦片中的活性成分相似。事实证明，这种“脑内啡肽愉悦感”在实验室里难以验证。

科学家在20世纪60年代发现了四氢大麻酚（THC）——大麻中的活性成分[①]。20年后，他们发现脑中四氢大麻酚的受体遍及全脑，所以这些受体称为大麻受体。大麻的特长在于搭上人脑的愉悦及麻醉中枢便车，驰骋一番。

四氢大麻酚跟巧克力刺激到的脑部受体，有一些是相同的。当巧克力跟四氢大麻酚都不便取得的时候，身体就会自己做。跑者的愉悦感是“内”大麻酚的产物，也就是说，这是体内制造的。彭妮·勒库特（Penny Le Couteur）和杰伊·布雷森（Jay Burreson）在他们的书《拿破仑的纽扣》（*Napoleon's Buttons*）里问道，巧克力中的体外大麻酚（anandamide）是不是该被列为非法物质，因为它会导致一种跟大麻类似的神经反应[②]。既然内源性大麻素也有同样效果，或许我们也应该宣告跑步属于第一级管制“药物”，至少抽税或加以规范。

---

① Wilson and Nicoll, “Endocannabinoid Signaling,” 678.

② Le Couteur and Burreson, *Napoleon's Buttons*, 265.

对于优秀运动员来说，非法药物（如大麻）跟禁药（比如合成睾酮或者表睾酮）之间的差别是学术上的。这两类化学物质都是自然生成的。男性跟女性都可以靠着从胆固醇分子里拿掉一个碳氢链制造出睾酮。所有自然的人体类固醇都是从胆固醇中制造出来的。从有27亿年历史的澳大利亚分子化石中出现的类固烷，有着同样的环状碳架构。"Ster-"这个字根，在类固烷（sterane）、胆固醇（cholesterol）、类固醇（steroid），还有睾酮（testosterone）等生物标记中，都有相同的意义。黄体酮（progesterone）规范月经周期，雌激素（estrogen）和合成黄体素（progestin）则是避孕药里面的关键成分。

睾酮以增强肌肉运动表现而闻名，运动员长期以来利用睾酮来增加竞争优势，尽管这样做有被取消比赛资格和损害健康的危险。加州大学洛杉矶分校的唐·卡特林（Don Catlin）花了20多年时间，开发各种测试方法来揪出作弊的运动员。他的实验室在过去10年中发现，露馅儿的肯定是碳同位素比例。睾酮的标准测试步骤，是尿液中睾酮相对于另一种密切相关化学物质表睾酮的浓度，表睾酮在体内并没有已知的用途。主要的运动规范管理机构认定，运动员体内睾酮和表睾酮的比例高于4∶1，就违反用药规范。弗洛耶·兰迪斯（Floyd Landis）在2006年环法大赛中就没通过这项测试，其比例高达11∶1，从而失去了冠军头衔。某些运动员变得更善于应付睾酮/表睾酮药检，他们开始同时补充睾酮跟表睾酮，以便平衡二者的比例。卡特林的实验室在2002年发表了一种新方法，这种方法借助检测合成表睾酮的碳十三成分偏差值，来测出合成表睾酮。合成表睾酮是由山芋或大豆中的起始分子制成，其碳成分中碳十三的数量少于人体内制造的同类分子。动物对于较重的同位素耐受度高于植物，碳十三含量太低，就表示运动员很可能用了增强表现的药物。[1]

从有效把燃料能量转换为动能这方面来说，地球上最有效率的运输形式并不是在城市街道上裸奔。事实上，这种运输形式在自然界还真的没有其他可类比的，而且也并非自然形成。此处说的并不是汽车轮子，而是两个轮子：脚踏车。

科学家偶尔会觉得奇怪，自然界的轮子为什么这么罕见。细菌鞭毛以画圈的方式挥动以便推进细胞。风滚草是滚动的，在不毛之地上散布自己的种子。圆形（cycle）被嵌入某种风滚草的学名之中：翼赤藜（*Cycloloma atriplicifolium*）[2]。坚果和水果通常会掉落、滚动，“轮状”在这个意义上能帮助树木散播种子。臀部和手臂在结合部位可以转动，眼珠子也能滚动。*Calcidiscus quadriperforatus* 的球石粒是圆形的盾牌，但这种浑圆性质与制造的难易程度相关，与运动效率无关，大致上就是这样。为什么自然界重新发明眼睛40～65次，却从来没发明轮子，对于这个问题要给个快速的答案非常简单[3]。眼睛在阳光照得到的每个地方都有用；轮子却只在坚硬、平坦的表面上才有效率；而四条腿在沙地或者泥泞中移动虽缺乏美感，却可靠得多。

到19世纪，马和轻便马车专用道仍在发达社会里四通八达，但是我们熟悉的自行车——机械运输技术的第一个革命，是在1885年引进的。在那一年，有着标准后轮链和扣链齿轮传动装置的罗孚安全自行车（Rover Safety Bicycle）首先在英国生产。在15年之内，312家工厂每年推出100万辆自行车。福特在1896年则

---

① Knight, “No Dope,” 114–115; Aguilera et al., “Detection of Epitestosterone Doping,” 629–936.

② LaBarbera, “Why Wheels Won’ t Go,” 395–408.

③ Barton et al., *Evolution*, 319.

1884 年，一位首都自行车俱乐部（CBC）的会员把自行车骑下美国国会大厦的阶梯

制造了一台蒸汽动力的“四轮车”。莱特兄弟和道奇兄弟也是自行车制造商。

自行车驾驭线粒体的力量，造就出已知最有效的运输形式。人类每步行 1 公里，每克体重就耗费大约 0.75 小卡的热量，马和骆驼比人有效率。但是骑上一辆自行车，一个人可以节省 80%的能量，并且增加 3～4 倍的速度[①]。能量可以节省，是因为自行车运动的两个特色。首先，骑自行车消除了维持站姿的能量需求。无论是走路还是跑步，腿、臀和腰都负有双重任务，一方面推动人前进，另一方面保持脊椎或多或少地跟地面垂直。在自行车上，座椅支撑了躯干的重量，所以“骑士”就不必承受这个重量了。能量也不必花在抬起脚推出下一步上面。两个踏板能互相推动，其中一个往下降时，就会推动另一个往上抬。其次，自行车把强劲有力的大腿肌肉引导到运转的方向去。

---

① Wilson, “Bicycle Technology,” 82.

自行车工业技术的突然成长及其受欢迎的程度，可能比不上自行车运动带来的大众心理学影响。在1937年，一位替《无马马车时代》（*Horseless Carriage Days*）写稿的作家写道："我们没有在1890年之前建造机械道路交通工具的理由，在我看来是因为还没有足够多的自行车，而自行车还没有指引人类去考虑在普通公路上独立长途旅行的可能性。我们原本以为铁路就已经够好了，自行车却创造出一种铁路没有能力提供的新需求。后来发生的事，就是自行车无法满足自身所创造出的需求。我们需要的是机械推动的车辆，不是以脚推进的车辆，而现在我们知道，汽车就是答案。"[①]

① Wilson, "Bicycle Technology," 88.

第二篇

非自然界

“我不认为他关于汽车的看法是错的，”他说，“汽车前进的速度这么快，却有可能是文明倒退的一步。也就是说，在精神文明上的倒退……但汽车已经来临，而且为我们的生活带来比多数人预料中更巨大的变化。汽车就在这里，而且几乎所有外在事物，都会因为汽车带来的东西而有所不同。这些车将会改变战争，也会改变和平。”

——《安伯森家族》(*The Magnificent Ambersons*)里尤金的话，作者布思·塔金顿（Booth Tarkington)，1918 年

第七章
风驰电掣：碳与汽车

思想不是一种能量的形式。所以思想到底怎么改变物质发展历程呢？这个问题还是没有答案。

——弗拉基米尔·维尔纳茨基（Vladimir Vernadski）

为什么生命要花上40亿年才造出汽车，却只要花上一个世纪就用8亿辆车子填满路面？

如果你把那40亿年压缩成1年，造氧的蓝菌会在4月30日下午较早的时候出现。在6月2日早上的送报时间，这颗星球被裹成一枚雪球。寒武纪大爆炸，在11月12日为一顿迟来的午餐点火。在12月7日，疑似银杏最古老的亲戚在一天的工作开始之前倒下了。在12月31日午夜来临前6分钟又36秒，新石器时代“大跃进”在非洲发生。在午夜前1.1秒，还没有半辆车；新年钟声敲响的时候，就有8亿辆了。

本来一辆车也没有，砰！突然到处都是车了。用个不恰当的比喻，你如果把两辆车子放在同一间车库里，你得整晚留心别让它俩乱搞。

地质学上的一瞬间，汽车就征服了整个世界，这引起一个重要的问题。人类的概念、发明和创新，融合在一个类似演化的模式里，却具有一种跟生物演化大不相同的迅速、灵活性和粗糙感，怎么会这样？这本书的前半部分展现了一系列的分子和代谢系统，碳的流动通过这些事物让生物演化与在地球系统中居于引导地位的物理力量，紧密地结合了起来。在第二篇，这些主题以相反的顺序展现（燃烧、树木、保护性的铠甲、污染、遗传学与太空），以便强调生物演化与科技进步之间的特殊关系。双方就如同面貌相似的分身，演化是自然的，科技与经济进步在某种程度上则是不自然的。容我改写一下诺贝尔奖得主霍夫曼的话：两者之间“相同而又不同”[①]。

我们是地球系统的一部分，在此刻具有一种能带来转变的影响力。我们是从地球系统中出现的，所以我们制造得出的任何东西，怎样才算是不自然，其实并不明确。在这个状况下，对“不自然”所下的操作型定义，基于两种理由，还是很有用的：首先，我们应该赞扬人类集体组织与才智的成就；其次，我们需要指出我们对世界所造成的伤害（这种伤害也反噬我们自身），才能设法改正。就算自然与不自然的分界线，只是假设出来解释人类文明发展速度的一种思想实验，但如果要了解我们在这个世界的角色，这条线仍是实用的指南。追根究底来说，许多经济学家、科技学者和历史学家的工作目标，就是定义“非自然界”。他们追踪人类知识转变成发明、随后获得经济价值的模式。“虽说有数量庞大的研究，科技和知识对经济学家而言，仍旧是难以掌握的议题。”经济史学家乔

---

① Hoffmann, *Same and Not the Same*（《相同与不同》）。自然与非自然，自然与人，这是有史以来文献中最古老的主题。我根据这些主线将这本书分成两篇，就是参考了霍夫曼这本书中的这两个部分。参见该书 107～115 页。

尔·莫基尔（Joel Mokyr）这样写道[①]。基础科学激发科技创新，科技创新又推动了化石燃料所促成的人类经济发展，这是最新颖的地质现象，让全球碳循环发挥到极致。

要了解科技发展的速度是从哪来的，你就必须彻底找出概念如何出现、实际的物体如何从中产生，以及这个过程是如何有别于生物在分子层次的谋略。

“非自然界”的操作型定义，应该要看“自然”指的是什么来做限定。如果要打个简单的比方，分子生物学的中心法则现在就够用了。基因信息和基因组这种分子结构（一种以碳形成的扭曲支架）是同时出现的，我们无法分离两者。DNA 分子会跟维系自身双螺旋结构的同一批核碱基（A、T、G、C），交流身体设计的信息。RNA、蛋白质和小分子，则按需求来活化基因并调控功能。生命会自行组合起来运作，因为组装指令和原料全都是环环相扣的电化学零件，都是用碳、氢、氧、氮、磷、硫及其他原子组成的。不管通过了多少媒介物，到头来每样东西都必须对应电化学自动组装线的原始步骤——DNA。细胞被囚禁在时间与空间的双重限制中，也就是说，受限于自己的寿命与身体范围。

相对来说，人类的信息就不受限于时空，舞蹈可以脱离舞者。并没有所谓的人类发展的中心法则，不过这并不是因为没人尝试过。最广为人知的尝试，是有人拿分子生物学家的“中心法则”做了一个半开玩笑的思想实验。理查德·道金斯（Richard Dawkins）在他 1976 年的作品《自私的基因》（*The Selfish Gene*）里，发明了“迷因”（meme）这个词，这是拿“基因”（gene）跟“拟态的、模仿的”（mimetic）两个词组合的文字游戏。他用这个词来说明，文

---

① Mokyr, “Useful Knowledge,” 2.

化信息会以不完全一致的方式复制，并且经历某种自然选择，就跟实际存在的基因一样。作为一种工具，迷因描绘出“某些观念会发展得很成功，某些却不会”的观察成果，具有说明上的实用性。不过迷因却难以定义。迷因包括从观念、字词到旋律在内的一切事物，也就是文化中的种种片段。“迷因”是一个成功的迷因。已故经济学家顾志耐（Simon Kuznets）所说的“有用知识”，就不是个成功的迷因了。道金斯关于迷因的主要论点，太常被忽略。他要说的是，人类的经验、累积的知识以及批判思考（这些全都可以用某种方式归类为迷因），可以调和或者克服我们天性中低俗、愚昧或粗疏的成分[①]。这是对人类整体体系最乐观的论点。不过，这却没有让迷因变成人类发展的中心法则。你没办法像替 DNA 定序一样，替一个迷因“定序”，或者替一个专利权或非小说作品“定序”（探究其历史记录）。将来不太可能有人再为知识在心灵之间的流动，想出比道金斯的“迷因”更历久弥新、更基本的象征了。不过迷因引发了讨论之后，也立刻终止了讨论，因为这些迷因太含混不清，又很难量化[②]。

有个从工程学借来的词汇，可能有助于解释分子生物学与人类知识传播之间的明确相似性是多么难以捉摸。在生物学中，根据从 DNA、RNA 到蛋白质的连续性，可以指出在这些物质之间，必然存在着形态、信息、传播方式、制造过程与成品各方面的物理同质性。在知识和人类靠着知识制造物体的方法之间，有着断裂落差，“去耦”就是形容这种状态的好词。这也是一个科技名词，当工程

---

① 甚至连道金斯都说过：“我曾经对迷因持有很负面的看法，但是它们也有使人愉悦的一面。”

② Arrow, interview with the author, March 30, 2007. 主流经济学家对进化和经济的观点另见 Krugman, “What Economists Can Learn。”

师把复杂的问题拆解成一些较简单的问题，以便加快解答速度时，就称之为“去耦”[①]。作为一个物种，我们已经在物理上把信息（也就是思想，达尔文称之为“脑的分泌物”）及其在成品中表达的方式给“去耦”了，也就是说，以任何必要的方法为之——拿某物去撞岩石，建造一座塞满钢铁压印机器的工厂，用双手雕刻、熔化某物，并且拿来混入碳和锰。人造的结构是在体外成形的，是在强制力量之下，通过当场发明或者在会议桌旁开发的过程来完成，而不是经历漫长时间发展出的生化学自动生产线。生产者拿到某种原料以后，在某些条件下，使用有时对人或其他生物有害的化学物质，把原料“加热、锤炼再加工”[②]。

就是这个关键性的动力，描述了人类的发展，以及对地球碳流动所造成的影响。我们以数量庞大又迅速的象征性方式，在身体以外随心所欲地在一个跟生化学平行的领域——“人类的心智世界”中沟通[③]。在语言出现之前，思想完全无法传播得太远，至少难以明确具体地传播。而在说不同语言的不同社群能彼此解读以前，思想仍然根植于语言社群之中。思想的散播速度，在整个人类史与文化史上曾经加快过，先是在语言发展的时候，然后是在运输和传播系统让人类能以越来越快的速度分享观念时。马匹、火车、飞机与网络，戏剧性地节省了人们进行沟通的成本。生化上的信息传播仍旧根植于分子中，物理和化学上的限制，决定了这些信息能传多远、传播速度多快。观念可以遍布全世界，通过动动舌尖、按个按钮，或者等待未来数百年后的对话者。文明就是从原始工具带来的细腻沟通中出现的。

---

① Endy, “Foundations of Synthetic Biology,” 451.

② Benyus, *Biomimicry*, 97.

③ Pollack, “Emergence of Information.”

我们很难想得到，在我们所做的事情里，哪一件在其他生物身上没有相同层次的对应。直到 1913 年伍尔沃斯大厦出现在下曼哈顿区的百老汇以前，摩天大楼在自然界并不常出现。然而隐约隆起的白蚁丘，从比例上来说，有着跟摩天大楼齐平的架式势。人类在沟通方面也并非独占鳌头：鸟类学家记录鸟歌已经好几十年了，长尾黑颚猴会使用一种具有十来个字的语汇[①]。人类只是以过去未曾达到的时空规模来做这些事。我们影响这个星球的程度，不论在范围还是强度上都很独特。

经济与科技史学家可能并没想出他们自己的中心法则，但通过把分子生物学的中心法则嫁接到专利权、制造业和产品之上，他们严格精确的态度，深化了道金斯以“迷因”表示出来的意义。专利权等于随新发明一起发表的某种“基因码”。大部分由 RNA 机器所构成的核糖体，则被喻为细胞中的“蛋白质工厂”。我们很容易就可以翻转这种比喻：换一面来看，工厂能转换设计信息，把这些信息表示成“基因表现型”的工业版本（所谓的基因表现型，就是某个生物的可观察特征）。现在就以制造汽车为例：东京大学教授兼汽车工业专家藤本隆宏属于某个企业专家学派，该学派发现，把关于 DNA、RNA 和蛋白质的法则应用在工业上，很有解释效力。由一组人想出一个公司的专利设计信息，这就是公司的基因材料；工人通过组织、工厂规划、设备以及工作分配表现出这个设计，然后做成完整产品，这个成品即“充满了信息的媒介物”，或者“经过组装的信息”。[②]

“工业中的工业”是彼得·德鲁克（Peter Druker）用来形容汽

① Diamond, *Third Chimpanzee*, 143.

② Fujimoto, *Competing*, 5, 40.

车制造业的话，是很久以前就从人类演化中出现的某种模式加速后的版本。人类做出的每样东西，大部分若不是由碳组成，就是以碳的火焰打造出来。从炉床到本田汽车，都是由火焰锻造出人类社会复杂的互动，并且加快创新的速度。亚利桑那州立大学的斯蒂芬·派恩（Stephen Pyne）教授，把火称为“人类与自然界之间所有互动的范例”。工业燃烧会逆转光合作用，把氧气和硬质碳变回二氧化碳。呼吸氧气的生物在没有人造机器帮助的状况下，也能够产生二氧化碳，然而速度比工业燃烧慢了好几个数量级（10的好几次方倍）。

火是白热状态的碳，从其他碳和氢原子的键结中释出，一秒钟撞击其他分子和碎片数十亿次。试着想象一下，如果你用手指迅速摸一下燃烧中的火苗会怎样。你的手指会沾有一点油油的黑色薄层，这是从蜡中释出的碳，但是这里的碳已耗尽让自身发亮的能量。一支烛火就是一场冲撞的风暴，研究燃烧的科学家很不浪漫地形容它是个“局部空间中自行维持的化学反应区”[①]。

火要花时间才能点燃。直到23.2亿年前为止，氧气还几乎不存在于大气中，所以地球历史的前半段是没有火的。燃烧必定曾经局限于一种缓慢而经过控制的形式：困在微生物体膜里进行的呼吸。氧气的增加可能并未真正让这世界着火，但氧气的积聚导致地球大气中的甲烷和乙烷燃烧起来，让地球散失了或许可转换成10摄氏度之多的热，而且把地球冻成了一颗雪球[②]。

在此之后，几乎又过了20亿年才有引火物质出现。高大的树木在4亿年前抽芽，提供了含有丰富碳与氢的木质素和纤维素，成

① U. S. Department of Energy, *Basic Research Needs*, 29.

② Hogg-Misra et al., “Revised Hazy Methane Greenhouse.”

为氧可以进攻的燃料。不管在法拉利跑车里还是森林之中，分子都需要来自火花塞、闪电，或者某些普通的古老热源助燃，才烧得起来，有时候摩擦两根木棒就够了。已知最早的天然森林大火可追溯到泥盆纪，它在 3.59 亿年前结束[①]。

人类第一次控制火的时间点很难确定。在 100 万年前，我们的祖先曾经在非洲四处探索，并且进入欧亚大陆。他们曾经依赖火，把它当成一种“可携带的天气”，并用来煮东西。不幸的是，在沉积层把木炭灰盖起来保存以前，大多数灰烬就消失了。水会把木炭灰从洞窟中洗去，干燥的赤道气候又会让木炭灰氧化。大约在 150 万年前，有些地点出现了木炭，但这些木炭到底是不是人类留下的，还有争议[②]。在距今 50 万年前，欧洲或中国北部的早期人类应该会使用火，但年代这么久远，又显然曾是火塘的地点还未发现。最能够确定属于人类的炉灶，出现在 25 万年前[③]。根据约定俗成的看法，在上述这些较早年代中的某些时候，人类就会控制火焰了，尽管考古证据要么模棱两可，要么就是消失不见了。

皇家壳牌石油公司实验室的资深科学家弗兰克·尼尔（Frank Niele），认为控制火代表人类“社会代谢系统”的降临。在他的定义里，社会代谢系统是指人类有能力引导能量并塑造物质，去满足生存、发展社会关系以及教学的需求[④]。火、工具的使用，社群结构和脑部发育，在长时间里步伐交错地前进着。人类大脑在渔猎、采集和捡拾残余食物的年代中加速增长。在人类出现之前的大约 600 万年时间里，脑部成长到原来尺寸的三倍。人脑从一开始就很

---

① Pyne, *Fire*, xvi.

② Klein and Edgar, *Dawn of Culture*, 155.

③ Klein, *Dawn of Culture*, 157.

④ Niele, *Energy*, 45–46.

大，比起科学家依据其他哺乳动物的脑部及身体比例所做的预测，足足大了六倍[①]。化石和考古发现指出，社会发展、工具和脑容量成长以越来越强大的动力互相改变。人脑在距今10万～5万年前停止变大。

在现代性方面，我们不只专注于脑部成长，还关注社会互动及工具制作的另一个结果：经济成长。在欧洲和东亚，用火塘准备制作的东西不只是食物。火塘把铜、锡和铅冶炼成青铜，铁则与黑炭一起变成钢。实际上，每样东西若不是炭做的，就是靠炭冶炼成型的，或者两者兼备。资源、知识和工具，滋生出更多的资源、知识和工具。到了19世纪中叶，基于许多书籍（特别是戴蒙德的《枪炮、病菌与钢铁》）中曾经论证过的诸多理由，法国和德国的发明家泰然自若地开发他们的资源、知识和工具。他们的做法以各种难以量化的方式，改变了地球的表面与大气。

现在掀起一辆车的车盖，你会看到数十年前就已诞生的架构和系统，某些部位甚至有超过一个世纪的历史。车体本身是马车时代的余绪，宽度可以让2～3人舒适地并排而坐。在20世纪初期，汽车与马匹曾经在城市的街道上并存了好几年。空气中和马路边都感觉得到改变的需要：马粪会污染城市，而且马似乎有自己的脾气[②]。

要给汽车编年史定个开头，1860年是很好的起点。法国人艾蒂安·勒努瓦（Etienne Lenoir）在那年建造了一台固定式内燃机，燃烧的是煤炭。他在两年后把一个机器装到轮子上。这种新奇机器能跑，不过没什么效率。因为勒努瓦还没发现，如果在燃烧前先混

---

① Klein, *Dawn of Culture*, 144.

② Kirsch, *Electric Car*, 11.

合压缩空气和燃料，效果会更好[1]。

法国公务员阿尔方斯·博·德罗夏（Alphonse Beau de Rochas）有一套有专利权的系统，这套系统能把碳氢化合物燃料转变成机械运动。他找到勒努瓦寻求赞助与支持，却被拒绝了。德国发明家尼古劳斯·奥托（Nikolaus Otto）也在数年后自行研发出同样的系统。勒努瓦后来意识到，他开启的可能是从线粒体出现以来最大的突破，他开始以德罗夏的专利为基础，自己制造无马马车。奥托对专利权没什么认识，他控告德罗夏，结果败诉。虽然如此，他还是得到第一台四冲程内燃机发明者的历史评价[2]。

勒努瓦、德罗夏与奥托并不是在前无古人的领域工作。许多人都在研究运输问题，而且已经研究了一个世纪之久。电力车在20世纪早年曾经表现出有限的成功，尽管这种车的电池体积庞大又不稳定，偶尔还会爆炸。从烧炭以便把水加热成蒸汽、带动机械运动的蒸汽车开始，合乎逻辑的发展就是碳氢化合物燃料车。汽油机的发明者意识到，他们应该把那个中介“蒸汽”给拿出来，只要把碳氢化合物燃烧成机械能就好。汽油直到20世纪初为止，都只是煤油炼制过程中无用的副产品，有时候会用作溶剂或者火炉燃料。在1892年，一加仑汽油两美分是很合理的价钱。再接下来30年里，药店就是临时加油站[3]。

在整个19世纪90年代，法国人、德国人和意大利人在汽车的创新与制造方面，比美国早起跑了10年。在1885年，卖了10年固定发动机的卡尔·本茨（Karl Benz）把一台内燃机装到三个轮子上。他的车子用的是电子点火器，比先前的火焰点火器更有效

① Hillier and Coontes, “Hillier’ s Fundamentals,” 32.

② Hillier and Coontes, “Hillier’ s Fundamentals,” 31–32.

③ Yergin, *Prize*, 80, 209.

率。他在第二年为一种散热器注册了专利，这是“无体毛发汗系统”的汽车版。曾经在奥托手下工作的戈特利布·戴姆勒（Gottlieb Daimler），则在1885年建造了一台每分钟900转的摩托车。新发明在此之后突飞猛进。约翰·邓洛普（John Dunlop）替充气橡胶轮胎注册了专利，1897年这种轮胎被用在汽车上。本茨在1899年开始制造汽车齿轮箱，它让发动机在更高的速度下更好地运行。自动点火装置在1911年问世，即T型车出现之后三年[①]。19世纪末以后，汽车科技中即便还有真正革命性的变化，也是少之又少，但微处理器是个例外。从某种意义上来说，所有汽车都变成电动汽车。在今天，汽车需要燃料，不只因为移动，还因为有电动车窗、空调和DVD播放器。这些特殊设备用掉的能源跟汽车移动本身需要的一样多，部分原因在于发动机效能的进步。在20世纪20年代，燃料用在移动和其他用途（主要是发动）的比例是9∶1，现在这个比例趋近于1∶1了。

汽车制造刚开始是在小店铺里进行的手工活动，每家店都会随意制作零件，必要的时候才打磨。在1895年，国会议员伊夫林·埃利斯（Evelyn Ellis）成为英国第一位汽车驾驶员[②]。前一年，他委托法国的潘哈德与勒瓦索尔公司（P&L）为他制造了一辆车。当时每辆车都是独一无二的工艺品，即使有相同蓝图的两辆车也会不一样。汽车没有标准化零件，因此也没有大批量的车型。P&L必须为每辆车制造自己的零件。公司会收到一批零件，然后把某个组件锉成可用的尺寸和形状，下一个组件必须锉到与前一个组件相符的尺寸，整个制造流程就是这样进行的。每辆P&L汽车实

① Kirby et al., *Engineering in History*, 405–407.

② Womack et al., *Machine*, 23.

际上都有自己的标准尺寸零件，随需求而定。想象一下，你走进一家规模很大的五金店，里面只卖各种尺寸的铸模金属块，还有一大堆可以把金属块磨成螺丝钉、螺丝帽和螺栓的锉刀。制造商把他们做的发动机安装在车底盘上，盖上车盖，然后就让车上路了。“车底盘”（chassis，原为法文）这个词，反映了法国对汽车商品化过程的影响。

埃利斯很随便地展开了他的第一趟道路驾驶，速度是无马车辆限速每小时 4 英里（6.4 公里）的两倍。在一年内，汽车挑战了每小时 19.3 公里的新极限。很快整个西欧和北美的店铺都在组装汽车，每年有数十到数百辆[①]。

20 世纪的开端，人们迎来了能够塑造坚硬钢铁零件的机器。亨利·福特（Henry Ford）看出了它带来的商机。如果零件制造标准化，他的工厂就能够省去锉磨零件这种既昂贵又耗时的工作。零件标准化的发展而非装配线的出现，预告了 T 型车在全世界道路上的暴增。可互换零件，让大量生产方式炮制出大量汽车。福特工程师设计了一种不可思议的三维立体机械拼图，组装极其容易，以至于每位车主都可以自己修车或者把汽缸上累积的碳刮除，甚至用一把油灰抹刀就可以拆下活塞了[②]。

人类要制造车辆，必须重新发明标准零件与系统，这个概念是生命从开始就已经“知道”的事情。标准零件跟装配线的联合创举，制造出生产上的惊人收益。在 1913 年秋天，手工装配每分钟需要大约 750 人力，才能装配出一辆车。到了 1914 年春天，福特的工人只要花 93 分钟就好了[③]。福特公司从此开始蓬勃发展，这

---

① Womack et al., *Machine*, 24.

② Womack et al., *Machine*, 30.

③ Womack et al., *Machine*, 29.

带来平价的车子，福特员工薪水倍增（一天 5 美元，相当于现在的 100 美元），而且全国驾驶员都对汽车死心塌地地喜爱。美国能源部有一份关于汽车部门的研究需求报告，研究团队以下面这段话介绍他们的研究："我们的开国元勋可能不曾预先把行动自由看成一种不能剥夺的权利，但是美国人现在是这样看待了。"[①]

丰田自动织布机工厂在 19 世纪 80 年代，以制造纺织品工业设备起家[②]。在 20 世纪 30 年代早期，创始人之子丰田喜一郎和一组工程师开始拆解福特和雪佛兰的车子，以便深入了解美国的汽车制造方式。这个计划后来演变出丰田的第一批自动车辆：卡车。这些卡车运作得还可以，虽然该公司依靠的是手工器具，而非福特式的高压机器。丰田公司有了适当的发展，并且在 1937 年延伸出丰田汽车公司。在第二次世界大战以后，丰田汽车展现得雄心勃勃，然而还在艰苦奋斗之中。

丰田喜一郎想在战后三年内达到美国制造水准，但事实证明这个野心太大了。1950 年，在底特律达到汽车制造巅峰之前五年，丰田公司只生产出三万辆车，低于战前的数字。严峻的战后经济环境，几乎把公司拖垮。丰田的应变措施是裁掉两千人，这是全体员工的四分之一，结果引起一场罢工，丰田喜一郎因此辞职。他的堂弟丰田英二与首席工程师大野耐一重振公司，并且让汽车工业有了制胜的制造模式。有远见的领导和计划有助于成功，但是丰田汽车公司在创造出熟练高效的整体制造过程里，大多数时候经历了绝望和苦恼，才变成世界第二大的汽车制造商。大野在 1956 年考察过一家美国汽车制造厂。在战争结束后的十年内，丰田已经让各个工

---

① U.S. Department of Energy, *Basic Research Needs*, viii.

② Fujimoto, *Competing*, 66.

1901 年，在碳纪元的开端，密歇根州格罗斯角（Grosse Points）举行的一场车赛中，福特超越了温顿

厂的生产力进步了十倍之多，整个运作流程比大野参观的那一家工厂更顺畅。

在汽车方面，设计信息是直接压印在钢铁中的，这就像是 RNA 塑造出蛋白质的工业版本。一片钢铁滑动到两片钢模中间，其中一片是另一片的负片形状。然后，数千磅的压力把钢铁弯成挡泥板、车门或者行李箱。在 20 世纪 50 年代早期，丰田并没有汽车之都底特律这样的腹地，可以塞得下工厂。丰田也不能效法太平洋对岸的工业领袖，承担流程改变就更换模板所造成的亏损。不过，需求乃发明之母，轮转钢模系统帮助大野缩短了更换钢模的流程，从一整天变成两三分钟，这就是后人称的“丰田生产方式”在早期的一次胜利。就算丰田还需要 20 年才能变成世界大厂，力求节约的创造力却早就有了回报。

另一个创新则爬梳出人类和生化学分头创造事物时的相似与

不同。细胞如此复杂又有效，是因为细胞的整体结构依靠分子间接触的个别节点。分子必须游过适当的管道，并且适当地结合才能生效。实质上来说，大野把装配线上工人与产品之间，还有工人之间或产品之间的接触节点数量扩充了好几倍。效果净值在于经过更多眼睛的观察、双手的操作和脑袋的思考，让整个系统的健全程度日益增高，慢慢地根除错误。大野在每个工作站上方都挂着一条警铃拉绳，并且授权给制造团队的每个成员，当发现错误的时候，每个人都可以关闭整个装配线。当某人拉了绳子以后，他的同事就会聚集过来，弄清楚是哪里、流程中的哪一环节出错了，然后尽早解决问题。在刚开始的时候，错误经常导致装配线停工。但随后发生了一件了不起的事：错误变少了。对于品质的责任感，不再只集中于中央管理层。修正装配线末端错误的专家，变得像人类的阑尾一样“有用”[①]。底特律的汽车制造商还留有生产线末端的检查员，修复车辆上看到的瑕疵；丰田汽车却无心插柳地“演化”出一个较少出错的生产线。

买家让这些创新有了回报。丰田汽车在20世纪60年代卖出了超过20万辆车，这是在出口市场开放之前。他们在1960年外销了4万辆车，1970年外销100万辆，再10年后则是600万辆，2000年达到700万辆[②]。在2007年第一季度，丰田汽车成为世界第一大汽车制造商，后来又掉回第二位。因为福特汽车加入混合动力车开发竞争的时间较晚，他们在2004年开始授权给丰田油电两用混合车科技，以便交换柴油发动机跟缸内直喷发动机的专利权[③]。

先不管他们的制造过程，汽车的汽油发动机需要燃烧缓慢平

① Fujimoto, *Competing*, 57–59.

② Fujimoto, *Competing*, 70.

③ Tierney, “Ford Slams Toyota.”

稳的碳氢化合物，才能让能源效率最大化，并且减少污染和发动机的异常爆音。火花点火发动机（相对于柴油发动机）较适合支链烷类，或者伴随着氢的单键碳链。异辛烷就是一种支链烷类，其稠密的分子结构让燃烧进行得比辛烷（异辛烷的直链烷类兄弟）更慢。分子的形状也保护异辛烷免于自由基的攻击。同样的自由基（氢氧根离子和氢离子）在我们变老时大肆破坏蹂躏我们的细胞[1]。

内燃在化学上跟燃烧一支蜡烛没有区别，只是更有效率。在点燃蜡烛时，氧气迅速进入，并且和位于火焰底部周围的碳、氢起反应。理想状态下，碳氢化合物燃烧应该产生二氧化碳和水，但是蜡的蒸发并不完全。反而是火焰中央的氧被耗尽，碳原子群聚在一起变成分子碳粒，然后飞走，准备好自己组合成更大的结构，尺寸有数千颗原子（或者更多）的规模。在火焰周围，原子每过兆分之一秒就结合成新的分子。氧气随便在某些地方敲掉氢原子，就创造出自由基。自由基滋生出更多自由基，然后留下碳原子再聚集成堆。当情况允许时，自由基会在最后形成水蒸气，迅速蒸发。大颗的煤烟粒子聚集起来，朝天花板飘去。在那油腻腻的黑色物体和半空中小到看不见的分子里，都有剩下来的碳[2]。

汽油发动机更有效率。燃料蒸气和空气在共同燃烧前，先混合在一起。这就减少了火焰中制造出的煤烟和外来的碳化合物。汽车中的燃烧，也比碳氢化合物通过化学上的跳跃变成二氧化碳和水更复杂些。事实上，这个过程复杂到连燃料化学家都只能估计其中涉及的反应数量。甲烷是最简单的碳氢化合物，有一个碳原子，还有跟这个碳原子建立键结的其他氢原子，位置排列就像这些原子各自

---

① Atkins, *Atoms, Electrons and Change*, 61–62.

② Atkins, *Atoms, Electrons and Change*, 59, 106.

站在一个四面体的顶端。燃烧甲烷可能制造出100种不同的中间物质分子，并激发250种化学反应。庚烷（汽油的一种成分）跟异辛烷可以分解成1000种不同的分子，然后分别激发出8000种反应[①]。

当不完全燃烧累积成污染时，就变成关乎公众健康与环境的问题了。在20世纪70年代早期，政府命令汽车必须配有催化转化器，这个设施消除了废气中某些燃烧不完全的分子。气体在排出车外时，会通过转化器中的管道。这些气体流过陶制衬里，往铂和铑触媒的方向流去。这些触媒会烧掉燃烧不完全的粒子。铑把一氧化氮变回氧和氮；铂则催化氧原子与一氧化碳起反应，制造出二氧化碳[②]。本田汽车则完全避开了催化转化器，改而在70年代引进他们的复合涡流燃烧发动机（CVCC）。这种发动机控制了空气与燃料的混合量及其燃烧速度。这种技术不需要排放物过滤器，因为发动机从一开始就会完全燃烧。

燃烧化石燃料的汽车与发电机，说到底靠的都是太阳能。阳光在叶子、藻类或其他光合作用物质内，把空气中的二氧化碳接合到植物糖中。大多数化石燃料只是被榨干、烤去水分和氧气的植物以及藻类。犹他大学的杰夫·杜克斯（Jeff Dukes）曾估计过，98吨植物经过数亿年以后，可产生1加仑（3.785升）的汽油[③]。

加速这个过程会是一件好事，更有可行性的做法是找到其他代替物品。甘蔗、柳枝稷、炸薯条用油和火鸡内脏可以用来做（或者已经用来做）内燃机燃料。前卫的能源研究，甚至更进一步挑战了自然与非自然的分野。燃料化学家从“含有丰富游离脂肪酸成分的鲑鱼油”中提炼出柴油。但野生鲑鱼数量日渐减少，让使用来自水

① U.S. Department of Energy, *Basic Research Needs*, 37–38.

② Bloomfield, "Working Knowledge," 108.

③ Dukes, "Burning Buried Sunshine," 31–44.

中的燃料显得难以想象。就算鲑鱼没有遭到滥捕，要喂养鱼群并提炼足够做燃料的鱼油所需的资源，就让这个计划比鲑鱼逆流而上还困难了[①]。甚至还有更不寻常的可能性存在。国际能源总署（IEA）曾记录过下面的做法："以特定风险物质、滞销和死亡牲口产生的动物油，作为原料制造生物柴油。"[②]这个程序会把感染疯牛病的牛内脏提炼成汽油。

如果科学家把化学反应弄清楚了，又有工程师可以建炼油厂，机器永远不会知道传统汽油跟生物燃料有什么差别。

演化和人类经济活动都是复杂的适应体系的表现。经济学有一个学术分支称为"演化经济学"，该分支并没有试图用生物学解释人类的社会与商业互动。但是这门分支学科的确拿演化跟经济学做比较，并且归纳出把两者联系在一起的抽象相似性。举例来说，最重要的两个相似性就是复制和（自然）选择[③]。在不完全复制和选择的整体架构引导下，"自然界"做法与"非自然界"做法之间更清楚的类比，可能值得一看。

福特汽车早期的成功，来自于他们以势不可当的野心，供应永不满足的需求。我们可能看得出蓝藻的繁荣与福特汽车的成功之间，还有颗石藻与丰田汽车之间，有一种广义的演化模式。蓝藻做了一件在它之前其他生物没有做过的事：把碳涂抹到自身的细胞里，以便控制从水中取出的电子。原料（碳与水）的丰富性，以及同时取得两者的能力，让蓝藻能够像现在这样住在许多不同的地

① Reyes and Sepúlveda, "PM–10 Emissions," 1714–1719; Smil, "Energy," 14.

② International Energy Agency, *Energy Technologies*, 39; Smil, "Energy," 14.

③ Aldrich et al., "In Defense of Generalized Darwinism" (forthcoming).

方，而且数量丰富。相对来说，颗石藻在艰辛的环境中茁壮成长，生长的水域极缺乏像是磷或氮之类的营养素，因此必须通过新颖的生化捷径制造出身上的壳。其他生物蛋白质造出壳，颗石藻却负担不起这种代价。不管是从富饶还是贫乏的环境中，都可以产生演化上或科技上的创新。

第二章中讨论了演化的五项特征：

· 生物分子跟细胞的环境与 DNA 互相反应，滋生出一个生物体，并且让它活下去。
· 群体会演化，而不是个体。
· 演化同时向不同方向进展，就像树的分枝。
· 但演化除了在不断变化的条件下进行以外，并没有任何目标或者轨道。
· 自然选择决定了哪种适应方式最有利。

只有最后一条看来可以不做改变就应用在人类科技上。创新来自于不完全的复制与选择。第一段陈述无法应用，是因为人类的沟通是象征性的，而不是电化学式的。汽车公司经理并不是靠把正式专利权抹到钢铁上来做车子。其次，公司并不会在任何尺度上把产品数量跟自然界相比。他们通常设计并且制造每个单个产品，并且把产品琢磨成“全新且经过改良”的版本。拿一家公司每年设计的汽车数量跟一只翻车鱼每年产下的 3000 万颗卵做比较就知道了。第三，经济体看起来比较像是头上脚下的树，创业家精神在美国很蓬勃，但是经济生态位似乎经常趋向于独占经营，不管操作系统软件、电话服务或者媒体皆然。第四，进步的整体概念，不管怎样去定义，都让企业有别于（生物）对改变的适应——这是演化的特征。

来自渐进改变与选择的力量琢磨出的一次性突破，曾经驱动整个世界经历不同时代的人类发展，事实的确如此。自然选择这个比喻如此贴切，以至于知名生物学家约翰·梅纳德·史密斯（John Maynard Smith）和厄尔什·绍特马里在他们的著作《生命之源》（*The Origins of Life*）里如此解释："如果你喜欢"机车"这种东西"，机车就是以一种让人联想到内共生的方式运作；内共生是一个细胞被另一个细胞融合攫取，真核生物就是这样得到线粒体跟其他细胞器的。汽车从内燃发动机和脚踏车的结合中出现。只在地质时间上的一瞬间，这种工业上的内共生就催生了这个世界全部的汽车[1]。

---

① Smith and Szathmáry, *The Origins of Life*, 107; cited in Lane, *Power, Sex, Suicide*, 111.

第八章

物理魔术：碳科学中的艺术

魔术违反物理学原理，所以无法真的存在。但魔术与科学分享了同一样东西。我可以在15秒内解释一个好科学实验背后的原理，魔术也一样。

——中西香尔（Koji Nakanishi）

植物、微生物和动物，都受益于碳分子数百万年来的演化实验。碳分子制造出一整排小分子，能够应用在构成从毒药到止痛药的各个方面。有时候碳分子制造这些复杂的结构，并不是基于科学家能马上识破的好理由。但无论如何，化学家还是利用了这些物质。1981～2002年，有74%的抗癌新药和78%的抗生素，是从小分子中衍生，或从中得到制造灵感的天然产品[①]。就算小分子最终没有变成一种新药，研究自然产生的小分子也能组成进一步研究的新工具。而通常一个有趣分子的“全合成”，本身就是一件丰功伟业。出现这种成果，正是名副其实的精神战胜物质。

① Wilson and Danishefsky, “Small Molecule Natural Products,” 8329–8331.

银杏在医学上的古老用途，很像这种植物漫长的演化史。在可能已有五千年历史的中国医书《神农本草经》中，把银杏描述成有助于血液循环和肺部的药品。在后来的几个世纪里，银杏又在民间得到更广泛的运用——从防痴呆到除雀斑。从20世纪80年代开始，大家就知道银杏可以当成抗血小板活化因子，能阻止血液凝结。银杏可能会改善阿尔茨海默病（AD）初期的病情，这方面的研究还在继续进行。

可能是因为银杏已知的医疗益处，或者这种树本身的美感，又或许两种原因兼而有之，银杏在东亚某些地区被赋予一种神圣的意义（在日本尤其如此，银杏的英文名和学名就来自于日文发音）。用来称呼银杏的日本字icho（イチョウ），会出现在文化和语言脉络之中。从螃蟹、银杏齿中喙鲸、传统乐器，再到初级相扑力士的发髻，许多生物和物体的名字里都包含了icho这个字，以此作为一种描述性的元素。日文发音ginkyo变成了英文的ginkgo，是因为一位荷兰探险家把银杏带回了欧洲（这是200万年来的第一次）[①]。发明了生物命名法的瑞典人林奈，挑选了这个音译词，从此这名字就生根了。

在1963年，台风洗劫了日本的仙台，摧毁房屋，还把树木连根拔起，许多银杏也包括在内。对于在附近的东北大学（Tohoku University）做研究的化学家来说，这种损失却是个颇具讽刺性的恩赐。银杏对健康有益在东方是“根深蒂固”的看法，不只是一种修辞而已。包裹在银杏根部网络上的根须，含有丰富的活性分子。科学家从仙台市政厅取得许可，从1.5米厚的倒下的银杏中切了

---

① Michel-Zaitsu, “On Engelbert Kaempfer’s Ginkgo.”

220 磅银杏根，这些银杏在生长状况下是受到保护的[1]。在 1963 年前，还没有人确切知道这些分子长成什么样。到了 1967 年，他们知道了。

植物用自身剩余的能源和材料，来制造大量极端复杂的分子。树木的天生才能，有一部分在于能够找到有效方法储存次要的维生材料。树木有充裕的机会、材料和能源，重新设计可以修正的新分子，并提供给动物作为信号或食物（或毒药），也有可能两者皆非。这些分子和汽车、电视机不同，并不是组合式的。这些分子不是“应该”接受反向工程（根据拆开的成品仿制类似产品）拆解的东西，然而在实验室里以非自然的方式制造这些分子，科学家必须做的事情就和反向工程差不多了。他们想出办法简化分子，拆成几个小块，然后再重组回去。

银杏会制造特别有意思的化学物质“苦味素”，科学家在 20 世纪 30 年代早期第一次辨识出这类物质（其中一部分发现得力于品尝实验室样本）。又过了一代，化学家才能利用窥看得到分子世界的得力仪器，更精确地看到苦味素。微生物学之父路易斯·巴斯德（Louis Pasteur）有句名言：机会眷顾有备而来之人。而在多数情况下，机会也对操作新颖的实验室器材的人另眼相看。

刚开始东北大学的化学家使用想象范围内最便宜的实验器具——他们自己的舌头，来寻找目标中的化学物质。但是到了最后，他们的味蕾没办法带领他们尝试酸性物质了。靠抽取、测量，以及只有走火入魔的人才能忍受的单调工作，他们进一步分离出四个目标分子：银杏内酯 A、B、C 和 M。把不同银杏内酯互相分离出来，是一项严峻的挑战。这些银杏内酯并非分别结晶成四种化合物，而

① Nakanishi, *A Wandering Natural Products Chemist*, 60.

是一起结晶的分子。在 10～15 个困难的步骤之后，银杏内酯 A、B、C、M 分子终于在暴力胁迫下互相分离，数量只有一点点。[①]

把这些分子纯化以后，真正的工作就开始了。这些分子长什么样？核磁共振造影技术与医生用来看身体内部的技术是同一种技术（医生重新替这种技术取名叫 MRI，磁共振造影，免得那个“核”字把病人吓跑了）。结合了核磁共振造影、X 光和传统的化学技术之后，银杏内酯现身了。这种物质是有六个环的美丽雕塑品，每个环分别由五个原子构成，相互紧紧嵌合在一个化学键结网络中，这让银杏内酯有了非比寻常的稳定性。

与大小相近的其他已知分子相比，银杏内酯的复杂程度是数一数二的。分离银杏内酯的工作很繁重，耗时很长，其结果具有重大历史价值。科技在探求银杏内酯结构中扮演了关键性的角色，但有些科学家觉得新的仪器带走了研究过程中的某些乐趣。中西香尔回忆道：“对我来说，这是最后一个古典而浪漫的结构研究了。”后来他很快地在纽约哥伦比亚学院展开辉煌的学术生涯，研究自然界如何制造复杂分子[②]。许多化学家也都知道中西香尔的业余爱好：他是一位魔术师。

银杏内酯 B 的合成变成一把“石中之剑”，是化学家以非自然手段从头重建自然物质的一个目标。他们要把全部 20 个碳、24 个氢和 10 个氧原子摆到适当的位置。就算在结构复杂的分子之中，银杏内酯也是其中格外复杂的。

对于银杏内酯（特别是银杏内酯 B）潜在的健康益处，很重要的研究已经在进行。第一个具体的发现直到 1985 年才出现，还有许多工作在进行中[③]。要发现银杏内酯的结构是很累的工作，但是

---

① Nakanishi, “Terpene Trilactones from Ginkgo biloba,” 4984.

② Nakanishi, “Terpene Trilactones from Ginkgo biloba,” 4984.

③ Koltai et al., “Effect of BN5 2021,” 135–136.

这又比搞清楚身体如何处理这些分子容易多了。在 1967 年，日本科学家看着那些结实、复杂的分子，认定银杏内酯还会把自己的医学秘密锁在体内很长一段时间。[①]

在半个地球之外的哈佛大学，化学合成以成熟领域之姿出现，它融合了艺术与逻辑，又以原子有所为又有所不为的现实来调和。在哈佛、牛津、苏黎世的瑞士联邦理工学院、伊利诺伊大学以及其他各处建立的分析理念，创造出导致许多现代药学发现的科学惯例。

实验室的结构就像是知识家族的封地。一名教授“提拔”他的研究生，他们长成以后，在研究大学和私人企业的世界中开枝散叶。实质上来说，每个人的知识远祖都可以追溯到贝采里乌斯（J. J. Berzelius），这位瑞典化学家是把碳称为 C 的第一人。每代人都曾管理过知识的宝库，淘汰前人不好的观念，回答他们提出的某些问题，自己也提出更多的问题。

“分子转变成新分子的过程”，就是一种对化学的简单描述。在合成化学中，科学家通过非自然途径制造自然物质。合成钻石是真正的钻石，只是合成钻是在实验室里用天然气体电浆流做成的，或者以高温高压器具模拟并加速地球内部那个钻石烤箱的制作流程。合成橡胶在“二战”期间覆盖着军队吉普车的轮胎，合成汽油则用来为他们的坦克车加油。上述两种材料都是用煤炭做成的。这些产品和“自然”产物是一样的，不过是从实验室针对石油副产品所做的实验之中诞生的。

合成化学因为发现加热分子的新方法而有大幅进步。哈佛大学的科里（E. J. Corey）曾说过：“在化学这门中心科学的核心里，化学合成有着独特的位置，对我们的生活与社会也有着普遍性的影

① Nakanishi, *A Wandering Natural Products Chemist*, 58–68.

响。”学术界的化学家，本职就是学习把特定分子转成其他特定分子的新途径。合成化学把艺术家的意念与原子的吹毛求疵熔为一炉。想象一下，如果伦勃朗必须对付的各种颜料会激烈反应，会经历某位化学家所说的“不寻常又奇特的重新安排”，要是底部的一抹棕色导致画布右上方的红色跳到左下方或者变成蓝色，或者把肖像主体的耳朵上下倒置，或者把眼睛替换成高尔夫球，那会怎么样？要是画笔一刷，把白色涂在错误的位置，就会导致画布解体成一条纤维，那又会怎么样？然而这就是合成化学家必须应付的状况。他们用原子雕塑分子，而原子对于操弄可能性的艺术有自己的想法，已故的伍德沃德（R. B. Woodward，他可能就是合成化学之王了）曾称之为“幻想的物理限制”[①]。在这里加上一个溴原子，然后分子另一头的氢氧根离子群就突然断裂了。有时候化学家必须加上保护性的化学根，就像是绘画时把护条放在一半画布上，这样才能替另一半上色。就像绘画一样，在化学之中，要把护条拿掉并不总是很容易。

在今天，合成化学是两百年知识累积的宝库。化学家经历了一个又一个实验、成功和更频繁的失败，对于化学反应与加速反应的催化剂，累积了大量知识。弗里德里克·沃勒（Friedrich Wöhler）是第一个借助非自然方法制造出自然物质的科学家。他在 1828 年合成尿素——尿液中的主要成分。（他写信给他的导师：“我必须说出来，我不用人也不用狗的肾脏，就可以做出尿素。”[②]）甚至在他自己心目中，他那历史性的成功，也被这门科学的原始性质给冲淡了。他如此形容：“现在的有机化学几乎要把我搞疯了。对我来说，

---

① Corey, “Logic of Chemical Synthesis,” 686; Baran, interview with the author, July 12, 2006; Woodward, “Arthur C. Cope Award Lecture,” 4270.

② Hazen, *Genesis*, 134.

这个领域有如充满各种不寻常事物的原始热带森林，一个可怕的无边丛林，我们不敢步入其中，因为看似无路可出。”[1]

19 世纪的化学家，早在他们还不知道自己在做什么，甚至不清楚原子为何物的时候，就已经在累积改变分子的实用工具了。质子、中子和电子的发现是在很久以后，更不要说夸克的发现了（夸克构成了质子和中子）。刚开始，原子是一种计量机制，是用来解释分子构成的工具，但原子本身并没有任何意义。原子本来只是占位符号式的概念，就好像“意识”或者“暗物质”这些词汇，是现在某些未解释现象的占位符号式观念。

化学在大约 19 世纪中叶上了轨道，当时科学家开始思考他们在自家实验室里制造的分子结构。他们发展出所谓的结构理论，这是一种在纸张上呈现原子之间物理关系的方式。他们知道，碳可以同时和多达四个其他的原子建立键结。在 19 世纪 70 年代早期，雅各布斯·亨里克斯·范托夫（Jacobus Henricus van' t Hoff）提出碳原子偏好的键结结构是三维的——就好像碳坐在一个想象的四面体中央，键结到位于四个顶点的其他原子[2]。为了说服同僚，范托夫制作了一些木制四面体模型，然后散发给欧洲的科学家们。

大学与工业界的科学家花费了数十年时间发掘化学反应，编成目录，然后混在一起放进书里。各种模式浮现出来，容许他们预测并解释各族分子如何照着整体大原则行动。知识与日俱增，并且让化学家有能力在已知的宇宙中创造前所未见的物质。在 1881 年，弗里德里克·康拉德·拜乐施泰因（Friedrich Konral Beilstein）开始罗列已知的碳化合物。刚开始他编成一巨册，到 1889 年第二版时

---

① Borek, *Atoms Within Us*, 4–5.

② Ramberg and Somsen, “Young J. H. van' t Hoff,” 51.

变成三卷本。在他死后 31 年问世的第四版，是满满的 27 本书。现在这是一个专利线上资料库，正在无限扩展。

合成化学的基础目标是以最少的步骤，做出尽可能复杂的分子。化学家利用长年积聚的反应过程、反应物及催化剂历史资料库，整体解释了分子世界（所以，也就等于整个世界）是如何运作的。科学家可以模拟自然产物，或者创造新分子，这些分子通常美丽而对称。他们可以寻找更有效的方式造出已知的药物。他们“改进”天然分子，用来做药物治疗，或者追求基础科学研究，继续数百年历史的化学大业，观察原子和分子的正常或异常行为。他们寻找惊人的现象，然后想办法加以解释，驱使整个领域前进。

合成化学家根据许多标准来决定要选择哪个化学目标。有时候科学家选择分子，是因为急切的制药产业和受苦的人类正等着这些分子（更别提有多少研究补助了）。合成有许多著名的例子。至少两千年来，紫杉一直都是知名的毒药，直到后来研究者在美国国立癌症研究所（NCI）的敦促下，发现了一种紫杉抽取液可以杀死白血病细胞，并且抑制其他肿瘤的生长。他们称这种活性分子为“紫杉醇”，但没办法再多做什么。要收集足够给一位病人用一次的紫杉醇（大约 300 毫克），科学家就必须把一整棵百年老树连根拔起、开膛剖腹。而太平洋紫杉又属于大器晚成的物种。合成化学家最后终于独立制造出这种分子，通过五种不同的途径合成了五次[①]。这项工作带来对紫杉醇的了解，并在最后找出其制造方式——通过发酵过程。

万艾可（伟哥）、百忧解、立普妥，我们这个时代最有名的一些分子，背后都有意外发现它们的迷人故事。在今天，对于新生物

① Nicolaou et al., “Art and Science,” 1241–1242.

活性分子的追寻，已经跟大规模生产跨界结合在一起了。机器人可以用高产量的筛检测试数千个分子，要发现能与基因起反应的潜在药物，这是其中一种方法。化学家可以把他们感兴趣的基因拿起来，然后接合荧光素酶——让萤火虫发亮的一种蛋白质。当研究中的分子活化一个基因时，那个基因就会发亮。

在“光谱的另一端”，则是纯粹的科学活动，朝科学家招手的目标分子就像珠穆朗玛峰。每个新合成物都扩张了化学知识，并且在未来子孙的弹药库里多加了一些子弹（化学反应）。银杏内酯 B，就是在现在说的“光谱另一端”。

尼安德特人知道特定植物可以纾解某些病痛。2500 年前，希波克拉底写道，吃柳树皮似乎能让生产中的妇女感到舒服些。老普林尼在跟庞贝城一起埋葬于维苏威火山灰下之前七年，记录了柳树皮对镇痛和治疗疣的作用。但利用柳树来治疗疣的做法，似乎也跟着老普林尼与庞贝城一起长眠地下了。

到底是哪些性质让柳树具有这种疗效呢？这项研究必须等待罗马帝国、黑暗时代、文艺复兴时期和启蒙时代的衰落与终结之后。第一个已知的探索发生在 1763 年，当时爱德华·斯通（Edward Stone）牧师写信给英国皇家学院院长，谈到柳树的性质。对于数十年后将被称为“水杨酸”的物质，他做了第一次的研究。到了 1827 年，化学家已能够抽取以碳环为基础的分子，称为“水杨素”。水杨素会代谢成水杨酸，这就是柳树皮里的活性成分。

19 世纪的大多数发现，来自恰到好处的土法炼钢或纯意外，就像沃勒合成尿素一样。化学家选择可用的起始分子，然后把其他分子群挂在这些分子上，逐渐加大这些分子并改变其性质。

赫尔曼·科尔贝（Hermann Kolbe）是19世纪中叶德国的伟大有机化学家，也是第一个摸索着做出水杨酸的人。事实上，这是第一个被大家称为化学合成的成果。科尔贝把苯氧基钠（实质上就是一份剂量颇重的咽喉喷雾剂）和二氧化碳一起，在加压状态下加热，结果出现了水杨酸钠。科尔贝的一个学生把实验室实验的分量转换成商业用的比例，然后把这种药卖到医院去，作为镇痛解热之用。让人苦恼的是，这种药会让胃不舒服。一个为拜耳公司工作的染料化学家改良了药方，然后拜耳公司替乙酰柳酸注册了专利，称之为“阿斯匹林”[①]。

阿斯匹林以其镇痛解热的功效而闻名，后来大家也知道了，它其实还有消炎作用。这个事例说明，经过改造的天然化学物质有巨大的商业价值。阿斯匹林也是抗血小板活化因子，正因如此，有时候医生会推荐有心脏病史的病人使用阿斯匹林。在20世纪80年代中期，科学界发现银杏内酯B是抗血小板活化因子。值得注意的是，食品药品监督管理局并没有对银杏做出规范，而大多数西方的医生不会建议心脏病患者以银杏内酯B代替阿斯匹林。对于阿斯匹林，我们知道的比较多。然而医生的确会警告大家不能同时服用阿斯匹林与银杏补给剂，因为两者都是已知的抗血小板活化因子。

每种科学领域似乎都经历过一段伟人辈出的时期，这时整个领域都是新的，而且整个知识体系是一个人可以消化吸收的。然后这门科学发展成熟了，科学家的数量跟着增加，他们专门精于

① Nicolaou et al., “Art and Science, ” 1233–1234; McMurry, *Organic Chemistry*, 583.

在不断分化的其中一个分支领域做研究。在20世纪最初十年中，化学合成成为这个领域中的伟人们努力的目标。科学家捕捉分子又四处展示，就像展示一年中钓到最大的一尾鱼或者猎获最大的一对鹿角。

20世纪的前三分之一，解释或预测原子行为的种种理论出现。到了20年代，物理学家已经可以描述量子世界。说明电子拒绝分享彼此原子领域（或轨道）的泡利不相容原理，被认为是物理和化学之间的分界点。沃尔夫冈·泡利（Wolfgang Pauli）把电子拟人化了，说电子“反社会”，因为“他们”不容许其他电子进入或者通过自己的轨道，每个电子都由特定的一组量子世界因子来界定。化学是电子的游戏，照惯例，不相容原理是这个游戏里的一条人为界限[①]。在这项发现之后三年内，美国人莱纳斯·波林（Linus Pauling）使出了纪念性的第一击，解释在这个量子世界中的行为，如何导致碳的四价键结。

到了“一战”时，对于原子和分子的活动，科学家已经累积了许多观察，并且看出其中有较为鲜明的模式。化学反应清单中出现的模式，让沃勒在一个世纪前所形容的浓密丛林有了秩序。这时候对于化学作用如何运作，有了范围更宽广的分类方法，这导致某些理论上的骚动：对于原子和分子竟以这种方式行动，学者要找出其中更深层的意义[②]。理论化学家知道，键结是电子的游戏。未成对电子在邻近原子的外围发现相配的壳层时，会产生共价键。科学家也发现了碳科学中的第三个“C”。“结构”是一个分子的基础结

---

① 约瑟夫·帕特森（Joseph Patterson）是哥伦比亚大学天文学教授，他明确描述了这条界限：“我从来没有对化学产生过兴趣，在高中时代就如此，我一直认为化学只是因为不相容原理而发生的一些奇怪的事情。”

② Brock, *Chemical Tree*, 569.

构，“构形”指的是四个原子键结到单一碳原子时，能采取的两种镜像排列中的任何一种，化学家给这种性质的非正式名称是右旋或左旋。“构造”则让人意识到分子的灵活性，也就是说，这些分子能够“翻动”，而且分子所属的原子和功能团有能力找到合适的地点。[①]这个发现能帮助化学家预测分子在新反应中的作用。

20世纪50年代和60年代早期是快速变迁、知识巨人称霸的时代。工业界运用化学家的研究，并且通过对药物的需求引导他们。学术界跟医药工业在一场细致的舞蹈中交错，相互接近但又不会太接近，这支舞一直跳到今天。

在1960年，伍德沃德哈佛的实验室，成为30亿年来第一个创造出叶绿素a生产途径的地方。叶绿素a是一种色素，蓝藻就是利用它来捕捉光线中的能量，当初植物把蓝菌劫走的时候，也一度利用其中的叶绿素a。伍德沃德看出叶绿素是一种对称、苜蓿叶形状的分子，其中填满了替代性高的碳。也就是说，填满了碳原子，每一个都跟四个非氢原子建立了键结。他没把这些看成一种障碍，反而看出这些结构是把骨干引导到定位的方式。伍德沃德的叶绿素以一种普通、现成的化学物质作为开端，分成四等份以后嵌入叶绿素骨架。最后的一些步骤，牵涉到以外围的分子群来点缀叶绿素的骨架分子。就像在所有里程碑式的合成过程一样，伍德沃德使出许多神技，其中包括利用一种由光引起的新颖反应，还有最后巧妙地把意图制造的分子与其对掌（镜像）分子分离开来。整个奋斗过程花了四年[②]。这个合成需要55个步骤和17个博士后研究人员相助。在每次合成时的每个反应中，都有个理论上的产量比例。但是实验

---

① Barton, “Principles of Conformational Analysis,” 300.

② Bartlett et al., “Robert Burns Woodward,” 585–587; *Time*, July 18, 1960.

产量总是少于理论产量。这就是为什么合成过程越短，每一步的产量就越高，制造出的目标材料也越多。伍德沃德合成叶绿素的过程里，还有许多细节从来没有正式报告过[①]。

对于科学事业中同时存在的伟大与限制，伍德沃德的叶绿素a是一个绝妙的例证。这项成果在1960年引发大肆庆祝，当时《时代》杂志把伍德沃德和另外14位美国科学家选为“年度风云人物”。但另一方面，从生物学的角度来看，四年的工作产生的只有叶绿素，而不是可以把叶绿素拴到某个细胞上的氨基酸配套组合，也不是可以把受光刺激的电子带到细胞蓄电分子的复杂蛋白质链，更别提把这些东西统统摆进一个活细胞了。植物不只制造出叶绿素，还会把叶绿素堆放好、焊进光合薄膜里。伍德沃德的叶绿素没有这样的功能，但他做出叶绿素a的巧技，也是数一数二的伟大成就。伍德沃德形容这种分子是一个“化学仙境”，合成的过程（包括最后阶段时，对光充满象征意义的运用）则是从一个征服世界的分子之中，硬是拧出关于原子的洞见。

科技已经让合成化学日臻成熟，虽然从某些方面来看，化学上的修补技巧从炼金术时代就没怎么变过。当中西香尔写道，对银杏内酯的结构研究是“最后一个古典而浪漫的研究”时，他指的是在20世纪中叶发展出来的强大工具，能以极高的精确度探索原子世界。要是少了这些工具，就不可能发现银杏内酯的结构，是这些科技让化学家从认识简单的初始分子进展到银杏内酯B。每种科技都要用特殊种类的能源照射分子，侦测分子的咔咔响声，并且用尽一

① Todd and Conforth, “Robert Burns Woodward,” 77.

个人的知识生涯来确定一个化学结构。

有四种主要工具可供化学家差遣。在某项物质被注入一个真空室并得到一个电荷时，质谱仪就可借此揭露某个分子的质量。这个分子穿过机器飞向一个探测器，通过一个经过特别调校的磁场。一旦确定了磁场大小，科学家就可以反推通过那个频率的分子的大小。

红外线光谱仪测量一个分子群的震动能。被束缚成小群体的原子，会散发出已知频率的红外线能量（这是可以用来了解气候变化的一种主要特征）。通过测量这种能量，科学家可以分辨碳原子跟氧之间是否建立了单键或双键，这对原子又跟什么建立了键结，氧和氢可能共同起什么作用，任何其他无限可能的原子联结又会起什么作用。

这些工具都不够用。科学家可以从一个分子的质量，计算出该分子的分子式。但对于一个分子的结构，分子式体现不了什么。银杏内酯 B 有 20 个碳原子、24 个氢原子和 10 个氧原子，不用更多信息（比如通过燃烧分析收集的信息）就可以制造出多到不值得花力气去想的结构组合。红外线研究能显示其中牵涉到哪些类型的分子群，但不会显示有多少个，也不会显示这些分子群在哪儿。

第三种工具是核磁共振造影机，这种机器可以把分子中那些质子跟中子数量不均等的核子找出来，比如氢（只有一个质子）或者碳十三（有一个多余的中子）。这些不平衡的核子就变成了次原子磁铁。一架核磁共振造影机会在每一个核子周围造出磁场，每个原子所感觉到的磁场，会依据原子在分子中的排列（化学结构）而有所改变。通过测量原子在或不在某个磁场时的行为差异状况，化学家可以确定这些原子所处的特定环境，由此组合出这个分子结构的完整图像。

X 射线晶体衍射技术是第四个工具，其测量最精确。只要某种物质产生了结晶，科学家就可以对该物发射 X 光，X 光打在电子云上会产生衍射，短波辐射会穿透原子和分子尺度的结构。沃森和克里克之所以能够破解DNA结构，一部分原因就是靠研究富兰克林用X光拍下的DNA晶体。这个工具的限制是，材料不见得都适合摄影，而且许多物质根本不能制造晶体。

最重要的超级工具并不是传统意义上的机器，它并不会在方格纸上打印出资料。人脑所需的一切，就是一块写字板和一根铅笔。在对抗自然界最难缠的分子时，合成化学所赢得的最大胜利出现在化学家脑袋里。他们筛选数千种可能的反应，从复杂之中寻找最优雅的途径，回归简洁。

合成化学家用纸跟笔，筹划他们对分子的“攻势”。20世纪50年代与60年代早期，在哈佛和其他地区进行了一场思想上的革命，称为“逆合成分析法”。对于前一百年的化学家来说，他们在黑暗中摸索，选择一个起始原料，试图在这个原料上制造出逐步靠近目标分子的反应。逆合成分析法让化学家可以把他们的成果绘制到纸张上，逆向推出能够产生单纯起始分子的反应序列。逆合成分析法，把化学从艺术轻轻推向科学。

在1967年，银杏内酯B被公认为合成化学研究“攻势”的迷人目标，有一部分原因是，银杏树自己制造银杏内酯B也非常辛苦。没有人知道为什么银杏要用这么大功夫在根部制造这些分子。尝试合成银杏内酯B的另一个理由是，20世纪80年代中期科学界发现这种分子具有抗血小板活化因子的作用。

银杏内酯B曾经合成过两次。第一次科里的实验室花了三年时间，而在那之前15年他已经“乱枪打鸟”地猜出部分的答案了。银杏内酯B的第二次合成，让北卡罗来纳大学教堂山分校教授迈克尔·克里明斯（Micheal Crimmins）耗费了十多年的时间。分子越复杂，合成的途径就越多。每种合成方法都有这位化学家的印记。

银杏内酯B本身无法好好地转换成平面的化学图表，因为这种分子本身的美感展现在立体空间中——沿着六个不同平面错位的动人环状结构。有这样的功能团附加在其结构上，银杏内酯B成为天然的复杂物体。人类的心智无法设计、制造出这种东西，这个分子是生化学非线性的产物。既然银杏内酯B不是工程学的成果，本来也没打算以反向工程制造出来。这只是一次性的事件。银杏的基因组存活下来，是因为某种动物喜欢白果（银杏果实）、这种树很能适应天气，或者某些昆虫就是杀死不了这种树。建造银杏内酯B的代谢途径，跟着其他特质一起通过演化的弯道，那些特质让这个物种之中硕果仅存的一支，苟延残喘这么久，足以让人类发现其美丽与实用性。

银杏内酯B化学结构的骨架，是六个滚动的五角形。至于其中的20个碳原子，有11个坐落在所谓的对掌中心。这表示11个碳（在整个分子中连续排成一线）可以在两个镜子般的配置中，任选其一连接到分子结构上。在这种条件下，总共有2^{11}种可能的排列组合，其中有2047种不是银杏内酯B。有四个碳原子会被完全置换，或者键结到四个非氢原子上。两个碳原子中，每一个都属于六个环中的其中五个。要显示这些原子挤成一团的方式有多紧密，这可能是最强大的指标。氧是一种有爆炸性反应的元素，然而合成化学家必须嫁接10个氧原子。有一半的碳要键结到氧，这时一定不能毁坏分子的其他部分。最后的陷阱是三级丁基群：一个碳原子键结到三个甲烷式的分子群。银杏中的三级丁基是自成一体的结构，在自然界仅此一例。在这全部过程中，这些设计师还必须确定，原子的电化学倾向起反应的时候，不会把整个结构甩出毛病。

真是个棘手的小小分子。

随着分子的尺寸、其中的原子构成、功能团、环的安排、对掌点、化学反应性与稳定性的不同，其复杂性会以指数成长[①]。在同一量级的已知竞争者中，银杏内酯 B 把最多的难题塞进了 420 道尔顿重量的分子里。从原子形态、同分异构物、环的安排、对掌性以及反应性等各方面来说，银杏内酯 B 符合了“复杂”的每个标准。

加内股份有限公司每年 9 月都会到生长了 9000 万年的银杏林中采收树叶。树叶从叶柄开始切碎、干燥、打包运到欧洲。在那里有个德法合资企业，会把这些绿色扇形叶子精制成粉状，挤进胶囊，再装进琥珀色的瓶子里。这座森林（实际上是超过 445 公顷，高度不到 3 米的矮树林）在春天会重新生长。银杏营养补品的销售额，每年超过 10 亿美元[②]。

银杏内酯 B 是世界上最畅销的草本药。这种药在世界各地以不同名称出售或者被当成处方药：在韩国称为塔那敏（Tanamin），在法国称为塔那康（Tanakan），在德国叫罗康（Rökan），在美国叫银杏活脑素。这些制剂全都包含缩写为“EGb 761”的提取物。银杏用来治疗记忆力衰退、注意力不集中、阳痿、沮丧、眩晕、耳鸣与头痛，这些通常与阿尔茨海默病或其他形式痴呆症的初期症状有关。在 2006 年，一个针对鼠脑的研究显示，银杏内酯 B 释放了谷氨酸通道，可能有助于增强记忆力。谷氨酸是一种神经介质，在阿尔茨海

① Corey and Cheng, *Logic of Chemical Synthesis*, 2.

② Del Tredici, “Evolution, Ecology, and Cultivation,” 20–21.

默病患者身上几乎没有作用[①]。银杏内酯 B 据说对早期阿尔茨海默病有疗效，这方面的生化学研究才刚开始不久。

银杏在 700 多万年前于北美洲绝迹以后，直到 19 世纪末才重返。银杏的传统医学用途，以前是一种东方的传统，现在在很大程度上仍是如此。食品药品监督管理局并没有针对银杏做规定，虽然该局及其他单位都在研究规范银杏的使用方式[②]。在科学期刊上，对银杏的潜在用途仍在辩论中，而制造商则无法保证每颗药丸里面都有定量的银杏。

不管来源是连根拔起的树、每年被农具修剪下来的叶片，还是一间化学实验室，银杏内酯 B 就是银杏内酯 B。科里或者克里明斯的合成方法，都需要太多的时间与劳力，无法用于商业用途。但是他们以非自然途径制造自然产物的发明，提供了一种科学上的反讽。科学家训练他们的心灵专注于研究银杏内酯 B，并且名副其实地从内到外了解这种物质，然而他们不知道，在饱受病痛折磨的心灵中，这种物质真实的作用是什么。

---

① Nakanishi, "Terpene Trilactones from Ginkgo biloba," 4988–4989; Wang and Chen, "Ginkgolide B, a constituent of Ginkgo biloba, " 141, 146–148; Nakanishi, interview with the author, New York, January 16, 2007.

② Montgomery, " *Ginkgo biloba* Dietary Supplement."

第九章
比子弹还快的碳防弹衣

“想想看，”巴汝奇说，“自然界如何给他自我防备的灵感，还有他首先披上护甲的是身体的哪个部位。老天爷啊，千真万确，那个部位是他的蛋蛋。”

——弗朗索瓦·拉伯雷（François Rabelais）

速速回避！演化让我们能够或多或少地抵御来袭的投掷物。我们没有办法长出护盾。我们有骨骼，不过长在体内，帮不上忙。在没办法逃走的时候，反射动作是我们对抗棍棒、石头偷袭时最佳的天然防御方法。

在一千多年前，人类开始相互投掷火器，彰显出人体的防御力是很有限的。含混不清的历史记录，把黑火药归为公元 9 世纪在中国的发明。中国人的“火枪”跟“手铳”，在好几个世纪里断断续续地发展到成熟阶段。一直等到 13 世纪，史料上才第一次记载黑火药被用在火箭式的武器上[①]。

---

① Kelly, *Gunpowder*, 8, 15.

发射武器是一种暴力行为。大炮会发射，手枪也会发射。在一端有开口的钢铁管子中所进行的爆炸，让小口径弹药有了一种非凡的速度。子弹的每一次飞行，都会造成损害。子弹本身毁坏了，冲击点也受到破坏。制造子弹的人和射手，都想得到对目标破坏力最大的子弹。武器一年比一年危险。顶端空心的炮弹在撞击之后破裂，锯齿状的边缘像许多小刀一样割裂受害者。爆破端会在撞击时爆炸。“弑警”子弹中包含强化钢铁栓塞，会撕裂软质防弹衣和穿着这种衣服的人体。有可能成为潜在靶子的人类，想要拥有能承受子弹最大损害的护甲①。这是演化式的武器竞赛。防弹物品制造商的速度总觉得不够快。海外服役的士兵在软质防弹衣外面还要穿上陶板，陶板在挡住 AK47 步枪的强劲子弹之前，就可以让子弹变形。软质防弹衣只能针对小型武器。

一件布背心怎能挡住迅速飞来的子弹呢？有两种主要防弹材料来自碳的结晶，其中一种类似钻石，另一种则类似石墨。碳在分子层次如何发挥作用，这些材料提供了有力的说明。

化学是枪的发展动力，就像化学驱动汽车发展一样。一位 13 世纪的圣方济各会修士建议教皇克莱门特四世，要在制度上强化教会力量，并且让教会有更强大的潜能来击败反对基督教的人，数学和自然哲学（这是从近代以前到 19 世纪对于科学的概括性称呼）是最有希望的手段。传说培根也送给克莱门特四世西方世界的第一份火药配方，这份配方需要“salis petrae, luro vopo vir can ultri et sulfuris”。这个奇异的句子是一句拉丁文回文句，指出配方的比例

---

① Thomas, e-mail to the author, May 30, 2007.

和第三种成分：黑炭[①]。

这句回文的真实性，还有这个配方是否出于培根之手，众说纷纭。无论如何，1267年的那位修士，的确在纸上写下欧洲第一份针对“恶魔蒸馏液”的描述。培根称呼火药是“一种有声音和火焰的儿童玩具，用这个世界的各种部分加上硝石、硫黄和榛木炭制成……借助火焰的闪烁、燃烧和巨响带来的恐怖，能够造就奇迹。而且中间相隔多少距离，都随我们高兴而定。所以一个人几乎不可能自保或者承受住火药攻击。”[②]

在四冲程发动机出现之前，发明家甚至通过土法炼钢做过黑火药发动机。这几位17世纪发明家之中也包含克里斯蒂安·惠更斯（Christiaan Huygens），他试图在一个坚固的小空间里点燃火药。这种空间或许可以捕捉火药燃烧的能量，并转化成机械能[③]。但惠更斯没办法清除发动机中的废气，也无法汲入下一轮运作用的燃料[④]。

黑火药通常是75%的硝石、15%的炭跟10%的硫黄的混合物[⑤]。氧气补给（氧化剂）已经包含在硝石的化学成分之中。一点火花就释放出硝石（或称硝酸钾，化学式KNO_3）中的三个氧，硫黄和炭则是靶子。起火的热度超过261摄氏度，这是硫黄燃烧的门槛温度[⑥]。硫黄燃烧会加热混合物，进一步释放出硝石中的更多氧原子，提高温度并点燃木炭。这种反应又会释出更多热，继续下去。这个过程形成的气体会占据比实体粉末更大的空间，每平方英寸（6.45平方厘米）会产生6803公斤左右往外冲的压力。这股气

① Principe, “Chemistry,” 153.

② Kelly, *Gunpowder*, ix, 23.

③ Kelly, *Gunpowder*, 117.

④ Kelly, *Gunpowder*, 118.

⑤ Buchanan, *Gunpowder, Explosives and the State*, 4.

⑥ Kelly, *Gunpowder*, 6.

体往外冲的最快途径，就是从后面推着子弹穿过枪管。

事实证明黑火药浪费了不少能量，因为黑火药会转化成几乎等量的气体和煤灰。所有制造出来的煤灰，消耗了其他状况下可以用在子弹上的能量[①]。除此之外，沉重的黑灰会堆积起来堵塞枪管。每次射击都吐出一阵烟幕，这可能有好有坏。在一场枪战中，射手可以躲在尘埃之后；但如果他是狙击手，粉尘则会暴露他的行踪。

无烟火药又叫棉火药，它和许多出于偶然的新发现一样。棉火药把硝酸盐合并成一种碳水化合物，摆脱了硫黄。这种物质控制住多余的能量，将其转化成爆炸的力量。棉火药的发明是传奇性的，这么说有两层意义：这个故事很棒，但可能不是真的[②]。在 1846 年，瑞士籍德裔化学家克里斯蒂安·舍恩拜因（Christian Schoenbein）在厨房里把硝酸洒了出来，虽然他妻子早就叮嘱过不可以在厨房里搞任何化学实验。他做了任何一个有责任感的丈夫会做的事：用妻子的围裙把硝酸擦干净。他把那条围裙挂在炉子上晾干，也的确干了，而且速度超快：热让那条围裙蒸发了。在随后的数十年里，其他化学家改良了他的意外成果。棉火药在 19 世纪 80 年代进入商业市场。

还要过上 90 多年，人类才能像培根所说的那样，“自保或者承受住”枪击。发明家在许多年来一直尝试制作身体护甲。把熊皮披在胸前抵挡投石冲击力的第一人，的确颇有贡献，至少在燧石矛出现以前这招仍然有效。在中世纪军事典礼上，冶炼金属片做的锁子甲看起来很赞，但是在战场上使用可能会自找麻烦。一个穿了全副铠甲而无法动弹的战士，就算没有从马背上跌下来、淹没在烂泥里，也会成为敌人偏爱的目标，据说大家都想杀掉穿着闪亮铠甲的

① Kelly, *Gunpowder*, 6, 231.

② Rice, “Smokeless Powder,” 355.

有钱人。不过穷人的处境也很糟。说来不幸，美国内战中的士兵面对铅制子弹时，仅有的保护是皮肤和重复回收使用的劣质羊毛制服。到了19世纪，枪支迫使军事计划专家彻底退出护甲事业，因为没有人能够发明一套合用的防弹用品。在此之前的步枪又大又重，当敌人不再穿临时凑合的甲胄时，枪才开始变得小巧一点。

阻止子弹的方案，是从生物盔甲得到的启发。回溯过去，早在寒武纪之前许久，藻类就发展出避免钙化的基因。百万年后，当经过控制的钙化有利于对抗寒武纪猎食者的时候，各个物种纷纷动用自己的基因工具袋，为了新的利益重新安装旧有的化学设备。对于防弹材料的发明与制造来说，“扩展适应”（某种特征被用在原始功能以外的用途[①]）是一个很好的比喻。在寻找能够强化辐射轮胎、却又不是钢铁的特殊纤维时，这些材料随之诞生。在这个发现之后，超强纤维这个点子才走出自己的路，进入弹道学竞技场。

1802年，杜邦公司在特拉华州威尔明顿市附近的布兰迪万溪河岸上成立。这个公司的创办人伊雷内·杜邦（Irénée du Pont）想创办一家公司，供应美国迫切需要的一种东西：高品质火药。杜邦是一位化学家，在法国接受过现代化学之父拉瓦锡的教导。杜邦的远见是在一次狩猎之旅中萌生的，当时他发现枪支里的美制黑火药比他惯用的欧洲产品差得很远。在公司成立后的那年，杜邦将公司第一批出售用的火药送到大西洋对岸去，填装那些瞄准英国与德国士兵的法国枪。杜邦对杰斐逊总统吹嘘说，他生产的火药能够让子弹飞得比英国和荷兰制子弹远上20%。美国军队在1805年成为该

① Kirschvink and Hagadorn, “Grand Unified Theory,” 139.

公司的客户，当时有一支远征军要到北非的伯伯里去平息叛乱。在1811～1813年美国与英国开战的时候，杜邦卖出了大约34万公斤的火药。一个世纪之后，处于财力巅峰的杜邦公司因为反托拉斯法而遭到起诉。在10年之内，创办人的曾孙皮埃尔·杜邦就让家族公司改弦易辙，进入新兴的化学及材料工业。在1903年，杜邦公司成立了自己的实验站，以大约7.5万美元的预算，帮助公司从火药工业转换到其他产业[①]。

化学工业在第一次世界大战之前从零出发，随后很快成为一个新兴领域。这场战争有个鲜为人知的别称："化学家之战"。在欧洲的杀戮战场上，化学武器像合成化学一样初次登场。要是德国著名化学家弗里茨·哈伯（Fritz Haber）没有研发出在工厂内生产火药用的硝酸盐，德国有可能会在1915年就投降，而不会拖到1918年11月[②]。战利品属于赢家。在战后，美国拍卖了同盟国取得的德国化学专利权跟知识产权，这对工业来说是一项恩赐。

在战争结束之后不久，一位名叫赫尔曼·施陶丁格（Hermann Staudinger）的德国化学家做出了重要的理论突破，推动了工业的进步。他描述出聚合物（重复单位组成的大分子）的构成。发明家和科学家突然之间有了一个充满新玩具的世界可以嬉戏，利用这些分子玩具，他们开始造出新的药剂、塑胶制品和其他材料。面对德国与英国化学巨擘，还有美国当地的奇异公司的压力，杜邦公司必须发明新颖化合物，他们在1927年把研究预算调高到原来的15倍，为位于威尔明顿的实验站做好竞争的准备[③]。

---

① Kelly, *Gunpowder*; Christine O' Brien, e-mail to the author, January 2, 2008.

② Harris and Paxton, *Higher Form of Killing*, 11.

③ Fenichell, *Plastics*, 155; Mokyr, *Gifts of Athena*, 109; O' Brien, e-mail to the author, January 2, 2008.

在化学学术界跟他们突然兴起的工业界同侪之间，引发了一场制造分子的竞赛。塑胶化学仍然是一种实验性的科学，它的突破性理论研究在战后奠定了基础。

一个聚合物（polymer）是许多（poly）单位（mer）组成的分子链。一个工业用的聚合物或许可以想象成一列火车，每节车厢都和相邻的车厢钩在一起。在一列聚合物火车里，每个分子车厢叫作单体。蛋白质是由生物的20种氨基酸制造而成的自然聚合物，就和纤维素这类物质一样。纤维素是一种能用来造纸的葡萄糖聚合物[①]。聚合物并不是很特殊的名词，所以许多自然或工业原料都会冠上这个名称。

到了20世纪20年代中叶，化学家已经开始使用一种重量超过4000道尔顿的分子制造聚酯，也就是棉混纺衫的材料（一道尔顿等于一个碳原子质量的十二分之一，大致等于一个质子的质量）。杜邦公司特别提拔了哈佛培养出的人才华莱士·卡罗瑟斯（Wallace Carothers），要他再提高聚合物的分子量[②]。卡罗瑟斯有信心能够打破当时的纪录，他也的确在几年内做到了，最后做出一个大约5000道尔顿的聚合物。实质的突破是在30年代早期发生的，多少是出于公司的压力。卡罗瑟斯实验室的进展，促成了氯丁橡胶的发展，这种合成橡胶现在用于制作保温潜水服和笔记本电脑外壳，还有各种工业上的应用。

在1931年，卡罗瑟斯创造出尼龙的前身，其尺寸是当时最长聚合物的两倍。这种物质的特殊性质引起大众的注意。当化学家突然施力在这种物质上的时候，这种聚合物就会猛然断裂。但是伸

① Kwolek, "Innov ative Lives"; Nelson and Cox, *Lehninger Principles*; Ezrin, *Plastics Failure Guide*, 1–4.

② Fenichell, *Plastics*, 154–161.

展这种物质能制造出一种透明的薄纤维，如果延展到原有长度的七倍，这种油滑黏腻的玩意儿就会变得有弹性。伸展会导致个别分子朝向同一个方向排列，然后重新构成晶体。

报纸大肆宣传发现了一种能当成合成丝的聚合物，要是实验室可以降低制造成本就好了。三年后，卡罗瑟斯才想出办法用更省钱的方式，制造仍具备所需特质的物质。他把各种化学成分全部融在一起，并且把这些混合物通过一个抛光过的莲蓬头（称为“喷丝器”）压出来。在喷丝器中有一个活塞，迫使该物质穿过每个直径大约 0.00254 厘米的孔洞。这种原料会被挤成纤维状，落在冷水缸里，准备加工处理[①]。

尼龙乍一看和汉堡、鸡肉或豆腐没有任何共同点，在实际用途上也的确不同。但就像构成我们身体或食物的蛋白质一样，尼龙是一种聚酰胺，也可以说是氨基化合物分子串。活体细胞中的核糖体把氨基酸（生命所偏好的那 20 种序列）铺在一起，形成一个聚酰胺链。电化学力会把聚酰胺折叠成一种特定的形状，也就是蛋白质，然后执行细胞内的某些功能。尼龙实质上是一种氨基酸的分子聚合物。尼龙的基本分子，也就是单体，本身比那 20 种天然氨基酸更复杂，但是聚合体本身远比最简单的蛋白质简单得多。

到了 20 世纪 30 年代末期，尼龙在牙刷毛和女袜上发挥了作用。在“二战”期间则应用到降落伞和轮胎强化领域。战后是化学工业最有创意也最繁荣的时期。在卡罗瑟斯发明尼龙之后过了一代，杜邦实验站的科学家希望发现比尼龙更了不起的东西——一种会让人想起超人的纤维。它具备反常的特质：挡住子弹。

---

① Fenichell, *Plastics*, 165–71; Kwolek, interview by Bernadette Bensaude-Vincent.

在化学史上处处都有始料未及的意外，但是凯夫拉（Kevlar）并非其中之一。杜邦公司当时正在寻找特别的材料，尽管最后真的找到时仍很惊喜，但科学家是睁着眼睛找出来的，不是瞎摸的。唯恐将来发生石油短缺，刺激研究者去寻找一种比钢铁更好、更节省燃料的轮胎强化剂。如果这种材料也能拥有其他用途，比如防弹，那就更好了。杜邦公司先前已经成功研发出莱卡（Lycra）纤维和诺梅克斯（Nomex）纤维。诺梅克斯是一种能够自行止燃的纤维，杜邦公司在发明它的十年后，于 1967 年第一次用于商业出售[1]。诺梅克斯目前仍然会编织到消防队员队服、赛车手制服和好莱坞替身演员的衣服里。棉在被点燃以后会散发出易燃气体，为火提供燃料。诺梅克斯则会切断纤维中的氧气，只要移开火舌，火也就熄灭了。杜邦公司里士满工厂的资深科学家弗洛德克·加巴拉（Vlodek Gabara）用诺梅克斯制作名片。如果直接放进火焰里，名片就会燃烧；但只要把名片拿出火焰，燃烧就停止了。

斯特凡妮·夸雷克（Stephanie Kwolek）在匹兹堡附近的小镇长大，大学毕业的时候她本来想进入医学院，但最后来自杜邦实验站的工作邀约吸引了她。她从 1946 年开始在杜邦工作，60 年代初，她跟她的同僚开始寻找可能具备非凡强度的诺梅克斯纤维后继者。

夸雷克偶然发现一种看来很有希望的物质对胺酚——一种有胺类跟羧酸侧基的六碳环（这种物质现在是防晒霜的常见成分[2]）。这种物质与尼龙等其他物质不同，它不会溶解。所以她用硫酸勉强溶

① O' Brien, e-mail to the author, January 2, 2008.

② Le Couteur and Burreson, *Napoleon's Buttons*, 91.

解对胺酚，实验室其实禁止这种做法。硫酸有强烈毒性，价格高昂，又很难在事后安全丢弃（现在，硫酸的产量比其他工业用化学物质都大，因为硫酸对于制造肥料来说很重要）。尼龙会溶解成密度像蜜一样的透明液体，对胺酚溶液看起来却混浊不清，有着水的密度。负责管理喷丝器的同事刚开始拒绝夸雷克把这种物质放进机器里的要求，唯恐这种混浊的原料会卡住孔洞。夸雷克让这种物质流过一个玻璃漏斗，结果对胺酚溶液毫无障碍地流过去了。然而她当时不知道，“这种半透明又泛着珠光”的溶液中，实际上包含着世界上第一个合成的液晶聚合物。

她争取了好几天，最后终于如愿以偿。她说：“他对我感到歉疚。”溶液直接喷了出来。她测试了成形纤维的韧性（或断裂强度）。测试结果太惊人了，以至于她立刻重新测量了三次[①]，这相当合乎伊萨克·阿西莫夫（Isaac Asimov）的观察：科学家取得重大发现以后，并不会像阿基米德一样大喊“我发现了”。他们会咕哝道：“这可奇怪了……”通常先来迎接科学突破的，是错误的假定。

杜邦公司发现了他们要的超级纤维。但没有人能无中生有，也没人仅凭个人力量把一种工业用聚合物扩大到商业应用的规模。若没有同僚和优秀的工业公司在背后支持，杜邦的超级纤维永远不可能成功。就像对于尼龙的初步尝试一样，夸雷克的发现太过昂贵，无法量产。实验室继续工作，了解这种分子的物理化学性质，从中寻找线索和方法，以便制造较便宜又不至于失去韧性和强度的聚合物。其中最有希望的化学物质缩写为 PPD-T，这种物质的硬度比得

---

① Kwolek, “Innov ative Lives.”

上夸雷克原来做出的分子，但是采用的成分比较便宜。

PPD-T 最初登场时是一种金黄色粉末，最后变成了凯夫拉——一种缠绕在高度大约 21.6 厘米卷轴上的金黄色纤维。这种粉末能溶解在硫酸里，从喷丝器中压出。这种分子数量太大又太紧实，无法维持随机排序。溶液里加入越多 PPD-T，分子之间就排得越近，要保持随机的排列方向就越困难（因为这种分子实在太硬了）。PPD-T 分子被迫排成紧密的队伍，最后平行排列，变成一个液态晶体。凯夫拉以及其他现代便利设施（包括液晶电视和液晶显示器）之所以能够发明出来，幕后的重大科学突破就是这种液体结晶[①]。

芳纶（Aramid），在某种程度上散播了一种看似矛盾的理论：如何能在不违反热力学第二定律的情况下浮现出秩序。根据第二定律，熵（混乱）倾向于随着时间而增加。就像闪电或飓风，或者莫罗维茨假定中突现的原初代谢系统，在喷丝器压力下的分子可能变得有秩序，以此作为分散能量的方式。在其他状况下，这些分子必须在溶液里四处弹跳以便消耗能量。那些硬杆式分子本来应该没有任何形成结晶的特殊需求，现在通过机械性压力而来的能量，引导这些分子流过喷丝器。当分子浓度渐增的时候，结晶化排列成为对分散能量更有利的方法。PPD-T 分子用化学键来分享自身内部的能量，因为用这种方式散布能量，比互相随机碰撞更容易。有时候排序是移动能量最省力的办法。芳纶之所以成形，是因为利用化学键结来处理能量变得比随机的分子碰碰车更容易。

找到正确的化学物质还不算解决问题，要批量制造生产仍然

---

① Kwolek, “Innov ative Lives.”

太不实际。工程师面对工厂的设计、建造和运作需求裹足不前，因为这座工厂要年复一年地把源源不绝的纯硫酸抽进厂内的水管。[①]

在工程师签约盖工厂之前的最后一步，是杜邦实验站的顶尖科学家赫伯特·布莱兹（Herbert Blades）想出办法以后才踏出的。喷丝器迫使不定向的聚合链形成一个结构，有一点儿像是一盒意大利面一一排齐，面对同一方向。溶液里的聚合物浓度越高，这些聚合物就被迫挤得越紧密，面条盒就会塞得更扎实。但是在纤维从喷丝器中跑出来的时候，会在掉进下面的冷水缸以后，免不了失去一些原有的结构。布莱兹发现，在喷丝器和水缸之间留一些接触空气的缝隙，能让聚合物有时间自行调整，恢复成排序方向一致的超级聚合物。随着空气隙的发现，经济上的可行性似乎更高了。科学家与工程师组成的一个特别小组，在弗吉尼亚州的里士满盖了一个新型工厂。里士满曾是纺织工业的聚集地，很快这里就变成兴盛的超级纺织品工业中枢。在布莱兹发现空气隙的功能之后两年，工厂一年产出大约 45 万公斤的凯夫拉，就材料、制造过程和有毒废料数量的精致程度而言，这项新事业是史无前例的。五年后，产量达到 680 万公斤左右[②]。夸雷克关注生产规模的扩大，除此之外仍继续她在实验站里的研究。凯夫拉这个名字后来才出现，有创意的人想找出一个听起来很阳刚、却在任何语言里都没有意义的词来当名字。获利则来得更晚，1988 年才出现，那时候杜邦公司已经在喷丝器里投入 7 亿多美元了（如果把通货膨胀考虑进去，就是 13.5 亿美元）[③]。

---

① Tanner et al., “Kevlar Story,” 650.

② Tanner et al., “Kevlar Story,” 650.

③ *Economist* 1985, “Profit-Proof Kevlar?” 88; O’ Brien, e-mail to the author, January 2, 2008.

两种主要防弹纤维的力量，来自两种碳结晶体（钻石和石墨）的多种变化形态。凯夫拉跟光谱防弹纤维，分别是杜邦公司和霍尼韦尔公司的商标名，用来称呼叫作芳纶的衍生化学物质以及超高分子量的聚乙烯。

钻石之所以拥有这种硬度是因为其缺乏碳对碳键结以及自身的三维排序方向。电子“喜欢”相互尽可能离得越远越好。碳的电子倾向于排成四面体的形式，夹角为109.5度，接近于钻石晶体上可观察到的角度。原子被卡在定位，跟另外四个碳原子在同样的情况下准确地接合。

钻石晶体对于白光来说是障碍赛跑道。你可以想象一下，引导由一组房车组成的方阵穿越山林会是什么样子。每位驾驶都过关了，但是每个人都放慢了车速，方阵那种令人生畏的对称性也粉碎了。光线在钻石中发生的就是这种现象。光是由“光子”所构成的粒子流，白光在三棱镜中会分解为原来的组成颜色，就是儿童在学校里学过的红、橙、黄、绿、蓝、靛、紫。光谱中的每个颜色都有自己的色级宽度，也就是波长，测量尺度约以数百纳米计。人类只能看见白光，科学家却可以“看见”电磁光谱中其他部位的每一部分。

红、橙、黄、绿、蓝、靛、紫组成了电磁辐射光谱的4%。可见光是太阳射出的最强力波段，处于整个光谱范围的中央地带。比可见光更长的波长包括电波、微波和红外线。紫外线、X光和伽马射线则有更短、更有力的辐射。被大气层困住的热，还有我们的身体所散发的热，是长波辐射。

包括白光在内的所有辐射，在真空中都以每秒大约299792公里的速度前进。在真空之外，光线会碰到减速路障。光线在一颗钻石中会碰上的问题，就相当于一只猎豹在深度及膝的蜜中奔跑一样。在光子跨过空气和钻石之间的分界时，光的速度就遽降到每秒128747公里左右[1]。碳原子塞得如此紧密，所以有色波长会在不同的原子上绊倒，然后脱离原来的结构。结果这些光子在许多琢面上到处弹跳、寻找出路。我们看见光谱上的颜色从一个跳到另一个，从墙壁上弹出来寻找出口。每种颜色都会想尽办法自寻生路。

对于钻石组成方式的科学推测，最早可以回溯到牛顿的时代。他提出，钻石一定跟会燃烧的物质有关。他说，或许钻石是一种“凝固的油质物体”，即凝结的油[2]。

在1772年，拉瓦锡在一个容器内密封了大约150毫克的钻石。一只小心安排位置的放大镜，把太阳的热引导到玻璃透镜上。分析显示，加热后容器中包含的就只有空气——不过空气量比拉瓦锡刚开始实验时要多。蒸发的钻石跟空气中的氧结合，变成了二氧化碳，和我们呼出、发电厂排放的是同一种气体。拉瓦锡没有这样称呼这种气体，因为即便是“氧气”一词，也是他1774年才创造出来的。在一个后续实验中，他把150毫克的木炭放在一个盒子里。这回木炭也蒸发成同等分量的同一种气体。他总结道，钻石和木炭是由同一种物质形成的。他唯恐同僚觉得他的研究结果很荒谬（也的确如此），没有公告周知。半个世纪后，英国科学家才继续这个研究工作。

超高分子量的聚乙烯，也有让钻石坚硬无比的同类特质。在20世纪70年代末至80年代初，联合信号公司的科学家查询他们的工业纤维目录，渴望能够找到下一个王牌产品。尼龙和聚酯纤维，能够制

---

① Hazen, *Diamond Makers*, 5–6.

② Tennant, “On the Nature of the Diamond,” 123.

造从T恤到工业用高强度绳索在内的物品，但是尼龙和聚酯分子很复杂，导致生产时有比较多的瑕疵。尼龙和聚酯纤维也是短聚合物，所以比较容易抗拒结晶、纠结成团。这两种纤维的韧性（断裂强度）很低。要扯裂一件T恤是很容易的事，但要扯开钢铁，就比起扯开同等重量的超高分子量聚乙烯要容易得多——容易了10倍。

就像前几年杜邦公司的同行一样，联合信号公司的科学家在寻找一种较简单的聚合物，它的结晶化状况较佳，能够立即满足对于制造绳索等工业应用的市场需求，还能符合例如防弹物品这类新兴市场的需要。他们找到了这种聚合物——聚乙烯。这是一种普通塑胶，却展现出超高分子量聚合物的不寻常特质。聚乙烯的力量源于结构上的简单。乙烯这种分子含有两个碳，旁边伴随着四个氢原子。聚乙烯是碳原子构成的直线链，每个碳的侧面都跟氢原子建立了键结。长链聚合物在20世纪末曾经大为兴盛，当时化学家学到如何利用金属催化剂取代热与高压，来制造极大的分子。发现了"蛤壳"催化剂（这种催化剂会规律地"打开"一个聚合物键结，然后在下一个键结"关上"，因此而得名），降低了制造聚合物的成本，这一发现后来被誉为塑胶时代的发令枪。霍尼韦尔公司（前面提过的联合信号公司，后来与霍尼韦尔公司合并，现称为霍尼韦尔公司）顶尖的"光谱"纤维科学家洛里·瓦格纳（Lori Wagner），把超高分子量聚乙烯比喻成一颗钻石，不过是朝着同一个方向延伸的。聚乙烯的力量跟钻石之间形成完美的类比，在一件背心的上下左右，到处都是碳对碳的键结。聚乙烯吸收能量的潜力，来自于垂直层层堆叠的纤维[1]。

联合信号公司的科学家发明了一个可以制造极长纤维的程序。

---

① Wagner, interview with the author, December 6, 2006.

先把聚乙烯放到一种胶状溶液里。这样能把纠结的分子弄松散到足以被推过喷丝器，喷丝器则可以将秩序加之于聚合物之上，并且调整聚合物的组成分子，以便增减纤维的长度。

聚乙烯背心并不是编织出来的。刚开始联合信号公司用聚乙烯来织背心，但编织过程抑制了沿着纤维长度有序排列的晶体强韧度。纤维是被摊平成薄片的。这些薄片用树脂一层层叠起来固定，每一层的纤维排序方向都跟下一层垂直。从侧面来看，聚合物丝线股通过范式引力而在纤维中联结在一起，范式引力这种量子效应的黏着力，胜过任何一种胶水。这让超高分子量聚乙烯背心具备了“黏弹性”——这是个有着新奇名称的简单概念。一样东西撞上聚乙烯背心的力量越重，聚乙烯背心反弹回去的力量就越强。

石墨也是一种碳晶体，虽然在视觉上看不出它跟钻石有什么共性。钻石中的碳原子排列成四面体的形式，每个碳都处于一个顶点，跟另外四个碳原子形成 109.5 度的夹角。石墨则带有光泽的黑色，其柔软度，用来做铅笔里的铅芯和工业用润滑剂都很适合。这些用途都依靠碳原子在晶体中全然不同的另一种排列方式。描绘石墨的最佳方式，就是一层又一层堆叠起来的碳薄片。这些薄片称为石墨烯，是由六个原子形成的碳环组成的，这些碳环连接在一起的样子，通常会被描绘成彼此连锁的六边形。石墨烯薄片极端强韧，事实上碳原子排列最稳定的方式就是这样。但是石墨烯彼此堆叠得很松散，这点有助于说明石墨容易弄得到处脏兮兮的性质。

要了解石墨为什么如此稳定，观察其中一种六碳是个好的开始。六碳环是苯的中心结构，苯可能是自然界最常见的结构，也是化学界最有名的分子。

凯库勒，1862 年

在 1866 年，奥古斯特·凯库勒（August Kekulé）破解了苯的结构——C_6H_6，这是一个碳环，周围向外辐射状连接到氢原子。在庆祝这项最伟大的发现 25 周年的典礼上，凯库勒发表一个演讲，讲述了一个在科学史上极富戏剧性又流传久远的故事。虽然凯库勒在过去 25 年里从来没跟任何人提过，但他说苯的结构是他在梦中发现的。他看见一条蛇蜷缩成一圈，并且咬住自己的尾巴。这是一个古老而神秘的形象，被称为衔尾蛇（Ouroboros），象征生命永远在耗损与创造的本质。这个形象指引他意识到，苯的六个碳原子键结成了一个高度稳定的环状化学结构。衔尾蛇不只是生命的象征，更是科学本身的象征，科学的进步通过自我毁灭与重新创造而成——或许这正是苯环被当成知名化学象征的理由之一。

无论凯库勒是否真的做了这个梦，都造成了非常激烈的争论，以至于在一个世纪之后，半个世界之外的美国仍然为此发起了论战，甚至还闹上法庭。在《柳叶刀》（*Lancet*）医学杂志中，有一篇书评提到一本反对凯库勒的文集[1]，对于这本书和反应激烈的争论，书评作者的结论是："没有人考虑过，他可能有某种幽默感……那么，就让我们给凯库勒一个公道的评价，因为他发明了这样出色、令人难忘的绝妙奇谈。"[2]

在1866年发现苯结构后的一个世代，化学家已经认定这些环（或者这些环的排列变换）在超过75%的有机分子中滚动，这些分子涵盖了主宰工业界的各种染料和药物。这本书里讨论到的大多数分子建立在多环碳氢化合物之上：太空烟尘、类似蓝藻分子的藿烷类、银杏内酯B的六环串连、肾上腺素、四氢大麻酚、木质素、芳纶都是如此。碳基环可以嵌入氧或氮原子，就像DNA里的核碱基一样。碳制造环的能力，有助于让DNA的含氮碱基变成现在的样子：一小片平板。

苯跟石墨的分子强度，源于碳原子以一种不寻常的方式排列，凯夫拉纤维也是利用了这一点。如同我们先前看到的，碳的建筑神技来自于它跟其他原子建立多重键结的能力。两个原子通常会通过分享两个电子（每个原子提供一个，建立单一键结）来彼此联结，就像是钻石中的碳碳键结（C—C），或者饱和脂肪的骨干。有时候原子间会彼此分享一个以上的电子，包括不饱和脂肪中的碳碳双键（C═C），或者在生物体内负责起反应的碳氧双键、碳氮双键（C═O、C═N）。当每个原子彼此分享两个电子的时候，就是建立了双键。也可以此类推分享三个电子的状况，三重键结是最强的键结，证据就是分子云中出现的那些长长的碳链：氰基多炔烃（HC_5N、HC_7N 等）。这些氰基多炔烃中的碳原子，在线性排列中交替出现三重跟单一键结。

---

① Wotiz, *Kekulé Riddle*.

② Kamminga, "Kekulé Riddle," 1463.

苯与石墨（还有芳纶）的秘密，在于这些物质中的碳所建立的键结既非单键，亦非双键或三重键。苯环与石墨的强韧度，来自于一种称为π键的特殊分子结构。我们可以把苯环想成分子版的贝果三明治。在整个六边形里，每个碳都会跟另外两个碳建立键结。在各原子所具备的四个未配对电子之中，会有两个电子被这个键结占住。碳原子就躺在贝果抹乳酪的那一面。每个碳都键结到一个氢，这个氢从环状的碳往外伸展出去，都在同一个平面上。这样就处理了属于碳的三个电子，也解释了苯环有六个碳、六个氢的分子平面。但是碳有四个要建立键结的电子。

第四个电子占据了这个环上下的贝果状空间。一般来说，电子会紧黏着自己所属的原子核。但是在苯的状况下，电子会“非定域化”（移位）。每个碳原子都负责把邻近π轨道的电子拘束在一起。就是这一点，让苯环成为如此强有力的结构原料。这些环不会延伸。这些分子就像其他分子一样会震动，却不会危害到环结构。苯分子有“呼吸模式”，其中碳对碳键结会扩张和收缩，据推测就像一个扩张中的胸腔横切面。键结到每个碳的单一氢原子，会摆向弯曲部位的另一边，就好像洗发水广告里的模特儿，头发会朝着她头部的反方向甩。

我们可以把石墨视为好几层的苯环，每个薄层都是石墨烯。石墨烯以不太稳固的方式层层相叠。在石墨中，π轨道的电子在所有碳原子中都会移位，使得这些薄层比单独的苯分子都要强韧。然而这些薄层之间只是松散地键结在一起。

芳纶分子的强韧性，有一部分来自这些结晶化的芳香环（苯环）。在凯夫拉纤维中，碳环彼此以长长的聚酰胺链联结起来，这些环是以氮及碳氧群的强劲共价键锁住彼此。这个结构的三维性质则强化了核心分子的力量。聚合体把一个又一个的碳环堆叠起来，有点儿像摞盘子。这样做从另一种方向让芳纶变得更有力量。最后，聚合物从侧面通过氢对氢键结连在一起。在一个纤维中，侧面有键结的聚合物薄层，是围绕着一个中心点往外辐射出去。一个纤维的切面看起来像脚踏车轮，轮幅就代表纤维薄层。[①]

1972年5月，亚拉巴马州州长乔治·华莱士（George Wallace）被一个渴望出名的枪手射了五枪。数月之后，密西西比州参议员塞纳托尔·约翰·斯滕尼斯（Senator John Stennis）在遇到抢劫时也中了枪，差点送命。1973年7月，以色列驻美大使馆的空军武官也在自家附近被射杀。这些高知名度的事件发生后的十年内，警察的死亡率节节攀升，政治暗杀使全国蒙上悲伤的阴影。身为美国国家司法研究所（NIJ）的所长，莱斯特·舒宾（Lester Shubin）准备对策，此时恰好也有个令人兴奋的机会出现了。

舒宾精于枪械。“二战”期间他曾在南欧担任工兵，“拆除地雷、造桥、挖战壕、铺有刺铁丝网、修复道路，还为此挨枪子……常有的事！”[②]他在国家司法研究所的工作，就是开发有助于执法人员执行勤务的技术，并且制定这些技术的标准。他曾经在马里兰州的阿伯丁试验场掌管一个计划，训练狗来闻出炸弹。在1971年（杜邦正好也在当年宣布停止制造弹药），为他执行犬类训练计划的军官尼克·蒙塔纳雷利（Nick Montanarelli）打电话告诉他一个有趣的消息：军方在试验一种新纤维，这种纤维是设计用来取代钢铁履带轮胎的强化物质，这种材料也可能成为很好的防弹纤维。

---

① Magat, “Fibres,” 61.

② Shubin, interview with the author, July 31, 2006.

舒宾和蒙塔纳雷利用凯夫拉包住一本电话簿，然后轮流向它开火。舒宾回忆道："子弹弹开了。"

国家司法研究所给舒宾一些经费，让他对这种材料进行更严格的测试。研究的目标是确定这种原料是否足够坚固，可以阻挡子弹。这项测试太重要了，不能只靠假人、尸体，或者其他代用品。研究人员想找活体受试者，不但要知道这种护甲能不能挡住子弹，还要确保这种冲击不会造成身体重创，甚至不会射穿护甲。他们征调了山羊上阵。

山羊的解剖构造跟人类相近，可以当代替品。一些军医也对这个计划产生了兴趣，受聘来检查山羊受试后的状况。埃奇伍德的研究团队用点 22、点 38、点 357 和点 3006 口径的枪射击那些山羊。他们必须通过这些枪来确定子弹的速度，这是过去没有做过的。事实证明五层背心太脆弱，一把点 22 口径长步枪从 30 度角可以轻易射穿它。他们补上了两层，织得更紧密些，同时提高了纤维强度。这样就可以挡住点 22 口径子弹了。

能够参与像凯夫拉弹道测试这样的新颖研究，那些军医很高兴。所有山羊都活过了第一轮解剖构造测试；但在第二天都被处死了，以便让医生检视内部伤害。通过对比人类与山羊的解剖构造，军医可以从山羊身上推测穿着防弹衣的人体会受到什么程度的伤害。他们的结论是，七层凯夫拉制成的背心能降低点 38 口径子弹的致死率，从 25.4%降到 1%～5%。外科手术的需求量从 81.5%～100%，降到 7%～10%[①]。

在美国某些地区，政府要说服警方给警察配发防弹背心颇为困难，因为在这些地方穿长袖衣服太热了，要求警察穿上沉重的防弹

---

① U.S. Department of Commerce, "Soft Body Armor," 1–2.

背心的确有点过分。虽然如此，在1975年，舒宾发现全国有15个警察局采用了他的5000件防弹背心。在服勤的第一个月，防弹背心救了三条人命。在此之后，不需要进一步游说了。防弹背心激增带来立竿见影的效果：警察在枪战中被杀的数量开始逐年下降。

30年后，枪弹的威胁增长得很快，让防弹背心设计者得不到一刻清闲。在今天，尖端会爆裂的子弹能炸穿防护设备。尖端空心的子弹会在撞击时爆裂，像钢铁花朵的花瓣。弹道测试变成一种高科技、标准化的费力工作。

有两个弹道测试实验室，在弗吉尼亚州相距几英里内的里士满和彼得斯堡并存。这些房间看起来很相似，大约22.8米长，6米宽，还有普通办公室的高度。后墙是用水泥做的，大约0.6米厚。通风系统在每次开启之后，会把有毒的铅抽到外面。弹道实验室使用自动化射击机器，而非真正的枪。杜邦的扳机可回溯到20世纪20年代，当时杜邦公司以此测试弹药。技师依据他们要击发的弹药和要测试的背心来更换枪管。击发器看起来不怎么像是枪，但这无关紧要。击发能量相当于子弹质量的一半，乘以子弹速度的平方。0.0156公斤的子弹飞行速度为每秒436米（大约比美国职业棒球大联盟的快速球快10倍），传递到防弹背心上的能量为1483焦耳，大到足以把一个小个子警察击倒。

在霍尼韦尔公司的测试设施中，技师布置好射击机器，对着几码远的一个黄色小方块——一件芳纶背心，射出点44口径的子弹（实质上就是电影《紧急追捕令》中哈里用的那种枪）。霍尼韦尔公司以自己的产品"光谱"聚乙烯防弹衣为傲，但也制造芳纶。有一道红色激光线标出背心上的目标。在枪后的控制室，一位技师按下按钮，黄色的衣服立刻随着枪响跳动。

子弹以每秒约434米的速度击中背心的外层。能量在芳纶跟聚乙烯背心中移动的速度，比子弹在空中飞行的速度快两倍。子弹跟目标之间的互动反应太过复杂，无法给出简易的解释模型，因为全部的变数牵涉到每十亿分之一秒中发生的改变。子弹撕裂第一层防护，第二层吸收了另一波能量。速度转换成热，子弹的温度上升了。另一层防护破了，更多的能量传遍防弹背心。子弹的质量四散，拉力增加，在纤维之间产生的冲击熔化了铜和铅。子弹的表面区域扩大了，这让子弹速度进一步呈指数下降。子弹的尖端越是变形，背心就越容易吸收子弹的能量。速度从每秒 434 米降到 0，可能只需要花两百万分之一秒。

背心被挂在一块黏土板前面，这块黏土板是人类的替身（山羊在 1977 年退役了）。按照美国国家司法研究所的规定，中弹的冲击力不得把背心推进黏土板里超过 44 毫米。黏土板的勘验报告显示，背心反弹了 41 毫米，还有 3 毫米余裕。

枪支重新填弹，一具白色聚乙烯目标物体被挂在黏土板前。另一个激光光点瞄准它，然后进行另一次射击。尖端中空的子弹碎裂成许多小碎片，霍尼韦尔公司的鲍勃·阿内特（Bob Arnett）必须把聚乙烯层分离开来，才能找到所有碎片。接着就是揭露真相的时刻了。背心制造商的竞争不只要对抗军火制造商而已，他们也相互竞争。他说："拜托让这次比上次少一点吧。"他沉静的语调让人觉得这更像是内心独白，而不是机智的戏谑笑话。这次黏土中的冲击点只有 38 毫米深。

我想到在半个地球之外的伊拉克，一场碳氢化合物造成的战争来自 AK47 步枪。宽 7.62 毫米、长 39 毫米的子弹可能正好震碎了一个美军士兵护甲上的陶板，却没有贯穿护甲。这块板子的碎片威力，被结晶化聚乙烯做的软质背心中和了。

第十章

钟形罩：人类与碳循环的百倍加速

常见问题7.1：工业时代大气中的二氧化碳和其他温室效应气体含量增加，是人类活动引起的吗？

是的，工业时代大气的二氧化碳和其他温室效应气体含量增加，原因在于人类的活动。

——联合国政府间气候变化专门委员会（IPCC），《气候变化2007：自然科学基础》（*Climate Change 2007:The Physical Science Basis*）

在一段不寻常的气候稳定期——至今延续了近1.2万年的全新世之中，文明有所发展，并且建立起大规模的基础建设。这段时期就要告终了。

——詹姆斯·汉森（James Hansen）

法拉第在青少年时期以书籍装订糊口，他阅读了所有能看得到的书，包括《大英百科全书》。他在1812年偶然得到一张科学公开讲座的门票，这成了他进入专业科学界的入场券。他巨细无遗地抄录演讲内容，然后把笔记送给讲师汉弗莱·戴维（Humphry Davy），戴维最后雇他到英国皇家学院当实验室助理[①]。

到19世纪，化学已经进入现代时期，不过也只是刚开始。业余化学家甚至还没开始出现。这一刻在1828年才到来，当时沃勒不用肾脏就做出了尿素，把生物和非生物化学之间的藩篱拆除了。催化早期药剂工业的那些发现，要等到19世纪60年代或更晚之后。在30年代早期以前，现代物理学才让化学家有能力理解原子的结构，并且能越来越灵巧地以简单化学物质合成复杂的目标分子。戴维和他的同侪就站在这个化学盛世的开端。戴维首先把化学反应与电学联结在一起。他的结论是，某些基本粒子在"自然的相反状态下"彼此吸引，换句话说，现在我们所知的质子跟电子会互相吸引[②]。有许多欧洲化学家在探索化学中显著的电学性质，戴维是其中的佼佼者。自从一位意大利物理学家在18世纪60年代首次用电流让切断的蛙腿抽搐以来，欧洲科学家就在研究这层关联。在19世纪20年代，跟戴维同期的伟人贝采里乌斯（J. J. Berzelius）集合了一组构成化学缩写的拉丁字母系统（C、H、O、N、P、S等），他根据元素碰到电流正极或负极时的反应，来为元素做分类。就算到了今天，顶尖的化学家还是把他们的知识谱系上溯到贝采里乌斯。

但是，虽然戴维、贝采里乌斯与其他人提出了突破性的观点，还是没有人知道电和化学是同一件事。法拉第对科学有许多贡献，但电化学可能是他最显著的成就。从分子云内的离子分子反应到内燃机，这些化学变化之所以发生，是电子进入或者脱离键结，在来

---

① Tweney, Faraday, and Gooding, "Michael Faraday's 'Chemical Notes'," viii.

② Brock, *Chemical Tree*, 150.

去之时瓦解或者建立新的分子。法拉第在19世纪30年代证明，一定容积的化学物质会根据导入的电流量成比例瓦解[①]。他显示出两种先前被区分开来的现象，其实有着直接而定量的关联。

法拉第也是个伟大的信息传播者，或许他受到了展开他科学生涯的讲座所启发。一支蜡烛乍看可能不像是进入生命本质的门户，但法拉第在1860年发表的题为“一支蜡烛的化学史”的六场系列演讲里，就是从这个角度切入的。他很巧妙地带领他的听众，浏览19世纪中叶耀眼夺目的物理、化学百科大全。一支蜡烛的火焰就是碳，闪耀着黄色光芒的黑色粒子，以氧气作为养分，并由蜡烛中同时燃烧的氢来助燃。法拉第阐明碳燃烧无所不在，并以此作为最后一场演讲的总结。法拉第解释道，碳跟氢的分解，以及两者跟氧的结合，描绘出的不只是蜡烛的特性，而且是驱动了动物生命与文明的呼吸作用交响曲。他对碳每天喷入空中的数量表示惊叹。他邀请他的听众一起来瞧瞧，世界运作的方式就是这样：

> 当我告诉你，碳的奇妙活动等同于什么，你会感到很惊讶。一支蜡烛会燃烧4～7个小时。那么，每天以碳酸形式上升到天空中的碳数量该有多少啊！我们每个人在呼吸时吐出的碳量该有多少啊！在这些燃烧或呼吸作用的状态下，碳必定发生了神奇的转变！一个人在24小时内把多达7盎司（约0.198公斤）的碳转换成碳酸。光靠呼吸，一头奶牛则能转化70盎司（约1.98公斤）、一匹马则能转换79盎司（约2.23公斤）的碳。这也就是说，马匹在24小时内，在自身的呼吸器官中燃烧了79盎司的木炭或者碳，用以供应当时自身的自然体温。所有温血动物，都是

① Brock, *Chemical Tree*, 371.

通过这个方式获得体温：转化处于化合状态而非自由状态的碳。对于在大气中发生的交替现象，碳的活动给予我们多么不寻常的概念啊！光是伦敦一地，24小时进行的呼吸作用就形成了多达500万磅（2267吨）或者说548英吨（556.79吨）的碳酸（这里法拉第犯了个口误，实际上他想说的应该是500万磅的碳酸，大致等于548英吨“木炭”所能制造的量）。这些碳酸都往哪里去呢？都升入了空中。[①]

法拉第在他的演讲中用了一整排蜡烛，这些蜡烛的蜡来自蜂蜡、牛油、抹香鲸，还有“来自爱尔兰沼泽的石蜡”。维多利亚时期的英国，已经把地球像蜡烛似的点燃了。从18世纪晚期开始，伦敦人就带着黑雨伞出门，因为雨滴会收集空中的煤灰，弄脏浅色的阳伞[②]。

如果当前趋势不变，人类会在大气中填满更多碳，比大气在以往千百万年来有过的还要多。当法拉第这么说的时候，（碳）燃烧才刚开始变成比较严肃的事。再把电力使用、交通运输燃料和原料考虑进去，现在美国每人每天排放到空中的碳约为54.43公斤，或许比法拉第时代的伦敦人增加了100倍。法拉第让碳升入空中，浑然不知大部分碳在那里浮了一整个世纪，大约三分之一的碳在空中飘浮超过数百年[③]。越多碳加入大气中，碳就会留在那里越久——大气也会变得越热。从法拉第的蜡烛中烧出的碳，仍然停留在大气中。

科学家追踪大气中的碳已经有两百年了。在法拉第天真地对“碳的神奇转变”瞠目结舌的时候，科学家已经得出结论：二氧化

---

① Eliot, *Harvard Classics*, 174–175.

② Freese, *Coal*, 37.

③ Hansen et al., “Dangerous.”

碳气体和水蒸气把热抓住了。对于令人窒息的闷热很有兴趣的法国人约瑟夫·傅立叶（Joseph Fourier），在19世纪20年代推测为什么地球能保留住太阳的热能，而不是把热能全部辐射到太空中。他做了某些计算，并且假设地球的大气捕捉住了某些热量，就像个钟形罩一样[①]。同样的道理可以应用到温室上面，虽然这样的比喻并不精确。热量会在钟形罩或者温室里累积，是因为空气的循环范围不远，而不是因为玻璃本身保留了热量。

随着19世纪的进展，碳和气候研究获得越来越多的注意。某些看不见的物质，被植物吸收用来进行光合作用以后就会变得可见了，这点让博物学家很好奇。关于冰河时期是否存在、起因是什么的热烈辩论，则吸引了其他人。他们当时努力想了解（现在也依然如此），是什么导致地球体系沉入冰冷的魔咒之下。科学家推论，大气中的气体有过波动。

在法拉第1860年的“蜡烛”系列演讲之前一年，英国自然哲学家约翰·廷德耳（John Tyndall）正在思考哪些气体最能吸收热。他曾爬上冰雪覆盖的阿尔卑斯山来推广登山活动。他研究冰的性质、冰河缓慢的推力以及某些气体的保热能力。法拉第帮助他成为英国皇家学院的教授，后来廷德耳在那里接替法拉第成为院长[②]。

廷德耳的好奇心，引导他去研究大气气体与热的交互作用。他发明了第一个比例式光谱仪，并用它观察到水蒸气和二氧化碳吸收热能。这个设备的运作方式如下：气体进入一个以盐晶体当绝缘体密封的细长管子里，在管子一端的热源提高了管内气体的温度；另一头有一具仪器，把热转化成一道电流，这个信号在跟第二个热源

---

① Christianson, *Greenhouse*, 11–12.

② Fleming, Historical Perspectives on Climate Change, 68.

测量的控制组做对照后，会显示出管内气体吸收了多少能量。大于氧分子和氮分子的分子（也就是二氧化碳和水分子）所做出的保热行为，或许可以解释廷德耳所说的“地质学家在研究中所揭露的所有气候变异”[①]。

在20世纪中叶以前，科学家对于大气气体还没有精确的测量值。大约78%的气体是分子状态的氮，21%是氧气，氩组成其中0.9%，其余大多数是水蒸气、二氧化碳以及其他温室气体。后面这几种气体所造成的影响，远比这些气体仅仅百万分之几的比例所能指出的还大。水蒸气对气候的影响是很明显的了。举例来说，加勒比海一带的夜晚很温暖，因为地平面的水蒸气留住了白日的热[②]。但是我们无法像感觉湿气一样地感觉到二氧化碳浓度。

化学在廷德耳实验后的20年里迸发出一个阶段的发展热潮，此时化学家拼凑出对分子变化的初步认识。冰河时期与气候变更的问题仍然持续未解。伟大的科学家都在与这些问题搏斗，而且通常只有在他们变成伟大科学家以后才这么做。对于斯万特·奥古斯特·阿伦尼乌斯（Svante August Arrhenius）来说，对他的肯定花了一些时间。阿伦尼乌斯是一位瑞典物理学家，1884年在乌普萨拉大学的几位教授面前发表他的博士论文，内容是化学键的分解。这篇论文当时的分数很低，后来却把电化学推进了一个新领域。因为它显示，是电流变化驱动了化学反应。这正是他的同乡贝采里乌斯在两个世代之前猜测到的。

阿伦尼乌斯在1896年发表的一篇论文，让后人经常提起他。这篇论文检视了空气中的二氧化碳成分变化所造成的潜在影

① Fleming, *Historical Perspectives on Climate Change*, 68–69; IPCC, *Physical Science Basis*, 103–105; Kolbert, *Field Notes*, 35–36.

② Gray, *Braving the Elements*, 332.

响。他发现，以当时测量到的二氧化碳浓度，如果缩减到只剩下60%，可能就会让温度下降4～5摄氏度。如果二氧化碳浓度加倍，可能就会让气温升高5～6摄氏度。他怀疑可能还要过3000年，木炭燃烧才会导致这样明显的二氧化碳增加（根据推测，在2.51亿年前的二叠纪跟三叠纪之交，气温升高了6摄氏度，结果让大约95%的物种灭绝）。

在阿伦尼乌斯的时代，大气中二氧化碳含量的测量太不精确，无法显示浓度是否在上升。有许多科学家设法确定到底空中有多少二氧化碳（当时称为"碳酸"）。对光合作用感兴趣的博物学家，在18世纪末首先提出这个问题[①]。在整个19世纪，一本声名卓著的伦敦化学期刊刊登了120多篇谈论这个问题的文章。有些人采取了现在看来很荒唐的途径进行研究：一位化学家把一个容积160英制加仑（727.35升）的车厢绑在一辆马车上，然后驾车绕遍全城收集混合好的空气样本；另一个人装了1英制盎司（28.41毫升）的瓶装空气就满足了。不管样本有多大，化学家都有几个基本途径，可用来估计空气中的二氧化碳含量。有些人在玻璃容器里灌满空气和能够吸收二氧化碳的反应物质，通过测量剩余空气或者反应物质的质量变化，来确定碳的含量。还有人把空气混合到能溶解二氧化碳的液体中。液体酸性越高，溶解的二氧化碳就越多[②]。

直到进入20世纪50年代为止，这些方法和其他途径全都不精确。但是初步的估算，再加上对大气中微量气体保热性质的知识，还是让少数具前瞻性思维的科学家预测到全球性的变化。对大气二氧化碳很有兴趣的英国蒸汽科技专家卡伦德（G. S. Callendar），检

---

① Keeling, "Brief History."

② Woodman, "Exact Estimation," 259–260.

视了来自世界各地两百多处测量站的温度资料。数学模型的结果让他确信，温室气体和气候改变是有关系的。工业化石燃料燃烧正在增加大气中的二氧化碳含量，并因此提高了温度。他在1938年发表的论文《人为制造二氧化碳及其对温度的影响》，指出工业界在先前的半个世纪里，已经把1500亿吨的二氧化碳排放到空中。“大气中自然的热能交换，塑造了我们的气候与天气。在熟悉这种热能交换的那些人之中，没有几位已经做好心理准备，承认人类活动对这么大规模的现象可能有影响……我希望能证明这样的影响不但有可能，而且现在就已经实际发生了。”[①]“卡伦德等式”引导他想到，二氧化碳倍增会导致温度上升2摄氏度，而且两极地区会剧烈变暖。科学界主流在当时并不重视卡伦德的工作。他们现在也是如此，不过是基于不同的理由。他的推测可能性太低。在今天，科学家把2摄氏度视为可以忍受的温度变化上限。然而IPCC曾经预测，前工业时期的二氧化碳浓度在加倍之后，可能发生的温度变化范围下限，就是2摄氏度。IPCC也对另一项发现有同样的信心：浓度加倍可能会让温度升高4.5摄氏度。大家的共识是，变化的趋势朝着这个范围较高的一端前进[②]。

在20世纪的前三分之一，科学不再是法拉第或者卡伦德这种单打独斗研究者的活动领域。科学变得更昂贵，也要求更精密的设备、更多的资源与人力。学科变得太特殊化，让人无法在合理的年龄从一个学科转换到另一个学科。教授越来越依靠他们的实验室来支持并执行他们的想法，并且由机构或政府经费埋单。杜邦公司成立实验站并开始运作，通用电气公司和其他工业巨人也都成立类似

① Christianson, *Greenhouse*, 141; IPCC, *Physical Science Basis*, 105.

② IPCC, *Physical Science Basis*, 749.

的研发部门。科学研究变成一种机构化的事务。在20世纪50年代，查理斯·大卫·基林（Charles David Keeling）在美国西北大学化学系所做的博士研究工作，产生了一个开创性的看法，让他受到全国工业界的瞩目：在受到高能中子轰击的时候，碳对碳的双键会跳到聚乙烯链的尾端。

基林在拜访伊利诺伊大学的一位朋友时，从书架上抽出一本名为《冰川地质与更新世》（*Glacial Geology and the Pleistocene Epoch*）的书。更新世是距今180.6万～1.18万年的地质时期，这是一个冰河期不规律重复发生的时代。他接受了加州理工学院的职位，他们刚刚成立了地球化学系。尤里在芝加哥大学进行的开创性工作，把全国的学术动力都引向地球化学。在尤里的指导下，米勒在1953年进行了他的火花放电实验，开启了生命起源实验的研究。尤里的另一个学生克雷格把碳十三同位素的测量标准化，他选择来自南卡罗来纳州皮迪河盆地的箭石作为标准。

一个资深研究人员建议基林，去测量水中和大气中的二氧化碳浓度如何维持平衡。但是没有人真的知道大气二氧化碳的浓度，也不知道这种浓度是否稳定。虽然在19世纪有些东拼西凑的研究工作，科学家却还在研究大气二氧化碳浓度是否有任何规律性或精确度。传统看法假定二氧化碳在固定容积的空气中，占了百万分之三百（300ppm）。某些研究指出的数字低到只有150ppm，其他研究则高到350ppm。

基林知道不能完全信赖先前对于二氧化碳的研究。他需要一个仪器来精确地纠正过去的研究结果，他搜遍了以往的科学文献，以便寻找出测量气体压力的方法。他在1916年发表在期刊上的文章中，提到发现了一种工具原型的说明。大学里的玻璃技工根据蓝图制造出一个样本，这种工具利用水银对压力的敏感性，来测量一份空气样本的成分。在地质学大楼顶端测量的空气显示出很大的变化，但是这个压力计在地区测试中表现良好。基林前往车程一天的大苏尔海岸区时，并不确定自己在期待什么。

人类无法自行察觉大气中微量气体成分的变化。然而有了正确的测量设备，要测量二氧化碳和温度变化却很简单。对于科学之中较普遍的原则而言，这个事实揭示了更多弦外之音。我们的身体感知现实的方式并不怎么确切。人类没办法在两只手臂长度以外的地方，看到比一根头发还小的东西，一天能走的路或许不超过 32 公里，大约三分之一秒内就要眨眼，平均能活大概 80 年。只要比头发小、比 32 公里远、发生时间不及一眨眼，或者时间超过一生的事物就不在我们的经验范围内，会成为科学研究的候选目标。大气变化无法在视觉上确认，很多人因此难以接受科学期刊上刊登的结果。肉眼看不到二氧化碳排放，这本身就成了一部分理由，让反对者在二十余年来，很容易就能混淆大众对人为全球变暖危险性的了解。

基林为了测量混合气体中的二氧化碳压力，自行发明工具，对于 20 世纪中叶需要某些装配过程的实验方式来说，并不算太不寻常。基林的同侪，以测量大气中微量气体而声名卓著的詹姆斯·拉夫洛克（James Lovelock）曾说过："在那些日子里，科学家自己制作或者自己设计器具是常有的事。那时候大多数实验室会有个具备金属工具、车床和铣床的作坊，预设科学家应该有能耐使用这些工具……自己做仪器的最大优势在于，有时候发明出的新工具比市场上既有的工具先进了好几年"。[①]

---

① Lovelock, "Travels with an Electron Capture Detector." 拉夫洛克因"地球是一个自我调节的有机体"假说而成名，事实上这是一个半比喻半假说的理论。他使用了古希腊神话中地球之神盖亚（Gaia）的名字来描述这个有机系统。

基林现在回想他那个历史性的二氧化碳测量研究时，这么说：

> 当时我的实验并不真的有这种需求，为什么我会设计出这么细腻的取样策略？理由只是我觉得好玩。我喜欢设计和组装仪器。我不觉得有压力要在短时间内做出最后的成果。我根本没想过，我可能很快就要在赞助单位原子能委员会（AEC）面前证明我的活动与进展。以我27岁的年纪，在大苏尔州立公园花上更多时间采集多组空气、水样本，而非蜻蜓点水，这个前景看来没什么不好，就算晚上我必须从睡袋里爬出来好几次都没关系。我看见自己正在地球化学界开拓全新的职业生涯。
>
> 我没预料到在第一次实验里建立的程序，会为我接下来40多年的研究奠定了基础。[①]

要进行他真正的计划，也就是确定水流中的二氧化碳成分，他需要空气二氧化碳的测量基准线。基林发现空气中的二氧化碳成分在一天之中就会有所改变，而且是有规律的。在晚上，太阳的光子会打向地球的另一边，树木会停止白天的活动。晚间二氧化碳会在植被附近累积，此时植物会把碳水化合物烧回空中。相对于中性的空气样本，在此时释放出的气体中，碳十二浓度明显高于碳十三，这个指标显示，植物本身释出了这种气体。到了破晓时分，在树梢和草地上方的空气二氧化碳成分会变成第二天光合作用运作的来源。到了下午，空气混合起来，显示出一个普遍适用的测量值，在每100万个空气分子中，大约会有310个是二氧化碳，而且是常规同位素模式。从大苏尔、华盛顿州的奥林匹克半岛到亚利桑那州的

① Keeling, “Rewards,” 33–34.

在大学与政府的支持下，基林在 1958 年开始测量大气中的二氧化碳

高海拔森林，不管基林到何处，他的测量都显示出同样的节奏。说来奇怪，虽然过去没有人做过精确计算，这时出现的大气二氧化碳含量数值，竟然就是习惯上假定的数值。

在 1956 年，基林把他那份“惊人地接近常数”①的空气二氧化碳含量资料寄给同僚和美国气象局的科学家。很快他就发现，自己要搭飞机（这是他第一次）到华盛顿去，争取后续的二氧化碳测量。他假定这种浓度比先前大家相信的更稳定，不过他不知晓原因。他建议把侦测器放在世界各地，以便收集样本。气象局满足了这个要求。

基林的研究成果，让他在这个耗资巨大的科学领域和支持这项研究的联邦单位里，成为备受敬重、十分有名的领袖。罗杰·雷维尔（Roger Revelle）是斯克里普斯海洋研究所的所长，他对基林的资料很有兴趣，而且很快就在斯克里普斯替他安排了一个职位。

雷维尔留下的宝贵资料遍及整个地球化学界。在 1957 年，当

① Keeling, “Rewards,” 33–34.

基林扩大他的二氧化碳测量规模时，雷维尔跟同僚汉斯·聚斯（Hans Suess）计算出海洋吸收了大约一半由化石燃料排放的二氧化碳。雷维尔做出如下结论：

> 人类目前正在进行一种大规模的地球物理学实验，这种实验过去不可能发生，未来也不可能重做。在几个世纪之内，我们会把储存在沉积岩里数亿年的浓缩有机碳，都还回大气和海洋中。这个实验如果留下适当的记录，可能会对决定天气与气候的过程产生影响深远的观点。因此，尝试测定二氧化碳在大气、海洋、生物圈和岩石圈的分配方式，变成最重要的事情。[①]

雷维尔和基林在进行二氧化碳测量的前几年，对于其中一个程序有不同的意见。雷维尔觉得对于海上、空中和偏远地区的二氧化碳做周期性快速采样，这样的读数就能捕捉到微量气体的行为及其丰富性。基林则鼓吹持续测试空气。要这么做的话，他需要好几台价值 6000 美元的机器。在 1958 年春天，一位工程师在夏威夷的冒纳罗亚观测站（Mauna Loa Observatory）启用了一台气体分析仪。以先前在斯克里普斯海洋研究所码头上所做的观察为基础，基林要冒纳罗亚的研究团队寻找大约 313ppm 的二氧化碳读数。第一个读数出现时，与目标差距在 1ppm 以内，这是个巧合，但对于未来的冒险来说，这是很幸运的开始。

现在，有四具气体分析仪坐落在冒纳罗亚观测站的四个塔楼顶端，一小时采样空气四次，以测定其中的二氧化碳。这种设备会发

---

① Christianson, *Greenhouse*, 155–156. 雷维尔的名字在他死后的第 15 年，即 2006 年大受关注，这一年前副总统艾伯特·戈尔在电影《难以忽视的真相》（*An Inconvenient Truth*）中叙述了他人生中一段重要的、与雷维尔共同学习的大学经历。

出一道穿透空气的红外线激光。能量被吸收的数量和二氧化碳含量是相关的，有大约 0.1ppm 的误差[①]。每周研究人员都会从世界各地的另外 100 个观测站收集空气样本，然后测定其中的二氧化碳及其他气体含量[②]。当基林把第一台仪器架设在冒纳罗亚的时候，读数是 313.4ppm[③]，现在读数已经超过 383ppm 了。在这个无可阻挠的上升趋势中，基林曲线变成一个典型形象。这是一个简单的 X—Y 轴平面图，画出了冒纳罗亚观测站从 1958 年 3 月到现在的二氧化碳浓度连续读数。仪器问题导致 1963 年和 1964 年出现一段短暂脱轨期。基林在 40 年职业生涯中，数度奋战以力保测量运作的经费，这次脱轨期就发生在他第一次为经费而战的时候[④]。基林曲线是现存最古老的大气二氧化碳直接记录。读数继续往上，每年大概上升 2ppm，而且速度也在增加。

在两年之内，基林察觉出二氧化碳浓度的季节性变化，这是地球以固定节奏呼吸的证据。在了无生气的冬天之后，浓度在春天升到最顶点。到了秋天，二氧化碳在绿荫的生长季以后，浓度下降。北半球的季节主控了循环，因为大多数陆地在赤道以北，北半球制造出的植被比南半球多。

早在 1960 年 3 月，基林可能就已经看出来，燃烧化石燃料对于观察得到的二氧化碳浓度上升产生了影响。他写道："在资料范围延伸到超过一年的地方，第二年的平均值比第一年高。"[⑤]从实验的第二年起一直到现在，数值资料一直往上升。到了 70 年代早期，

---

① Smil, *Cycles of Life*, 100.

② Houghton, "Balancing," 318.

③ Keeling, "Concentration and Isotopic Abundances," 201.

④ Weart, e-mail to the author, October 19, 2007; Keeling, "Rewards."

⑤ Keeling, "Concentration and Isotopic Abundances," 203.

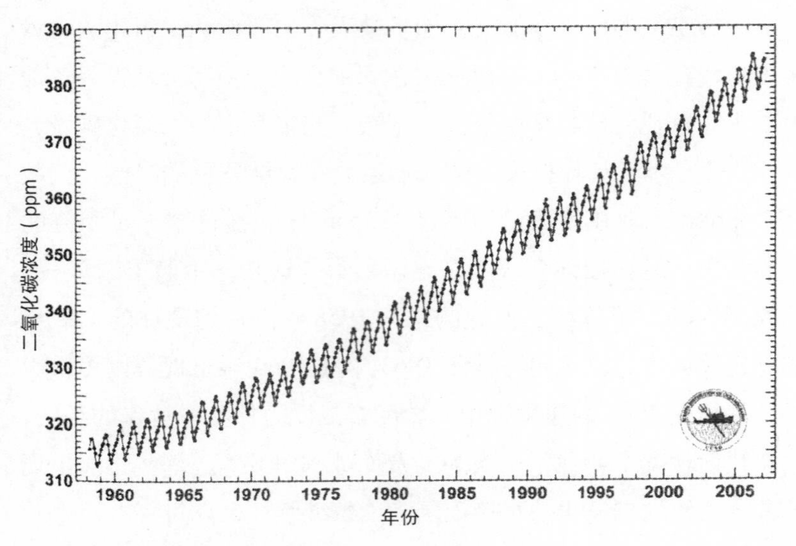

夏威夷冒纳罗亚观测站二氧化碳每月平均浓度

“基林曲线”已经变成空气二氧化碳含量上升与全球变暖的代表性图像（资料来自斯克里普斯二氧化碳计划，2007 年 3 月更新）

斯克里普斯海洋研究所的聚斯侦测到大气中碳十四的相对衰减数值。碳十四是一种放射性同位素，用来替历史在 5 万年以下的物质定年[①]。化石燃料比那些物质还要老 4000 倍。如果矿物化的碳改变了大气的组成，并因此改变了困在地球系统中的太阳辐射量，那么可以推测的是，碳十四占比会变得比较小[②]。

地球的辐射能收支，来自从太空中进入与离开的能量流。就像人的收支一样，进入和离去的能量必须平衡以求稳定。人为的碳排放导致地球重新平衡自己的能量收支：提高温度和海洋的酸度，融

① Keeling “Rewards,” 53.

② Houghton, “Balancing, ” 313. 早在 1965 年 2 月，白宫方面就指出了破坏大气层的潜在危害。林登·贝恩斯·约翰逊（Lyndon Baines Johnson）向国会提交了一份特别咨文：“空气污染已经不单单发生在个别地区了，对化石燃料的使用产生的放射性物质和不断升高的二氧化碳已经在全球范围内改变了大气的成分。”

化冰层，以便调节被包裹在地球体系中的多余能量。

太阳能（或称太阳辐射）以平均每平方米342瓦的功率接近地球，这足够点亮四到五个老式的白炽灯泡[1]。大约30%的辐射会从大气层、云层、冰雪覆盖的极地、覆雪的山峰、尘埃、空气中的悬浮粒子与地表色泽较浅的地区弹出。云层在此扮演双重角色。云会把热量留在云层和云与地表之间；作为平衡，云朵反射性的白会把光线从表面弹开，总结起来产生的是冷却效果[2]。地表吸收另外70%，维持地球的平均温度：14摄氏度。地球持续地散发每平方米约240瓦的功率。这个数值应该有的温度是零下19摄氏度。科学家认为，在缺乏温室的状态下地球应该是这种温度。能蓄热的气体吸收并把足够的红外线能量辐射回地表，把表面温度提升到上个冰河期（1.2万年前）结束至今一直维持的程度。

红外线辐射（热）不够强大，不足以破坏水和二氧化碳中的分子键。分子吸收了光子，并因此翻转、拴牢、伸展和弯曲。被水分子和二氧化碳分子挡住通道的红外线，并不像紫外线或X光这种高能量射线（还有较短的波）具毁灭性。克里明斯在他的银杏内酯B合成过程中，使用了一种水银光，把366纳米的波长打在媒介分子上。这种光强到足以瓦解化学键。红外线会让水和二氧化碳这样的分子为之动摇，却不会断裂。水分子和二氧化碳分子吸收波长大约12～15微米的能量，这足以把分子中的电子震到比较高的能级——这是物理学上对于“吸热”的说法[3]。

两个原子组成的分子，例如氮分子与氧分子，缺乏大分子那种可以弹跳、卡紧、延伸和弯曲的结构。红外线能量会直接穿过这些分

---

① IPCC, *Physical Science Basis*, 96.

② IPCC, *Physical Science Basis*, 96–97.

③ Kump et al., *Earth System*, 47.

子，廷德耳在150年前就知道这些了。水和二氧化碳能够翻转，在吸收光子的时候也会以数种方式震动。水分子被塑造得像是个分子回旋镖。氧原子坐在顶点，两边夹着氢原子，回旋镖就成形了。分子可以伸展，当一个氢原子滑向氧原子的时候，另一个氢原子就会被弹开。两个氢原子可以朝着彼此弯过去，缩短两者之间的键结角度。全部三个原子都可以比正常状况下延伸得更远一点。二氧化碳分子在吸收热能的时候，会以数种方式颤动。两个氧原子可以朝着彼此的方向弯过去，违反二氧化碳的180度线性排列。碳可以卡在两个氧原子中间，伸长或缩短键结的长度。二氧化碳分子弯曲时的震动，吸收能量的波长跟水是一样的[①]。迟早这些分子会把能量以热的形式释放出来，可能是回到地球或者往外散放到太空中，以便开始一个新的循环。

有一组气体温暖了这个温室。二氧化碳和水蒸气只是其中最重要的两个。甲烷、氧化亚氮、氢氟碳化物、全氟碳化物、六氟化硫及其他工业用化学物质，也加重了这个问题。这些分子中有许多会吸收波长8～12微米的热，就在水和二氧化碳吸收的波长之下[②]。对甲烷的监测始于20世纪70年代早期，就在大气化学家发现了一次20世纪的甲烷浓度尖峰之后。甲烷的浓度在整个80年代里升高了大约1％，然后在90年代保持稳定，每年大约上升0.4％[③]。在分子对分子的比较中，甲烷作为吸热气体，其能力比二氧化碳强大约21倍。不过要是把这两种气体在大气中的丰富含量也列入考量，来自甲烷的暖化推动力只有二氧化碳的一半。如果每个国家和企业不降低二氧化碳排放量，甲烷浓度可能无关紧要。

其他气体也会在大气中蓄热，包括氧化亚氮。它是不完全燃

---

① Kump et al., *Earth System*, 47.

② Kump et al., *Earth System*, 47.

③ IPCC, *Physical Science Basis*, 100.

烧的有毒产物，有个较知名的俗称：笑气。人造的暖化气体，比如含氯氟烃，对于自然界来说是全新的物质。这些气体也摧毁了臭氧层。这层由臭氧分子构成的保护层，降低了照射到陆地的紫外线含量。

信号都指向不对劲的方向。全球碳计划（GCP）是2001年发起的科学界联合计划，目的在于填补科学界对于碳循环认识的不足之处。研究人员记录了加速人为二氧化碳排放的三重趋势。2000～2006年，排放量的年度成长从1.3%提升到3.3%。增加的碳燃烧量至少暂时逆转了一种维持30年的趋势，导致世界经济生产额中每一美元所制造出的碳浓度稍稍上升了（这项研究的批评者说，三年的资料并不构成长期的趋势[①]）。这表示对于每一单位的世界生产额来说，有更多的碳被释放到大气中了。在2002年与2003年，冒纳罗亚观测站第一次记录到大气二氧化碳连续两年增长超过2ppm[②]。最后，沉积在陆地和海洋中的碳都填满了，碳能去的地方越来越少了。

气候是捉摸不定的，就算没有突然的打击，气候也可能进入混乱时期，改变生态系统的生存难易度。现代地球系统科学界的领导者，哥伦比亚大学拉蒙特－多尔蒂地球观测站的华莱士·布勒克尔（Wallace Broecker）就说："史前气候记录大声告诉我们，地球的气候系统绝不是能够自行稳定的系统，而是个坏脾气的野兽，就算只是被轻推几下也会反应强烈。"[③]如果地球气候被轻轻地"推"了一下，非线性的变化可以发展到看似无中生有。人为的气候变化可不只是轻轻一推。科学家将针对气候的地球物理学压力源叫作辐射效

① Ausubel, e-mail to the author, November 25, 2007.

② Houghton, "Balancing," 331.

③ Quoted in Romm, *Hell and High Water*, 11. 一个"猛兽"，或者说一个好几米长的毛绒玩具蛇盘踞在布勒克尔办公室的天花板上。

应，或者辐射收支中的异常[1]。火山、太阳能的改变还有各种温室气体，都被视为压力来源。IPCC在第四次评估报告里提出这个结论：人为辐射效应，让地球的能量收支又增加了每平方米1.6瓦。就算从明天起，我们的汽车和电厂全都不再燃烧碳，整个地球体系中也已经有了0.6摄氏度的暖化。

在阿伦尼乌斯猜测大气中的碳加倍以后可能会怎样的时候，他创下一个先例，最后变成普遍的科学界传统。要预测碳在大气中增加所造成的影响，“气候敏感度”是常见的衡量标准。科学家对这个衡量标准的定义如下：前工业时期二氧化碳浓度加倍造成的全球温度上升平均值。二氧化碳浓度加倍，会发生在微量气体浓度达到560ppm的时候，刚好是工业化时代之前的浓度（280ppm）乘以2。我们现在是在385ppm左右，以现在的化石燃料消耗率，也许会在2050年跨越界限。另一个能提供信息的衡量标准是二氧化碳当量（Co_2e）。这个数字中包括其他温室气体造成的暖化效应。在这本书写作的同时，大气中包含大约430ppm的二氧化碳当量。现在的模型运算显示，二氧化碳加倍后可能有的气候敏感度，会落在2～4.5摄氏度。根据IPCC的第四次评估报告，预测的温度上升平均值是3摄氏度[2]。如果当初约束成功，《京都议定书》（*Kyoto Protocol*）会让二氧化碳排放量稳定处于1990年的水准。但是从《京都议定书》以后，排放量已经提升了35%，这是个坏兆头。

从人类的观点来看，在21世纪和下个世纪，地球上预计会发生许多问题。某些科学家已经把人类对生物多样性的冲击，视为寒武纪以来的第六次重大灭绝事件。南冰洋看来已经渐渐无力消化溶

---

① Hansen et al., “Climate Change and Trace Gases,” 1928.

② IPCC, *Physical Science Basis*, 749.

于水的碳了。吸收大气碳的陆地生态系统可能会在2050年以前达到饱和巅峰，接着有可能会逆转，变成问题而非解决方案的一部分。如果温度升高1.5～2.5摄氏度，三分之一的植物和动物物种可能面临灭绝的命运。到了2020年，将近2.5亿非洲人可能将面临和气候变化相关的缺水问题，这个问题会接着影响食物的培育。干旱将会降临澳大利亚、南欧和美国西南部。随着21世纪的发展，热造成的死亡、物种迁徙与疾病将会蔓延开来。IPCC报告中说："显然未来天气变化带来的冲击，不只取决于气候变化率，也看未来世界的社会、经济与科技状态而定。"[①]

美国太空总署戈达德太空研究所（GISS）的院长汉森说，比前工业时期热2摄氏度的地球，会把整个气候推入不归路：海平面（至少）会升高好几米，现今三分之一到二分之一的动物与植物会绝种，生态系统会大规模毁灭或崩溃。他写道："这些后果不再是纯理论性的气候模型结果……我们对预期中的气候冲击所做的最佳估算，以过往地球史上的气候变化，以及新近观察到的气候趋势等证据作为立论基础。"[②]

全球变暖造成的变化，威胁到现代文明发展的限度和潜力。只有核战争或具抗药性的病原体，能跟全球变暖竞争文明最大威胁的冠军位置。对于人为气候变化最简单，而且听起来最科学的叙述，可以概括为下面这两句话：

> 一、温度和大气中的碳含量，在每个地质时间尺度上都是互相配合的，通常是以气温（的变动）为先导，但从工业

① IPCC, *Impacts, Adaptation and Vulnerability*, 824.

② Hansen, "Declaration of James E. Hansen."

化以后就不是这样了。

二、人类把含碳矿物燃烧成大气气体的速度，至少比地球平常的速度快了100倍，让这个星球变热又变质。

这两条加起来，挑战了“地质时间尺度”的现行定义。人为影响的速度，把地质时间尺度压缩到半个世纪。通常要花上好几千年或好几百万年展开的事件，在人类一生的时间内就发生了。人为的地球变暖，抹消了生物和地质时间尺度的界限，与人类在地球上的其他作为一样明显。

耶鲁大学的伯纳强调长期与短期碳循环之间的差异。短期碳循环延续长度可以从短短一秒钟的几分之一，到长达数十年或数百年。长期碳循环则涵盖数千万年的时间，并且包括岩石圈，也就是把松弛土壤和海底沉积层从地幔上分开的岩石层。岩石圈是板块运动的领域，每年这12个大陆板块会相互碰撞，滑到对方下面，推到对方上面，或者在旁边滑移个几厘米。这是风化与沉积的领域，沉积物在热力与压力之下硬化成岩石。带有碳酸的雨水与河流，会把矿物质从岩石中抽出，然后洗进大海，岩石则会被吸收到地幔里去。硅酸盐岩石的风化，对于地质时间中的碳循环是主要的促成因素。但是富含有机碳的岩石也会风化，比起工业化之后燃烧这些矿石的速度，大概慢100倍。

生命总是驱动着地质发展，也为地质发展所驱策。碳在生物之中的流动，靠着自然界的无生命力量和演化缠绕在一起。但是，过去没有证据显示生物曾经让长期碳循环加速到进入短期循环的路线。除了陨石撞击以外，没有其他事物像人类改变地质的速度这么快。工业是生物与地质之间交互作用的一条强大的新途径。为了形容人类导致的变化力量有什么特质，史密森学会古植物学部门主任温说："我们'就是'板块运动！"[1]

如果考量到要花多少时间才能让这些燃料就位，燃烧率就显得更加重要。石油来自腐化的生物原料，来自颗石藻类、硅藻、桡足类动物的粒状排泄物、有孔虫类、花粉、孢子和其他生物的大量有机物。热力、压力还有时间，让这些物质降解成直链碳氢化合物、芳香环、含碳铁丝网，以及各式各样其他的黑色黏滑物质[2]。花了上千万年时间才从富含碳的岩石中流出的可开采石油，人类只花了一个半世纪就烧掉了一半。

针对人类对地球造成的影响，已故的德国作家泽巴尔德（W. G. Sebald）在他 1995 年的小说《土星之环》(*The Rings of Saturn*) 里隐藏了一段犀利的话。在这本书里，到处漫游的叙述者漫步在英国的海滨，思索着海景与历史。英国东南部邓尼奇南地的荒芜森林，让他想起"燃烧"在各个国家兴起时的重要性：

> 巴西的国名来自于法语里的"木炭"，这并非毫无意义。我们在地球上散布繁衍时，燃料来自于把较高大的植物化为木炭，也来自于无止境地燃烧一切可燃物。从第一支燃烧的细小蜡烛，到 19 世纪宫廷里处处放光芒的优雅灯笼，再从这些灯笼温和的光辉，到比利时高速公路上那排钠光灯超乎自然的强光，这全都是燃烧。燃烧是我们创造的每个人工制品背后的隐藏原则。鱼钩的制造，陶瓷杯的生产，或者电视节目的制作，全都依靠同样的燃烧过程。就像我们的身体，也像我们的欲望，我们设计的机器

① Wing, interview with the author, Washington, D.C., September 15, 2006.

② Stonely, "Review of Petroleum," 264.

都有一颗缓缓削弱成余烬的心。从最早的时代开始，人类文明一直就只是随着时间燃烧得越来越激烈的奇异冷光，没有人说得准这光芒何时会开始变得黯淡，何时又会熄灭。就现在来说，我们的城市仍然在夜晚灯火通明，火焰也还在蔓延。[①]

借助让火焰蔓延（在经济竞争中看不见的手的挑拨之下，产生了一个蜡烛越来越大的时代），我们作为一群个体和一个社会，作为许多国家和一个物种，认定了我们的生活方式比生活的持续性、比地球上大部分其他物种更重要。人类并不是在一片真空中发展的，但我们的行为显示我们自以为如此。

但如果我们行动够快，就有可能减缓我们对碳循环的冲击，又不必牺牲工业化的火焰。针对新能源与原料工业所做的科技投资，有可能重塑我们制造物品的方式。要这么做，就需要公开讨论整个社会所做的基本道德选择，特别是在专业科学与经济语言中显得含糊难解的那些选项。对于一般观察者来说，在气候危机之中，不管是科学家还是经济学家的术语，仍有许多含混不清之处。在这种模糊加上专业群体间并不总是能如愿沟通良好所造成的知识空白之中，呈现出一个清楚的事实。科学家口中远超过危险范围的事物，经济学家和政治家却认为只是有可能会发生的最坏情况。

要估计科学家和经济学家之间的距离，就看看他们各自如何处理这两个数字：560ppm 和 550ppm。前一个数字是前工业时代二氧化碳浓度的双倍，以及背后所有潜在的灾难性后果。温度有可能远远超过那只有丁点儿大的 2 摄氏度临界点，超过临界点后，气候本身与加速改变的反馈将会以更难预测的方式做出反应。然而对于经

---

① Sebald, *The Rings of Saturn*, 170.

济学主流来说，后面的数字是中到低度的稳定性目标。这是个悲剧性的悖论。科学界恐惧的二氧化碳浓度上限，却让人不安地低于能引起经济与政治兴趣的程度。

IPCC 分成三个工作小组。第一工作小组负责报告全球变暖的物理科学状况。第二工作小组研究变暖的冲击、适应情形和弱点。第三工作小组则以模型模拟缓和变暖的潜在代价。在某些情境下，IPCC 的科学家会模拟 700ppm 或 800ppm 所造成的冲击，经济学家则接受这些情境来做评估。问题是，容许我们以模型模拟二氧化碳浓度达到 700ppm 或 800ppm 时的碳排放、温度变化、冲击、这些冲击引起的二度冲击，最后是缓和冲击造成的潜在经济伤害，可能就像是谈论一个很晚才确诊得了绝症的患者还有多少赚钱的潜力似的。慢性病与人收入的关系，就跟全球变暖与世界经济生产额的关系是一样的。大气在数百万年或数千万年内，可能不会到达 700ppm 的含量。但在气候条件稳定的时候，经济学研究就已经很困难了。在不稳定又难以预测的气候条件下，估计经济只差一步就等于完全未知。我们确实知道的事实已经够吓人了：二氧化碳的排放量可能朝着另一条途径发展，比 IPCC 科学家认为太悲观而没有放入第四次评估报告的模拟情境更快。

谈到预测未来的时候，经济学家抽中了坏签。那是因为他们必须根据科学家的地球系统模型，来做人类大众行为的模型。科学家的工作很难，却也直截了当。双方研究时遇到的共同问题是，如果大气中的二氧化碳成分从 280ppm 加倍到 560ppm，温度可能会上升多少？根据物理性和间接性的证据，还有对地球物理学与化学的认识，他们会锁定一个大致范围。根据 IPCC 的预测，二氧化碳加倍时的气候敏感度，可能落在 2～4.5 摄氏度的范围，最有可能是 3 度。从这些研究中，科学家预测可能导致的冲击有多少潜在严重性。推断影响程度是庞大无比的工作，因为可能出错的事情（还有这些事情的发生率和严重程度）非常多样化。

接着，经济学家用模型模拟减少碳排放量对未来世界经济生产额有何影响。麻烦的是，这一切变得越来越困难，每个预测都建立在科学预测的不确定之上。我们对地球系统知道得很多，知道碳如何在其间流动并温暖地球。乍看之下，以模型解释人类行为，应该比用模型模拟地球的全球碳循环容易。事实不然。能量和物质流经地球系统的规律性，高于人类驱动一个经济体系的规律性。从许多方面来说，人类行为比地球的行为复杂得多，这个星球是没有意志可言的。

预测未来，要同时依靠气候与经济模型，还有两者之间的交互作用。思考经济冲击的一项工具，是通过被经济学家称为"碳社会成本"的数值，这是对未来某个时间点排放（或者"不"排放）一吨碳的影响所做的估计。模型分析员会检视这几吨碳在大气中悬浮了多久、增加了多少暖化效应，含有多少会引发更多暖化的潜在能量，还有现在要如何评估其影响，借助这些资料来计算碳的社会成本。碳的停留时间是浮动不定的，大气中的碳越多，碳就停留得越久。这表示经济学家需要知道碳在大气中停留多久、影响如何、这些影响价值多少，还有在碳排放当时可能价值多少。大气化学家已经够辛苦的了，更不要说必须在模型之上运作其他模型的经济学家。事实上，针对气候变化所造成的经济影响，汉堡大学的理查德·托尔（Richard Tol）所写下的预测还不成熟[①]。

评估全球变暖的潜在影响，是有重大意义的任务。科学家必须评估可能出问题的每件事情、每件可能出错之事的连锁反应，还

① Tol, "Marginal Damage," 2065.

有每件可能出错之事的发生率和严重性，把这些全部考虑进去。升高的温度会蒸发更多水，这又进一步提高了温度；冰层融化并削减了地球的地表反射区，这又招致更多的热；土壤释放出储存的碳；海洋尽全力吸收碳，又留下更多碳堆积在大气之中。在本章开头引用的汉森的话，并不是在展望未来。他说全新世就要告终了。没有人能很确切地说，地球从今以后改变得会有多快。可以不太正式地说，地球史的下一个阶段已经拥有了一个新名字：人类世。

所以，交到经济学家手中的任务有两个。首先，在你不知道将会发生什么的时候，怎么评估未来的事件？哈佛大学的马丁·韦茨曼（Martin Weitzman）写道："每个成本效益分析都是不确定的评鉴。"[①]他写道，如果全球变暖是这个世界有史以来最大的外部成本，估计其影响可能是经济学家曾经做过最大的主观评鉴。其次，在你知道这些事情有可能会发生的时候，你要如何公正地评估？华盛顿特区的气候议题顾问鲁思·贝尔（Ruth G. Bell）询问经济学家，面对地球正在改变或恶化的生存体系，却还要追求我们的子孙有健全的财务前景，这种思考的逻辑何在："比较富有的未来世代，怎能取代格陵兰的冰层？"[②]

不久之后，制作气候与经济模型开始有了一种鸡生蛋、蛋生鸡的感觉。预测中的二氧化碳浓度取决于经济模型，这个经济模型是按照未来的世界生产额及相关碳基能源生产量成长而制作的。经济学家必须衡量，为了避免没人说得准会不会发生的损害，要花费多少成本。

关于气候的对话在2006年有了好的进展，部分是因为这些考

① Weitzman, "Stern Review, " 19.

② Greenspan Bell, e-mail to the autho, Orctober 31, 2007.

量变成更公开的辩论。关于人为排放是否改变了气候的科学辩论，早在好几年前就告终了，虽然大多数政治家、工业领袖和媒体都没能好好反省这一点。IPCC、全球科学家及宣传者［其中最有影响力的是艾伯特·戈尔（Albert Gore）］持续的努力，对于散布的错误信息做了最强大的正面攻击。

在2006年，对话从科学转向经济学，某些经济学家在当时对气候议题具备的影响力，以及他们在描绘未来图像时所用的假设非常重要。由世界银行前任首席经济学家尼古拉斯·斯特恩（Nicholas Stern）主持的一项英国政府研究，与主流经济学思维分道扬镳，预测随着更多的气候变化，重大的经济困难就要发生。这份报告主张的做法是，立即全力削减碳排放量。这项研究引起争议，部分原因是它的结论真的十分吓人。作者写道："这份报告中判断，如果我们不采取行动，气候变化的整体代价与风险，会等同于每年失去至少5%的全球境内生产总值，从今以后永远如此。如果要把更大范围的风险跟冲击列入考虑，损害评估可能会提高到境内生产总值的20%或更多。"①

在获得这些结论时，斯特恩报告公开了经济学家用以评估现在与未来投资损益对照的方法。与其说这是科学，不如说更像是艺术，不过是含有很多微积分的艺术。经济学界的气候变化论战，重点已不在于我们和我们的子孙之间，到底是谁将会承受、应该承受或者可以承受更大的负担。许多辩论集中在所谓的折现率上，即一块钱的价值在将来会比现在低多少。由经济学家选择的变数置入一个标准的方程式，然后就跑出一个分析，内容包括某段指定时间内的支出值如何变化，还有这些支出在未来造就的社会利益是否值得。

---

① *Stern Review*, Executive Summary, 10.

一般来说，大家宁愿现在就有一块钱，而不要一百年后再拿到。换句话说，一百年后的一块钱比现在的一块钱价值低，或许是因为我们认为自己会变得更有钱，也可能只是我们现在就想要一块钱——我们在一百年后都不存在了。斯特恩报告使用了非常低的折现率，这表示今天的一块钱和 2100 年的一块钱实际上是一样的。报告的作者团队认为未来的重要性，实质上与我们相同。更高的折现率则把未来的重要性看得较低，假设明天的一块钱比今天的一块钱价值低得多。在设想无法预见的未来（一个世纪以后）时，折现率的变化对于金钱的预计价值有巨大的影响，也因此对下列问题有重大影响：我们是应该现在投资以避免或减缓灾难性的改变，还是把钱存起来好让未来世代有足够的钱复原损害？

经济学家选择把哪些输入值放进“拉姆齐方程式”（Ramsey equation），取决于这些输入值是否会对他们所得到的答案有巨大的后续影响，也会随之影响他们设计的气候经济政策。在 IPCC 的一个模拟情境中，如果折现率是 3%，结果碳的社会成本是每吨碳的排放价钱为 62 美元。这个价钱低到一家公司可能会愿意花钱买碳排放牌照，而不是投资低碳科技。如果折现率为 1% 的话，每吨就会产生 165 美元的花费。如果折现率为 0，碳的社会成本就会猛冲到每吨 1610 美元，这高到足以保证开发新科技、削减排放量，而比买进碳排放牌照便宜[①]。这可能听起来很含糊，不过对于会改变世

① IPCC, *Impacts, Adaptation and Vulnerability*, 822. 一吨碳与一吨二氧化碳价格的差别很令人费解。决策者和碳运营者想以 t/CO_2 作为衡量和买卖的标准单位，因为他们主要考虑的是碳主要以工业排放二氧化碳的形式存在。但是多数研究碳循环的学者更倾向于用温室气体排放量，即 t/C 作为衡量单位。如果他们只衡量世界上的碳运动，那么碳无论是以在生物量中的碳水化合物的形式存在，还是在空气中以二氧化碳形式存在，或者是甲烷、石油、煤炭的形式存在，都没有差别。用 t/C 来衡量碳循环使我们能更容易思考碳分子的转移和碳在整个循环中的移动过程。

界的政策，还有我们与后代的生活方式，经济学家的折现率假设都有不小的影响。立法者决定如何应对全球变暖时，都必须考虑这些假设与其中的复杂道德含义。托尔在一篇以碳的社会成本为主题的报告里，很简洁地说明了这个情况，他认为像斯特恩报告这类的分析，“在道德上可能较为可取，但显然不合乎一般惯例”[①]。如果一般惯例在道德上不算可取，那怎么会值得为之辩护？

只要我们还守着把幸福等同于国民平均所得的经济学正统（而且我们还没有其他有竞争力的选择），我们就不可能致力于处理气候变化的基本驱动力：物质主义、粗糙的商业主义，还有便宜又丰富的化石燃料轻易制造出的废弃物。伦斯勒理工学院的约翰·高迪（John Gowdy）主张，在我们的生理构造还没到达目前形态之前的几千年里，火已经把人类社会联结在一起了。从那时开始火就失控了，需要全球规模的群体合作，而且是超越关于公平正义这种纷争议题的合作[②]。这是个强有力的目标，也是难以接受的强势推销。

要让文明放弃成就自身的燃料，又不至于造成文明的中断，是有史以来最困难的市民工作计划。比当初培育文明更困难。汉斯·贝特谈到他 1939 年发现恒星如何闪耀时曾说，恒星“既吃掉了自己的碳，又同时保存了自己的碳”。在一个彻底不同的脉络中，这正是我们想对能源系统做的事。可是我们做得并不怎么样。普林斯顿大学的罗伯特·索科洛（Robert Socolow）及其同僚，发展出一种慢慢改变的可行方式——只要我们马上行动。这很快就变成广为接受的架构，用来思考能源转换应该如何发生。索科洛和他在普林斯顿大学的同事斯蒂芬·帕卡拉（Stephen Pacala），建

① Tol, “Marginal Damage,” 2073.

② Gowdy, “Behavioral Economics” (forthcoming).

议将“稳定楔形”范式作为把改变（新科技、更高的效能及其他策略）转化为概念的方式。他们观察到，要把碳排放量稳定在500ppm的水准，从2004年到2054年的碳排放量就必须控制在每年70亿吨。不幸的是，在我写作的同时，2007年的碳排放量应该已经超过100亿吨了，地球变暖化加速的程度也在上升，大部分原因是亚洲在世界经济中崛起[①]。

在很长一段时间里，大多数的征兆都指出，现代经济体必须脱离制造二氧化碳的事业。人类在工业上制造出二氧化碳的时间，比我们知道二氧化碳是什么的时间更长。美国第31任总统胡佛在1921年就知道了，当时他是哈丁总统的商务部长，他告诉美国有机合成化学品制造商协会，工业之火浪费了从烟囱吹走的碳。“今天这些不仅无法回收其副产品，还把这些副产品送进天空的焦炭烘炉，把这些东西转化成永远无法弥补的损失。你们的工业，是把这些衍生物拿来转变成利益的工业……如果我们要维持自己的世界，就必须把所有废弃因子变成某些有生产力的东西，而且一个几乎完全以自然回收那些废物为基础的工业，值得受到扶持与鼓励。不只是全国，连政府本身都要加以支持。”[②]

胡佛的想法还是一个遥远的梦。目前还没有可供使用的合成科技（其实连个影子都还没有）可以把空气中的二氧化碳擦除，然后转变成一些有用的东西，比如塑胶或甘蓝。而各家公司一直在抗拒为空中那些形同炉灰的残留物付钱。他们习惯性认为这些东西就像呼吸一样是免费的。花钱把烟囱上的碳吹走，就像是政府要为每次呼吸收五分钱一样。这可真是漫天要价啊！

---

① Pacala and Socolow, “Stabilization Wedges,” 968; Field, “Alarming Acceleration.”

② Reisch, “From Coal Tar.”

在公众质疑全球变暖已无退路的主要事实时，新的战场在于金钱以及如何建立异常复杂而一致的全球系统，这个系统必须置于适当的地方，以便确定标准，并且监控并逐步降低国家与工业的温室气体排放量。就在不久之前，暖化之风吹到了华盛顿特区，但是这阵风强烈地从波托马克河往外吹，进入大量的地球史——风吹到国会东面的前寒武纪大理石、西面的奥陶纪花岗岩台阶，以及圆形大厅的白垩纪沙岩上。在我写作的时候，白宫对气候议题的主要成就是，在一栋白到每平方米可以从地表反射 240 瓦功率到空中的建筑物里集会。

在短暂的时间里，人类从一种有影响力的物种，变成地球演化与地质变化中最有力的推手——比板块运动、硅酸盐岩石风化、太阳的短期巨变或轨道摄动（天体的轨道因为与其他天体的重力场产生交互作用而改变或偏离）都更有力。某些科学家、业余天文学家和好莱坞电影制片们满怀恐惧地望着天空，寻找终结文明的火流星。他们应该反求诸己：我们才是陨石。

工业能源政策是一股生物地球化学力量，应该把这股力量跟地震、火山、瘟疫、侵蚀及其他塑造地貌的现象看成一家人。在 20 世纪 20 年代，俄国地质学家弗拉迪米尔·维那斯基（Vladimir Vernadsky）目睹第一次世界大战造成的破坏与屠杀，便总结出历史和地质学是同义词。“从博物学家的观点来看（而我认为，这也是从历史学家的观点来看），把具备这种力量的历史事件看成单一而重大的地质学过程，而不只是一个历史过程，不但可能而且必要。”[①]维那斯基的评语出现在一篇谈论智慧圈（Noösphere）的文章中。智慧圈是希腊语中的“记忆”，这是他为人类的纪元所取的

① Vernadsky, “Few Words about the Noösphere.”

名字。“在这个时代，人类会第一次成为强劲的地质力量。”

陆地植物每年拼凑到自身组织里的碳，其中四分之一源于农业。由单一物种造成的冲击是史无前例的，特别是我们只花了地质时间上的一瞬间就做到了[①]。火山和风化一般来说会重塑地球的面貌。在今天，工业每年雕塑地球的程度，可能比火山和风化还要多[②]。人类活动实质上改变了这个星球上的生态系统。人类的科技改变了细菌、嗜食作物的昆虫、流行性感冒病毒、鱼类，事实上就是地表上的一切与地表下许多生物的生态系统，借此加速了演化。细菌很快演化出对抗生素的免疫力，通过平行基因转移更换基因物质。细长的鱼逃过拖网渔船的网，然后在海中活着繁衍出更神出鬼没的后代。农夫每年买进越来越多的杀虫剂，虫子也演化出逃过一劫的办法。科技影响非自然选择的程度无与伦比[③]。

或许从现在往下一两个世代，各界领导者会回顾过去，同时讶异着美国大学怎么会让一班又一班的学生在毕业之后，投入靠碳矿物燃料运作的经济体，却没有要他们任何一个人研修地球化学导论课。或者，为什么一个从有毒化学污染之中产生的环保“运动”，会造就出这么多的律师和这么少的化学工程师[④]。以现况来说，对于地球系统和我们为此发明的化学物质，学生表现出比较多的兴趣，但或许比不上他们对生物学惊人革命的兴致——这种革新可以提供某些重要工具，解决全球变暖的各个起因。科学曾经帮助创造并诊断这个星球发的高烧，而这是我们减缓加速状态的唯一希望。

---

① Haberl et al., “Quantifying and Mapping, ”12942.

② Schmidt-Bleek, *Fossil Makers*, 20.

③ Palumbi, “Humans ,” 1786–1790.

④ McRae, interview with the author, Cambridge, MA, September 29, 2006.

美国太空总署戈达德太空研究所的戴维·林德（David Rind），对于现代事物改变的可能性没那么乐观。他说："不管多么信誓旦旦，没有人真的打算为了将来牺牲现在，……生在2050年的人，生活品质会比较差，但是他们不会知道怎样会比较好。太阳仍然会照耀一切，大家会过着自己的生活，但将来会是个不同的世界，什么都改变不了这一点。"[1]真正的目标应该是去证明林德说错了。如果他是对的（到目前为止还是），40年后，某些生活水准较差的美国人可能会惊讶，自知造就了这一切、让衰退开始的这一代，竟然不觉得担忧。我们这一代是自恋的一代，我们每个人都跟尼禄有得比，这位罗马皇帝在罗马城燃烧的时候还在弹琴，在面包和马戏团上浪费时间。我们每个人都是沙皇尼古拉二世，他把注意力放在个人的不幸境遇（生病的儿子）上，不顾自己的帝国，让国家朝着未来肆意发展。关于气候的争辩也处于类似的情况。目前还有些许希望，工业化国家可能会把文明转换到另一个不会让地球枯萎的能量系统上。希望源源不绝，机会却稍纵即逝。

---

① Rind, e-mail to the author, January 1, 2008.

第十一章

生物燃料的潜力

在某种意义上，化石燃料是种一次性的恩赐，把我们从自给自足式农业中提升起来，最后应该会带领我们走向以可再生能源为基础的未来。

——肯尼斯·德费耶（Kenneth Deffeyes）

气候变化的解决方案，就是停止把含碳矿物燃烧成大气气体，停止砍伐森林。说比做容易得多，我们至今长达20年却还只是停留在嘴巴讲讲的起步阶段，这就是明证。

要从更广泛的方面来设定这个目标，工业界就要找到一个在生物圈之中、在短期碳循环之内存活下去的方法。能量来源在这短期循环中是可再生的，而且能量在生物（而不是在碳氢化合物化石里才有的死物）之中储存与移动。直到现在，这仍然是不可能的任务，理由有三：第一，官员并没有展现领导风范，在无碳科技的研发上双管齐下，同时对还在发展和准备广泛应用的科技领域砸下足够经费；第二，这些科技因此不能量产；第三，科学家才刚开始了解生化学，可从中寻求能源与气候危机的可能答案。

生物科技研究目前指向某个方向，引导我们逐渐控制作为工业能源的生物加工碳。这既梦幻又遥远，但要维持我们既有的一切，这也是最合乎逻辑的答案，而我们正缓缓地向它前进。在可预见的未来我们还会燃烧碳和石油，在不可预见的未来或许仍然如此，但可能会去减缓其中危险的二氧化碳废物。已经有几家刚成立的公司尝试大量生产经过基因工程改造的微生物。这些微生物能够加速发酵过程，随后造成的运输用燃料，不是跟来自石油的燃料相同，就是比传统生物燃料更强劲。这些燃料可以供既有的汽车使用，却不会燃烧出进入“短期”循环的“长期”的碳，也不需要农民收获农作物来制作燃料。但他们还没办法做到这点。美国政府赞助了一些以生物体基因工程制造工业燃料的研究项目。其中一些目标是，以更有效率的方式利用纤维素来制造乙醇，或者用木质素（植物中较坚韧的材料）取代较脆弱的纤维素。细菌燃料电池研究，则可能带来以多种碳来源（包括污水）发电的微生物[①]。

我们没办法停止燃烧碳，但我们可以对此设限，并且努力改变碳的来源。在一个称为“合成生物学”的新兴领域，已经出现了有效的应用。这个领域借助改变（还有制造新的）自然基因组与代谢系统，来发明生物机器和处理程序。合成生物学是研究过程与研究人员的新兴结合，有潜力成为第二次生命起源，具备所有的希望与危险。这是个年轻的领域，该领域把眼光放在如何培养工业用碳燃料，而非如何开采上。对于自然与非自然之间这种有趣结合，这一章将会按年代说明其目标，以及初始阶段的发展。

---

① Gardner, “Shotgun Mapping of Transcription Regulation: The Hunt for Genetic Gadgetry” (presentation at the Synthetic Biology 2.0 conference, Berk eley, California, May 20–22, 2006). Accessed online, January, 2008.

智人的历史是以燃烧、拆解碳键并取回能源的生化与工业方法而写下的。每次燃烧的基本原则都是一样的：瓦解键结，控制能量，然后重新造出比较低能量的键结。在化石燃料出现以前，每个动物细胞里的发电厂（线粒体）会驱动肌肉，接着通过燃烧葡萄糖衍生物，把能量转换成生物的统一燃料三磷酸腺苷，借此驱动文明。人类、公牛、马匹跟雪橇犬，在耕田、拉车或拖雪橇的过程中，持续地利用并再补足三磷酸腺苷。线粒体有自己的历史、自己的身份认同，虽然与其宿主细胞交缠在一起，却并非刚好一致：线粒体有自己的DNA。线粒体DNA（mtDNA）有一个与核DNA（缠绕在我们每个细胞核中的物质）不同的特征。人类的核DNA缠绕成23对染色体，我们从父母身上各继承完整的一组。基因组是团队合作的结果，双亲都有贡献。同样的说法对线粒体并不适用。线粒体DNA是从母亲身上直接传递下来的，而她又是从她母亲身上得来，依此类推。

在20世纪80年代，加州大学伯克利分校的科学家研究全球女性的线粒体DNA。DNA碱基对的解读，称为定序。线粒体DNA中的突变以固定的比例出现。一路往回推算的结果，让艾伦·威尔逊（Allan Wilson）跟他的团队做出结论：地球上的每个人都是生活在15万年前某位非洲女性的后代，她是我们共同的地母，他们称呼她为“夏娃”。

夏娃在几年后得到了某个可以称为丈夫的对象。性别是在受精那一刻决定的，此时有一个带有X或Y染色体的精子（来源是人类、银杏或者随便什么生物）穿透了卵子。一个X染色体在卵子中跟另一个姐妹相会了，就制造出XX性联：一个女孩。一个Y

染色体跟母亲的X染色体会合后，就会制造出XY性联：一个男孩。在线粒体DNA通过母系途径代代传承的时候，Y染色体也父子相传[①]。人类男性的共组Y亚当，同样也是来自非洲的一群狩猎采集者[②]。不论是线粒体DNA或者Y染色体，都没有经历核DNA那种基因重组所带来的变化。

科学家之所以了解一个物种历史上的散播范围，是以特定区域的核DNA编码跟线粒体DNA比较作为根据的。这些研究属于亲缘地理学的领域。举例来说，棕熊移居欧洲，一系来自欧洲西南部的伊比利亚半岛，另一系来自俄国南部的高加索。两条世系都往北延伸，最后在瑞典会合[③]。

人类的基因物质，核DNA或是线粒体DNA，都可以像熊、刺猬、蚱蜢、麻雀和其他动物一样，用同一种方式定序和回溯谱系。2005年启动的基因地理计划，是由美国国家地理学会、IBM公司、美国家族树跟亚利桑那研究实验室共同进行的，目的是创造一个线粒体DNA样本的公共研究资料库，这是一个"实时人类遗传学研究"[④]。这个团队在2007年6月发表了第一篇通过同行审查的论文，当时已经有超过18.8万人登录在这个计划中[⑤]。

通过计算受试对象之间的基因距离，科学家可以估计人类从非洲迁出的频率，在大约5万年前，这种迁徙开始变得比较有规模[⑥]。中东在4.5万年前开始有人聚居。欧洲则大约在3.5万年前。在最后一个冰河时期的晚期，有一座跨越北太平洋的冰桥，把智人放在

---

① "Human Journey, Human Origins," *National Geographic Magazine*, March 2006, 60–69.

② Ke, "African Origin," 1151.

③ Barton et al., *Evolution*, 452.

④ Behar et al., "Genographic Project, " 1083.

⑤ Behar et al., "Genographic Project, "1089.

⑥ Wells, "Out of Africa," 114.

美洲。在五万年间，人类族群从非洲的家园开枝散叶到今天，现在人类生活在从北极到南极的所有陆地上。沿着这段旅途，人类繁衍后代，基因也重新组合，扩大了我们在基因码上的些微差异（大约在几千个碱基对中有一对）。这是个值得注意的事实。在五万年中，人类从两千多个会用火的两足动物，变成对这个星球的演化与地质变化最有影响的力量。

基因地理计划跟其他亲缘地理学研究，利用了基因科技急遽上升的进步和DNA定序骤降的价格。这个计划的名称源于先前另一个更著名的大事业，想象中的生物学起始点——人类基因组计划，一项由美国能源部、国家卫生研究院以及英国政府在1990年发起的计划。他们的目标是在15年内替人类基因组做出定位。最后，在破除传统又充满企业家精神的克雷格·文特尔（Craig Venter）所带来的竞争压力下，他们只花了13年时间就完成了目标。文特尔创立的竞争公司——塞莱拉基因技术公司（Celera Genomics），在20世纪90年代中叶借助更快的定序科技，跟上了人类基因组计划的速度，在某些方面甚至超越了这个跨国跨部门的巨头。双方抢着把基因组从一份化学底稿转录成一个化学语言衍生出来的字母（A、T、C、G、），这场比赛演变成文特尔的新兴热门公司和美国计划之间的武器竞赛。

基因解读速度的改进，让人想起计算机用的晶体管数量的迅速增长。摩尔定律描述，每半年到两年之间，一块积体电路上能容纳的晶体管数目就会加倍[1]。现代晶片上有数亿的晶体管——相较之下，英特尔公司的戈登·摩尔（Gordor Moore）在1965年提出这个预测时，一片晶片上只能塞50个晶体管。就算硅科技开始到达物

① Moore, “Cramming More Components.”

理上的极限，碳基的后继者已在一旁等待了。纳米碳管是圆柱状石墨烯薄片（就像卷起来的分子铁丝网），科学家已经把这种东西内建在实验性的晶体管中。

计算机领域和生物学有许多相似之处。赛博朋客和科幻作家长期以来构思着这样的未来：在这个时代，我们身体的“肉身世界”，渐渐消失在数字化的遗忘状态里。不管使用哪个媒介，自然或者非自然，编码就是编码。纯粹的信息通过复制和选择的类比方法，就可以在物种或计算机之间移动，不管你把那些信息称为“迷因”“有用知识”还是“知识片段”都一样。计算机运作是靠零与一构成的二进制码。四个字母（A、T、C、G）组成的化学字母系统，则储存了生物信息。英语则是 26 个符号构成的编码（括弧、空格、逗号跟句号之类的标点不算在内）。人类基因组大约有三千兆字节（十亿位元组）的长度，相当于十套托尔斯泰的《战争与和平》（不含空白的俄文版）。

有件关于信息的趣事：不论登录信息的编码形式是什么，不管用什么媒介表达，信息似乎都表现出类似的行为。就是这一点，让我们能够把 DNA 看成一个复制者，然后搜寻人类经验以便找出类似的机制：信息在其中浮现、突变、存活下来或者死去。“编码就是编码，信息就是信息”这个概念，为计算机模拟演化行为的能力做了保证。在数十年来，在把突变导入编码并选择最佳化“后代”这方面，软件发展得更加成熟。基因演算法这类程序，是用来组织某个问题（比如杂货店陈列、战舰的弱点或飞机发动机设计）的各种竞争解答。每个解答的最佳部分会留到下一代的解答中，就好像生物学中的基因。解答相互“配对”，直到设计者觉得计算机已经产生了一个最佳情境为止。同样，计算机式的类比遍布于分子生物学中。如果把演化提炼成一句话，以此描述有结构的信息在动态系统中的行为，我们可以说，生物体在细胞膜、细胞质和蛋白质构成的“硬件”之内“跑”DNA“软件”。

今天，实验室的机器执行更多定序工作。这些机器从细胞中挑出需要的DNA。细菌群落“放大”这些样本，把需要的片段培养到足以让机器读取的数量。或者用自动化温度循环的聚合酶连锁反应仪，花一下午的时间，就可以把需要的序列放大数十亿倍。这个DNA接下来必须从培养菌落中移出，然后填进真正的定序器中。从20世纪90年代中叶以后，高速解读DNA的技术发展的速度比摩尔定律还要快。一个人一天同时用许多机器能够定序出来的碱基对数量，已经跳升了500多倍，而且每两年倍增一次。在1990年替一对碱基定序要花10美元，在2006年就变成了0.1美元[①]。因此，每个星期都有一个基因组被攻陷，其编码在网络上广而告知：海胆、芥菜、蚊子、蜜蜂，还有没完没了的微生物界代表。

解答一个蛋白质结构所需的时间也在缩短，尽管这些高分子的结构有其复杂性。霍华德·休斯医学研究所（Howard Hughes Medical Institute, HHMI）的科学家利用网络的力量与分散式运算，正确地预测了一个有112个氨基酸的特定长链如何折叠成一个蛋白质。全世界超过15万个计算机使用者自愿提供运算力，集体搜寻这个氨基酸链改变后应有的结构最可能是什么样子[②]。

到2020年的时候，定序科技可以让1000美元的人类基因组变成现实。这是在科技进步可能扩散到个人化基因药物时的软性目标。就算个人化的定序今天已经具有可行性，经济上也可负担，生物和医学还没有进步到足以利用这种信息，这正是基因医药还在婴

① Service, “ $1,000 Genome,” 1544.

② Qian et al., “High Resolution, ” 259.

儿时期的真正反映。在今天，个人基因组是一种不属于研究对象的偶然的新玩意儿。在未来，有办法取得基因组药物的病人必须决定，他们实际上对自己到底想了解多少。DNA 双螺旋结构的共同破解者沃森，在 2007 年出席他自己的基因组解读仪式时，要求不要知道自己是否带有某个版本的载脂蛋白 E4（ApoE4）基因，这种基因与阿尔茨海默病发生率有关。一家位于康涅狄格州布兰福德市，名为“454”的公司跟贝勒大学合作，在两个月内完成了这个计划，只花了不到 100 万美元。相对于人类基因组计划，这是个显著的改变，当初人类基因组计划花了大约 3 亿美元[①]。

人类基因组计划作为科学界历史性的成就被载入史册，但这只是刚刚起步而已。波士顿大学的詹姆斯·科林斯（James Collins），把人类基因组的解读内容形容成一份缺乏使用说明书的零件目录[②]。就像你试图用只有满纸俄文字母的《战争与和平》来拍一部英语片，而且你还不会讲俄语。

定序科技会继续改进，但这真的只是第一步。定序费用的下降，并没有严格对应摩尔定律。晶片容纳量更大、体积缩小的晶体管，创造出一个制造商能够用来组装成计算机的产品，而晶体管提高了动力和记忆量。DNA 本身只提供记忆。一个定序过的基因组是机器的零件清单，大家还不知道怎么从零开始组装这个机器。只能读取的 DVD 播放器，跟可写入信息的 DVD 光碟机差别很大。同样的区别也可以应用在这里。定序是只能读取的记忆。科学家没

---

① 几个月以后，沃森无耻地针对非洲裔暗示说：“我们所有的社会准则都是以他们和我们的智力水平一致为基础的，但所有的检测都表明他们的智力和我们并不一样。”几个月以前在美国冷泉港实验室出版的一部关于进化的专著中，沃森收回了上述观点之后，辞去了冷泉港实验室的领导工作。这部著作指出，认知水平和其他敏感性特征与地理位置并无任何关系。

② Collins, “Who’ s Afraid of Synthetic Biology?”

办法创造出他们自己的基因 DVD 光碟机，也就是活体细胞，来播放这些记忆。DNA“合成”容许科学家重新创造基因片段，或者创造出全新的片段。这种科技容许实验室把一个个字母写入 DNA 里。合成科技已经成长得至少跟基因解读一样快速了。

参与 DNA 合成的公司通常会分成两批，一批制造长度通常少于 200 碱基对（bp）的 DNA 片段，另一批则制造大于 200 碱基对的 DNA 片段，让科学家可以将片段剪接到一个基因组里。在过去 10 年左右的时间里，每对碱基对的平均价格从大约 30 美元滑落到大约 0.2 美元。现在要合成基因长度的 DNA 分子，每对碱基对的费用会多 5 倍[①]。错误修正技术的进步，增强了合成的可靠度。新科技在一万次里面只会犯一次错误。当然，生物系统里的 DNA 在 10 亿次里只会错一次。但请放工程师一马吧，他们扩增这个过程仅 10 年，生命却有着 40 亿年的优势。实验室流程也缓慢得多，一个碱基对的速度是每五分钟一个，而某些细菌可以用每秒 500 碱基对的速度合成自己的 DNA[②]。

生物系统的复杂性之高，就连最简单的细胞都是科学界无法彻底认识的机器，复制就更不用说了。但科学家的知识足以创造出简单的装置，以便巡回展示合成生物制燃料与药物的计划。有一个早期的例子，显示出这种设备到底有多简单。当时还是波士顿大学研究生的蒂姆·加德纳（Tim Gardner），跟科林斯以及波士顿大学生物学家查尔斯·坎托（Charles Cantor）一起建造了一个由两个基因构成的基因开关，一次只能显示一个状态。有些外在影响（天气或化学物质）会改变环境条件，关掉其中一个基因，打开另一个。这

---

① Bügl et al., “DNA Synthesis,” 628.

② Baker et al., “Engineering Life, ” 46.

个简单的一位元计算机和硅电晶体相去甚远，但细菌开关是概念和实验上的突破[1]。

如果一个作曲家每次写一首歌就要做一台 MP3 播放器，他就不会花那么多时间在钢琴上了。然而生物学家基本上就要对抗这样的处境。合成化学大致上就像是 20 世纪初的汽车制造业。独立店铺必须从零开始制造自己的零件（DNA 序列）。他们意识到 DNA 合成是一个很耗时的过程，最好转包给标准零件制造商。要让经过工程设计的生物系统发展良好，科学家就需要把 DNA 合成外包到提供商品服务的实验室。在 DNA 科技变得更便宜而普及的时候，合成生物学家就能够依靠其他公司来读取和写入 DNA，这样他们才能把时间和金钱集中在他们真正想做的事情上，设计新颖或者改良的生物系统。设计与合成 DNA 零件，是建立新生物装置的第一步。

基因工程出现在 20 世纪 70 年代早期，当时出现了重组 DNA——把基因剪接置入细菌基因组里，以便培养像激素或胰岛素这样的蛋白质。到人类基因组计划完成的时候，真正的工程师注意到，生物工程和基因工程根本不是什么工程。工程师要想出如何设计一个系统，如何用零件把系统组装起来，以便执行某些想要的功能。要是把这个范式应用到细胞上，按照科林斯的说法：“工程师可以制造出‘湿的’生物版电路，并且替既有的生物体重新配线，就好像他们拿起收音机乱搞一番。”

为了这个目的，麻省理工学院、哈佛大学和加州大学旧金山分校等大学的教授一起成立的生物积木基金会（Bio Bricks Foundation），作为公共储藏所存放“标准生物零件”。这是免费的序列资料，研究者可以搜寻、下订单，就好像一份商品目录一样。

① Collins (Boston University), “Who' s Afraid of Synthetic Biology?” (unpublished essay)

实验室可以订购标准零件，只付出合成的价钱。一份属于公共领域的目录，免除了授权费用，或者专利序列使用权的争讼费用。这个基金会的名字“生物积木”，是对乐高积木致敬。这个计划的其中一位创始人——麻省理工学院的汤姆·奈特（Tom Knight），对这种玩具很热衷。

生物积木基金会最早的成功，是吸引年轻科学家对这个领域的发展感兴趣。第一个国际基因工程机器竞赛（iGem）在2003年举办。第二年，有一组来自得州大学奥斯汀分校的队伍，给予合成生物学第一个充满惊奇创意的刺激。他们把生物积木剪接在一起，变成某种活的相纸——用蓝菌改编之后的大肠杆菌对光有反应。

安全菌种的大肠杆菌，长期以来都是细胞生物学家的“实验小白鼠”，它本身对光是不敏感的。大肠杆菌通过位于肠道黑暗角落的受感染肉类传播，并且在太阳晒不到的地方大肆破坏。为了要让大肠杆菌看得见光，奥斯汀团队在大肠杆菌的底部剪接进两条会下令制造光受器的蓝菌基因，称为藻蓝素。这些细菌经过配置后，会在没有光的时候散发出一种暗色色素。所以，在黑暗之中，这片细菌草皮会散发暗色色素。有光照耀的时候，藻蓝素的天线就会感应到让某个DNA活化剂关掉制造色素的基因。投射到这片草皮上的任何影像都会留在那里。影像的暗色部分并不会关掉暗色素的制造，所以细菌草皮的那些部位会保持暗色调，光则会关掉色素制造基因。有光的部位保持明亮，暗色的区域保持黑暗。这种细菌足够敏感、介于明暗之间的区域，会留下大肠杆菌式的灰阶色调[①]。结果就是一幅活生生的照片。奥斯汀团队在他们的细菌草皮上照出了这句话：“哈啰，世界！”早在20世纪70年代，这句话就是计算

---

① Levskaya, “Engineering,” 441–442.

机或者软件初次运作时用的经典句子[①]。

这些学生并没有为了创造出摄影用的大肠杆菌，就去培养蓝菌、为蓝菌的基因组定序，或者把牵涉到藻蓝素制造的基因孤立出来，也没有在 DNA 合成器里制造基因。他们在网上（http://www.biobricks.org/）指出他们所需的基因，加州大学旧金山分校的一个实验室就提供了他们所需的部位。BBa_I15010 这种零件号码对于必须记住它的人来说似乎很可怕，但还胜过必须确定这个基因的组成方式，并且花上好几个月煞费苦心地重建。此基因组成方式如下：atggccaccaccgtacaactcagcga……（中间省略 2200 个碱基）……gaaggtaataa[②]。

把 DNA 键结到生物零件里去，在这个概念阶梯的两级之中属于第一级，这是从电子工程那里借来的。科学家把零件组装成设备，用来执行某种特定功能。设备可以一起剪进新颖系统里，达成对人类创造者有用的任务，比如在致命毒物出现时会从黑暗中发光的细菌，储存记忆的细菌，或者培养抗疟疾药物的细菌。

第二级阶梯则是把零件标准化并组装在一起，在 2 纳米（DNA 链的宽度）的尺度上是特别费力的任务。

生物工程作为一门学科的历史不到一个世纪，基因工程更只有一个世代的年纪[③]。在培养菌里生长的人类蛋白质，从 20 世纪 70 年代起就已经在商业界实现了，当时生化学家赫伯特·博耶（Herbert Boyer）跟企业家罗伯特·斯旺森（Robert Swanson）合伙创建了基因科技公司。这家公司在 1982 年以贩卖复制人类胰岛素的科技起家，后来一直是声名卓著的生物科技公司。1980 年，美

① Rösler, “Hello World Collection.”

② Registry of Standard Biological Parts, “Part: BBa_I15010.”

③ Compton and Bunker, “Genesis of Curriculum,” 12.

国联邦最高法院在“戴蒙德诉查克拉巴蒂案”中判定，人造生物体有资格受到专利权保护。随后不久，基因改造生物（GMO）沿着食物链底层开始发光发热。在那之后，基因科技就进入分布广泛的各种工业里。科学家在马铃薯里面培养药物，复制家猫，养殖蓝色玫瑰、会在黑暗中发光的烟草。来自海中鳕鱼和北极鱼类的蛋白质，则让低脂冰淇淋有可能出现[①]。蜘蛛基因剪接到山羊体内后，让山羊制造出比钢铁和芳纶更强韧的丝，有作为防弹材料的潜在用途。比起20世纪70年代早期在阿伯丁试验场与凯夫拉纤维的接触，这些山羊当然比较喜欢现在的体验。

把重组DNA剪接到基因组里只是个前奏，基因组还在抗拒被我们认识。基因组并不是被设计出来的。在破解基因密码之后的半个世纪，科学家获得了一个预料得到的结论。从设计的标准来看，基因组一团乱。基因会相互重叠，互相抵消，有许多基因协力合作。密码本身颇为累赘，这在工程上来说通常算是好事。桥梁就有多余的支撑力，即便主要结构断裂，桥面仍可保持在空中。在基因组里，有六个不同的三碱基序列（密码子）都下令叫出同一个氨基酸：丝氨酸。英语中有一种方式用来结束陈述句，就是句点。信使RNA却有三个“句点”，告诉核糖体不要再制造某个蛋白质。而且还有“垃圾”DNA——90%的基因组不是无所事事，就是没做出科学家能了解的任何事。

人类都喜欢事情整齐清楚。我们喜欢能相互嵌合、容易处理的零件跟模组。这样的现实主导了儿童玩具的设计方式，还有丰田喜一郎以反向工程仿效的福特与雪佛兰汽车机械制造系统。或许拼图和系

---

① Julia Moskin, “Creamy, Healthier Ice Cream? What’ s the Catch?” *New York Times*, July 26, 2006.

统设计满足了脑的同一个部分：对于整齐、逻辑与合理性的追求。

我们偏好90度直角与违反重力的措施，这样带来的麻烦是，在天生就混乱的生物世界里行不通。线性配置很容易分解，但是非线性的配置本来就不是反向工程的对象。T型车的设计是可以组合与拆解的，而碳穿过光合作用的途径，从来就不是“有意”让人发现的，更不要说是在政府资助的实验室里模仿了（不管是多么初步的模仿都一样）。蛋白质太过复杂，没办法从零开始设计制造。生物学家了解DNA怎么为蛋白质编码，也知道RNA如何把这个编码转译成蛋白质，但是光从一串氨基酸来预测一个蛋白质的形状（先不管功能），多年来一直是研究的目标。而且尽管有持续的进展，这个问题仍然极端复杂。

我们既不能了解也不能复制生物学的模块化。生物学是模块化的极致。细胞瓦解消化的蛋白质，转变成氨基酸，以便建立其他蛋白质。自然的分子牵涉到复杂的功能群组模块化，还有三角、加法与减法。所有的生命，所有的物质，都是以原子建立的，原子也是自成一格的微小模块，受到能量流和自身的物理倾向所影响。

合成生物学家必须开始做能建立概念验证的小型装置，借此替他们加诸生物学的理性范式理论奠定实验上的基础。在2005年有一个值得关注的研究，证明了该怎么合理解释T7噬菌体的基因组，这种噬菌体属于某一纲能杀死细菌的病毒片段。生物学家研究T7这种能杀死大肠杆菌的噬菌体，已经超过半个世纪。这种病毒很有用，因为T7性质单纯，要知道实际上有多少基因物质真有功能，还有科学家目前对那些功能到底有多少了解，T7可以当成很好的代表[①]。在计算机中模拟有助于厘清生物体如何运作，但真实世界的

① Chan et al., “Refactoring T7, ” E1–E2

病毒却难以全面了解。所以T7噬菌体让病毒变得比较容易理解[①]。

生物积木公司的科学家兼思想领袖德鲁·恩迪（Drew Endy），和两位同僚重新设计并重建了T7基因组，让T7更模块化。恩迪的办公室里有四个琥珀色瓶子，各自装满了四种核碱基：腺嘌呤、鸟嘌呤、胞嘧啶和胸腺嘧啶。他说起这些从甘蔗里提取出来的原料："这些核碱基每瓶要价250美元。……分量足够让地球上每个人制造30份基因组。"（这样也比人体内的DNA数量少了好几个数量级。）

T7有39937个碱基对，构成了大约56个基因。研究者裁剪出11515个碱基对，然后放回去12179个——这表示超过600处剪辑和添加。结果他们做出一个新的生物，比T7更整齐的版本，运作方式就像自然生成的亚种，但有功能上的差异。他们替自己做出来的新生物命名为T7.1，向计算机软件工程的惯例致意。要展开更有野心的计划，可能只是时间早晚和金钱来源的问题，虽说问题不见得是照这个顺序解决。恩迪说："要合成植物和动物，并没有技术上的障碍。只要有人付钱，这种事就会发生。"[②]

T7研究值得注意，是因为过去只是理论的想法，在这个研究中得到了初步的证实。但关于科学的问题是，有些长达数年的研究计划，会竞相卖弄雄心万丈或违反直觉的预测结果，与此同时，却有许多其他计划并非如此。恩迪承认他的T7研究不一定会成功，可实际上却成功了。

合成生物学的成长过程，有着比其他领域（核能除外）更自觉的安全考量。就像核能一样，合成化学既有和平用途，也有潜在的

① Knight, "Engineering Novel Life," 1.

② Ball, "What Is Life?"

战争用途。跟核能的原点不同，这门科学的驱动力来自和平性质的应用。合成已知病原体的基因物质代价越来越低，合成科技又数量激增，来自合成生物学的威胁已经从中产生了。DNA 工作的劳力密集性质，被视为制止作奸犯科的实质防线，然而技术上的改变正要构成威胁，让土法炼钢式的基因改造变得更容易。有了更便宜、更普遍的基因合成机器，将来的恐怖分子可以利用去耦的基因信息和重制病毒的手段，几乎在一夜之间就把病毒运送到世界上的任何角落。不怀好意的人或团体，更容易从地下室的实验室里取得危险的细胞或病毒了。

跨越国籍限制的科学家和执法官员，都试图制定能够达成三个目标的生物安全制度。这个制度必须让科技够安全，又不会阻碍科学进步，还能举世通用[①]。

最大的风险仍在于自然。有个很有说服力的风险：在未来几年或者几十年里，如果有个类似 1918 年病毒（该病毒杀死 5000 万人）的流行性感冒来袭，会有数千人甚至数百万人丧命。要是流感的威胁跟我们缺乏准备的状态，没有引起你的忧虑，你可以考虑一下这件事：根据阿拉斯加出土的一位冻僵死者身上取得的组织样本，1918 年流感病毒已经被定序并合成出来了。平常相互抨击的知名科学家，现在联手指责这个病毒重建手术是非常糟糕的主意。过去在美国太阳微系统公司（Sun Microsystems）担任首席科学家的比尔·乔伊（Bill Joy），在 2000 年 4 月登上报纸头条，因为他写了一篇文章谈论良性生物科技被拿来作恶的潜在灾难。在 2005 年，他与超级未来学家雷·库日韦尔（Ray Kurzweil）一起宣称，让 1918 年流感病毒复活“极端愚蠢。这个基因组本质上就是大规模毁灭武器

① Bügl et al., “DNA Synthesis,” 627–629.

的设计图。没有一个有责任感的科学家会主张出版原子弹的精确设计图，而且从两个方面来看，揭晓流感病毒的序列甚至更危险”[①]。

在 2007 年 6 月，位于马里兰州罗克维尔的文特尔研究所宣布，通过移植了某个基因组，他们把某一种细菌变成了另一物种。生殖支原体（*Mycoplasma genitalium*）是已知最小的生物，在 20 世纪 90 年代定序。文特尔把这种细菌视为他“极微基因组计划”的一部分。这个计划要寻找可能存在的最小基因组。生殖支原体只有 517 个基因和不到 60 万个碱基对，这是一个很好的目标，可用来研究生物学上的一个奇妙问题：一个生物要活下去，需要的基因最低数量是多少？在 2006 年出现了一个明确的估计值，当时文特尔的一位同僚宣布是 386 个！把不重要物质拿掉后还能存活下去的生殖支原体，身上的基因就是这个数字。

在所有关于合成生物学的宣言里，几乎没有一种主张比文特尔的言论还重要。他眼中所见的世界，有一部分或者（有可能）全部都由从水中提取氢、从空气中嚼食碳的人造细菌来提供燃料。在人类基因组计划之后的时期，他最戏剧性的成功是，完成了世界上第一个细菌基因组移植。他们把蕈状支原体（*Mycoplasma mycoides*）的基因组纯化以后，移植到有亲缘关系的另一物种——山羊支原体（*Mycoplasma capricolam*）上。在几代的复制之后，山羊支原体变成了蕈状支原体。文特尔把这件事比喻成移植一份能把苹果计算机变成一般个人计算机的软件。不过，这更像是伸进大众高尔夫车仪表盘上方的杂物格里，把使用手册换成甲壳虫车的，然后就看着高尔夫变形成了甲壳虫。文特尔告诉记者，能源突破可能就在不远处。几个月以后，他的团队合成并装配了一个完整的基因

---

① Ray Kurzweil and Bill Joy, “Recipe for Destruction.,” *New York Times*, October 17, 2005.

组。可是，变形式能量科技仍然是这项研究在很遥远的未来才会出现的产品。

在一个比过去要复杂得多的时期，文特尔、恩迪和许多其他的合成生物学先驱简化了生物学。分子生物学的中心法则逐年变得更加边缘化。

DNA 双螺旋的共同发现者弗朗西斯·克里克（Francis Crick），在 1958 年第一次提出分子生物学的中心法则。接下来十年的全球研究成果造成对中心法则的挑战，使他在 1970 年修正了这个法则。从此之后，或者说至少直到前不久，RNA 依据这个范式大致上被当成中间人——一种帮助制造蛋白质的基因产物[①]。

在过去十年里，RNA 所扮演的角色已经有了相当多的扩充，一部分是因为 1998 年发现“RNA 干扰”（RNAi）所引发的，这是指 RNA 的一种双股变体，负责规范（打开或关闭）某种基因是否显现。更新的研究工作显示，DNA 片段中没有为了蛋白质而做编码的部分，还要经过 RNA 转录。RNA 转录时做了某些事，这些年来分子生物学家花了很多的时间、精力和金钱想要确定这些规范性功能到底是什么。基因研究已经过了辛苦的好几年。第一次冲击在人类基因组计划的末尾袭来，当时事实逐渐变得清楚了：建造一个人的零件清单，只不过是 2.1 万个基因。现在则发现，人类基因组中有许多东西，是为了制造蛋白质（基因的特长）以外的目的而被转录的。基因本身的定义正在改变。

基因信息如何指导生物体的建造，是分子生物学的下一个伟大冒险事业。“RNA 元素百科全书计划”（ENCODE）是由 30 多个实验室合作的，他们密集研究 1% 有作用的人类基因组，成果在 2007

① Gingeras, “Origin of Phenotypes,” 682.

年发表。他们的目标是加深理解，超越停在解读基因组的程度，进入更有意义的层次——了解基因机制是如何运作的。他们提出证据，显示基因组中有更多部分被转录成先前记录过的RNA。他们需要弄清楚为什么编码蛋白质的基因（数十年来生物学中最重要的部分），在整个基因组里面却只构成这么小的百分比；还要弄清楚，其他不是基因的基因组在干什么。

这引导科学家重新定义基因首先到底是什么。计算机程序的比喻越来越受到尊重。计算机科学中的“子程序”是某个程序的一部分，这个子程序执行单一的任务，在有需要的时候可以重复地叫出来执行。马克·格斯坦（Mark Gerstein）和他的同僚写道：“要形容基因，有个越来越受欢迎的比喻是，把基因想成一个大型作业系统的子程序。……也就是说，只要基因组的核苷酸被组合成一个密码，在转录与转译过程里被执行，那么我们就可以把基因组想成一套生物用的作业系统。那么基因就是在整体系统里的个别子程序，重复地在转录过程中被叫出执行。”①

在这个开场白里，杰克逊指出了重点：生命科学中的进步，是来自生命科学与计算机、信息科学之间的联结。彼此之间的关系超过比喻的程度，这些科学共同演化成了一个单一的超级科学。

了解这一切复杂性的途径，是让开一条路。试管内演化和定向演化，让分子自己挑选出最适合解决问题的个体。RNA会黏附于许许多多的东西上，绍斯塔克运用这个技术，去探索化学物质在一个演化形态里面可能会有什么表现。

---

① Gerstein et al., “What is a Gene?” 671.

对我们来说最迫切的在燃料、医药和工业上的问题，也会利用类似的技术来寻找具体的解答。酵素是蛋白质或者合成物，能够在细胞中进行精确的活动。酵素所进行的某些活动（或者同类的活动），可能正是某个工业环境所渴求的。对于寻找新型生物基础汽车燃料、工业产品或药物的科学家来说，他们需要的催化剂在执行工作时，要能够承受天然蛋白质承受不了的条件。酵素（催化反应的蛋白质）没办法耐久，会在极端的条件下腐败。合乎需要的新型工业用酵素可能既保留了其生物功能，又能够在极端条件下执行这些功能。老酵素可能学得会新把戏。

蛋白质的理论数量大到让人惊呆。生命靠20种氨基酸运作，如果一个蛋白质有300个氨基酸长，理论上可能出现的蛋白质序列数量，就是整个宇宙可能存在的粒子数量的20^{300}倍。这还没算只用了11个、18个或者19个氨基酸的蛋白质，或者有301个、401个或者2000个氨基酸长度的蛋白质。这些都是吓人的数字，让天文数字都显得渺小。从技术上来说，这些数字有很高的乘幂（指数很大）。从感觉上来说，这些数字就像是多重的无限大（然而就理论上的可能性来说，第二章末尾提到的人类基因序列理论限制，还是可以让这个数字显得渺小）。在这个范围内，有功能蛋白质的数量只占了小到微不足道的比例（不过也不少了）。在可能的蛋白质序列中，只有极小部分可能是有用的，所以合成生物学家根据他们所见在自然界里运作的既有蛋白质，开始寻找类似的新颖蛋白质，这样的蛋白质最有可能行得通。

蛋白质的形状决定了其功能。借助轻微地改变蛋白质形状、改上无数次，然后测试想要的特质是否出现在这些蛋白质上，科学家试图从一大堆理论上毫无功能的垃圾里，诱导出新颖的变种蛋白质。那无穷无尽的蛋白质候选人，大部分都只是连折都折不起来的氨基酸串，更别提能展现什么有用的特质了。弗朗西丝·阿诺德（Frances Arnold）是加州理工学院的一位生物化学工程师，理论上存在的蛋白质数量多得荒谬，让她发明了一些办法来引导蛋白质演化的方向。她的兴趣始于20世纪90年代早期对RNA的定向演化研究，特别是格里·乔伊斯（Gerry Joyce）在斯克里普斯海洋研究所的研究工作，其中牵涉到核酸的定向演化。

阿诺德想找出一种能发挥功能的新颖蛋白质，它与天然蛋白质之间只暗藏1～3处氨基酸变化。这说起来比做起来容易。在300个氨基酸长度的蛋白质里，改变一个氨基酸可以产生5744种可能的变种。替换2个氨基酸，就有1600万种新的可能性，替换3个的话就是300亿种[①]。

定向演化结合了演化对突变与适应的盲目驱动力，还有人类寻找或制造可用之物的科技驱动力，很难想到比这更有象征性的组合了。首先，这“是”演化（加上人类的轻轻一推）。演化的原则应用在DNA、RNA片段上或者蛋白质上，和应用在物种上一样恰当。实验者如果想要得到能用的结果，仍旧必须把他们自己的目标加诸这个过程上。正常状况下，演化会往环境条件不算太不友善的任何方向盲目冲刺。科技则自行锁定某个特定目标，尝试几种解决方案，最后决定一种。所以到最后我们才会有大批驾驶座靠左的汽车、微软、波音737或标准键盘。“所有人类发明都是演化性的，”阿诺德说，“我们扩增好的东西，然后丢掉不好的。”利用定向演化，生化学家锁定一个目标，然后同时铺平一百万多条通往目标的途径。

对于传统合成化学或者蛋白质结构研究，定向演化与它们的差异很简单。第一个方面在于把科学家有目标的追寻和自然界平行处

① Arnold, “Unnatural Selection,” 43–44.

理的力量混合起来。他们并非一次研究一个分子，而是一次研究上百万个、甚至上亿个分子。第二点是，科学家自己不必费心记住分子的形状，就可以寻找新的功能。他们只要建立已知分子的变体，大量复制，然后测试想要的特质，对结构仍然一无所知。

医药和能源工业都猴急地跺着脚，想摘取这个创造果实。阿诺德开办了两家公司，希望能让自然界的机器人为私营部门工作。她正在处理的其中一个蛋白质是细胞色素 P450，这一大群酵素在生物之中几乎无所不在。这些酵素帮助建立了天然类固醇，部署了“跨物种化学武器”的现成兵工厂[①]，替有害复合物（香烟的烟雾也包括在内）解除一部分毒性，代谢巴比妥酸盐和其他药物，并且分解不熟悉的食物。

P450 这个称呼的意思是，这个分子吸收波长 450 纳米的光，正好在光谱中是靛蓝色的部分，结果导致这个蛋白质有着血红的色泽[②]。P450 极端善于把氧分子打进分子中。某些 P450 的专长在于碳氢键，如果你想把气态甲烷跟乙烷变成液态燃料甲醇跟乙醇，这种催化剂是很有用的。阿诺德联结天然蛋白质片段，然后再利用定向演化来最佳化想要的特质，她借此建立了一个新的 P450 资料库。在计算机模型结果指引下，实验室组合出嵌合体 P450，然后用演化搜寻工具指出有用的分子，增殖这些分子，再进行进一步的研究。潜在的益处相当大，某些 P450 可能有助于建立药物代谢物，也就是帮助身体瓦解治疗用化学物质的酵素。其他的 P450 则可能避免杀虫剂伤害土壤中的有益微生物。

P450 击出的全垒打在燃料方面。阿诺德正在寻找有效转化纤

① Arnold and Otey, “Libraries .”

② Nelson and Cox, *Lehninger Principles*, 783.

维素成为四碳丁醇的方法。她那间还在起跑阶段的燃料公司“吉沃”(Gevo)，有新颖的方法可以用丁醇做运输燃料，他们打算把这个方法变成商品销售。在这个领域，吉沃会面对的公司有备受瞩目的新公司LS9，他们试图量产在细菌中培养的油缸用燃料；还有阿米瑞斯生物科技公司，他们正在研究汽油与柴油的替代品；还有文特尔的合成基因组公司。这些科技都还很青涩、昂贵，而且效率比传统燃料低。但经济学看不见的手，可能就要伸进去修正自己先前创造的燃料问题了。

跟自然界在数十亿年里演化出来的系统相比，人为方法简单得可笑。有的时候，我们制造出的设计经济又优雅，胜过演化从尝试错误里制造出的设计，既冗赘又混乱。但自然界那些最精致的创造物（其中的任何一个），对我们来说都太过复杂而无法彻底了解，更不用说是加以复制了。生物科技会有派得上用场的应用，但我们将不可能再造自然界做出的成果，所以我们最好保护这些成果。

而我们要是真的学着活在短期碳循环里，鼓吹者在旁边等着要迈入下一步了：把生物圈整理打包，然后探索异世界。

第十二章

大冒险：没有碳的文明？

大河奔流，通过夏娃与亚当的家园，从河岸转弯处流到海湾转弯的地方，由再循环的人生历程，带着我们回到豪斯堡与近郊地区。

——詹姆斯·乔伊斯（James Joyce），《芬尼根的守灵夜》（*Finnegans Wake*）

一般的生物，特别是人类，都有着丰富的能量选择。光合作用细胞用阳光把二氧化碳接合到碳水化合物里，其他生物会汲取地热。只要地球上有能量来源，细胞就找得到它。在2006年，科学家报告他们发现一种微生物，住在南非某处金矿地下大约3.2公里处，这种微生物靠着前寒武纪时期留下的硫生存，还通过当地一小块铀矿从水中分离出来的氢过活。数百万年来，这些微生物靠着与其他生态系统有别的能量与燃料生存[1]。实际上，微生物会从我们窥探的任何缝隙冒出来。它们居住在这么多（对我们来说）怪异

① Li–Hung et al., “Long-Term Sustainability,” 479.

的环境里，如果这些生物有脑袋的话，很自然地会达成这个结论："它们"才是真正的地球生物，我们则是极端微生物[①]。

一般来说，"碳"这个热门关键字，意义被局限于气候变迁的讨论或高档的运动产品之中。在我开始为写作本书做研究的时候，伊拉克战争已经进行了六个月，阿特金斯无碳减肥法正摇摇晃晃地冲向壮观的自毁之路，而私营企业正逐渐接受全球变暖的含义。所有这些新闻条目，在基础上（也就是在化学上）都与碳氢化合物、碳水化合物以及两者燃烧后的结果——二氧化碳有关。在你开车的时候，二氧化碳从排气管往外飞；在你跑步的时候，二氧化碳就从你的气管往外跑。这个碳世界就藏在这些故事下面，等着被发现。

碳复合物有一个大部分非有机物不具备的关键特色，就是这些复合物会燃烧[②]。人类祖先点燃火焰的时候，不寻常的事发生了。就像这世界上的能量来源还不够似的，他们开启了地球上一种新的生物能源来源，这种能源储存在碳分子之中，却在细胞"之外"消耗和控制。

除了 19 世纪欧洲化学家为了组织自己的观察结果而发明的区隔之外，在碳氢化合物、碳水化合物跟二氧化碳之间并没有高墙阻隔。地球并不是成桶储存着石油，自然界并没有把其中的造物区分成以两个拉丁字命名的各种物种，大气并没有"思考"是否自己已经忍受太多碳了。碳、氢、氧、氮、磷与硫受到流体力学、大陆板块的缓缓移动和太阳热能的驱动，在地球系统中到处流淌。

如果在化石燃料燃烧正在加速的毁灭巨力之中，还有一线希望，这就与长期使用的燃料品质有关。国家、企业和个人，都在谈

---

① Tyson and Goldsmith, *Origins*, 244.

② Herz, *Shape of Carbon Compounds*, 4.

论如何从我们的企业能源供应中剔除碳，希望能及时发生作用。随着化石燃料数量稀少和排放二氧化碳的代价变得昂贵，太阳能、风力、水力、地热能源，还有经过生物工程改造的小虫所产生的生物工程燃料，在未来将会提供越来越多的动力。要正确评价这种趋势，我们就得硬着头皮接受，并且暂时忽略燃料的数量，转而关注其品质。

在短时间内就有许多事情改变了，而且改变速度会加快。在我写作时，燃烧煤炭的发电厂开始招来了过去只有核电厂才会承受的众怒。核电厂激起大家对反应炉核心熔毁的恐惧，然而燃烧煤炭已经烧出了名副其实的全球性“熔毁”。不幸的是，我们在可预见的未来还是需要使用煤炭，除非工业化国家同意放弃电力和重工业。捕捉并且储存碳的科技，会让碳工业永远留在市场上，并且让碳工业能够捕捉二氧化碳，然后排放回我们原先发现二氧化碳的地方。得州大学的地质工程师苏珊·霍沃尔卡（Susan Hovorka）说：“碳属于地下……我说，就放回去吧。”行动已在进行中，其中也包括她的工作，这个示范性计划要把二氧化碳注入地下 1500 米处的蓄水层。技术通常是最容易的部分，让这种做法兼顾经济、安全和政治上的要求，就要花时间——花费我们越来越少的时间。

捕捉与储存碳，在现今我们谈论到的所有新能源科技中，或许是最重要的。这种科技容许工业界继续燃烧煤炭（反正现在也没有任何停止的迹象），但除去其中的碳。处置煤炭废气，也会鼓励一种长期减少碳排放的趋势。燃料中的碳氢比例随着时间有所改变，从前者转移到后者。直到 19 世纪为止，木头与木炭或多或少地为生命与发明提供燃料。大多数的木料是纤维素——一种碳水化合物。纤维素很容易燃烧，热会带走水化合物（H_2O），只留下碳，成为木炭[1]。木头里的另一种主要成分木质素，是富含碳的东西，是由碳环和分支碳链形成的网络。木头火堆在氧化每个氢原子的同时，也氧化大约十个碳原子，所以火堆才会留下这么多灰。碳浓度远超过氧赶进度的能力。铁路的扩增助长了煤炭使用，煤炭只有在与木料相比时算是干净。在理想状态下，煤炭氧化制造出的二氧化碳和水，比例大约是 2∶1。汽车则让石油成为首选燃料。其中的氢多过碳，比例为 2∶1。天然气在 20 世纪 90 年代成为电力的主要燃料，促进了全美的天然气发电厂建设。天然气的主要成分是甲烷，是最有力的碳氢化合物，提供给氧气的氢与碳比例为 4∶1。

就字面来说，“去碳化”听起来很笨拙，但很有表现力。在 1991 年，洛克菲勒大学的杰西·奥苏贝尔（Jesse Ausubel）开始使用这个字来形容 80 年代发现的趋势：能源中的碳浓度，在历史上有下降趋势，这和化学燃料燃烧的速度加快是平行发展的。90% 的经济活动是由碳提供动力，在 19 世纪是通过木头与煤炭。燃料的氢成分（占比）在 1935 年左右迎头赶上，此时发达国家转向石油，汽油加油站也从街角冒出来。这样的历史趋势，会不会因为亚洲崛起从而成为主要能源消费者、煤炭在美国重新复苏而受到破坏，现在还很难说[2]。

氢燃烧比碳造成的冲击更大。最好把阿特金斯赞美碳如何平凡的话放在心上。氢对氢键结跟氧起反应制造出水的时候，每分子能释出 482 千焦的能量。碳对碳键结在变成二氧化碳时，释出的能量是每分子 252 千焦。身体跟机器燃烧碳，是因为碳无所不在，如同生命的魔术贴，也是一种好的燃料——不过不是“很棒”的燃料。

---

① Marchetti, “On Decarbonization.”

② Ausubel, “Energy and Environment”; Marchetti, “Nuclear Plants and Nuclear Niches”; Ausubel, “Decarbonization.”

朝向氢燃烧、远离碳燃烧的能源趋势，受到以煤炭作为动力来源的复苏潮流的威胁（至少是短期的），这种威胁大多数来自全世界前两大二氧化碳排放国：中国和美国。世界上有一大堆煤炭，而在我写下这段话的同时，只有非常少的人能够直接对它说不。煤炭容易使用，又便宜。至少从1973年石油危机以来，管理煤炭工业的官员就称美国是“煤炭的沙特阿拉伯”。的确，在美国土地下以煤炭形式储存的阳光，比起沙特阿拉伯的石油还要多。天然气燃烧会延续“去碳化”的趋势，但天然气难以运输，而且在20世纪90年代电力部门开始爱用天然气的时候，有证据显示天然气容易受到疯狂的价格波动影响。天然气一定要在零下160摄氏度冻结成液态，然后在抵达港口时，“非常”小心地融解。现在美国大约85%的天然气，是从加拿大接收来的[①]。

工业能源供应正在准备面对这种危机，所以某些有前瞻性的人会到太空中寻找最终的无碳能量来源。我们有可能用不必依赖太阳的方式利用太阳能。在半个多世纪以前，科学家就精通不受控制的核融合技术，当时美国试爆了第一个氢弹“麦克”。在某些圈子里，受到控制的核融合仍然是有潜力的科学计划（在某些方面来说，仍然是个思想实验）。

氦是宇宙中第二丰富的元素，仅次于氢。大约5亿吨的氦隐藏在月亮的表土层上。氦的原子量是4，因为氦有2个质子和2个中子。在比我们的太阳大20%的恒星达到1亿度左右的温度时，氦原子核融合成铍八的频率够高，足以让三分之一的氦加入并创造出碳十二。这就是三阿尔法过程：碳在宇宙间降生的方式。

核融合原子炉已经实验性地运作了十多年了。2004年上映的

① Energy Information Administration, “International Energy Outlook.”

电影《蜘蛛人2》里面，心理扭曲的天才八爪博士创造出一个虚构的氚燃料融合反应炉，几乎毁灭了整个城市。编剧在发挥他们的想象力以前，事先做了点儿功课。氚是原子量三的氢同位素。氚原子核中包含1个质子和2个中子。氚和氘（原子量二的氢同位素）的融合，产生出氦四和中子辐射。如果要照比例安全地制造能源，这样的辐射量太多了。六个国家和欧盟已经同意，2015年要在法国卡达拉什（Cadaradne）建造一个氚氘核融合反应炉。美国非常热忱地提供人才、原料和经费（约为总数的9%，共11.22亿美元）。

全球有几个实验室眼光放得比无碳的氚融合反应炉更远，着眼于更遥远的后续科技。理论上来说，氦三融合会放射出的放射能少于氚反应炉。另一方面来说，反应的进行不会一样容易。氦三反应炉将面对两个物流上的问题。首先，除了威斯康星大学麦迪逊分校有个有趣的实验反应炉，还有许多关于中国能源发展目标的喧嚣声浪以外，这种科技还不存在，甚至还不在地平线上，也不是联邦主要经费的挹注目标。其次，氦三之都甚至比沙特阿拉伯更远——在月球上。

科学与科幻小说之间的界限一直在移动，而目前那条界限可能正好从氦三研究的未来发展上画过。这是个遥远的希望，永远都是在50年后。太阳风把氦原子吹入太阳系，途中，宇宙射线把松脱的中子敲下来，把氦四变成比较轻的同位素。这些氦击中月亮以后在那里落脚，聚集量丰富，达到13ppb（ppb为十亿分之一），在某些地区含量更高。地球的大气避免了这种同位素在此聚集。阿波罗17上的太空人兼地球化学家哈里森·施米特（Harrison Schmitt）计算出来，以每盎司（约28.34克）4万美元的代价，从520万立方码（大约3975685立方米）土壤中可以辛苦地烤出220磅（约99.7公斤）的氦三，这样可以供应一个美国中等大小城市一年所需的电力[①]。这种原料将成为“第二代核融合反应炉”的燃料，是地球上的罐装太阳能。美国在2005年用掉的能量，相当于40吨氦三。

氦三融合理论上可能有效，与加莫夫最初版的宇宙大爆炸假说的失败是基于相同的原因。加莫夫认为，大爆炸通过把氢融合到每一种较高的质量里，来创造所有的元素。他在原子量到达五的时候就遇上“瓶颈”。氦三或者跟氘结合的氚，试图制造一个原子量五的原子核，但只是马上就崩溃成氦四和一个质子或中子，还有其他能量。这就是为什么三阿尔法过程如此重要。氦原子核跳过最小的原子量，直接成了碳十二。如果氦三反应炉真的能运作，人类就是在利用一种在过去不成功的核反应。就因为那种核反应行不通，恒星才会以现在这种方式制造碳[②]。

早在登陆月球以前，我们就已经朝着天空瞭望许久了。早在1869年，美国作家爱德华·埃弗雷特·希尔（Edward Everett Hale）就在他的小说《砖头月亮》（*Brick Moon*）里想象人类太空殖民。有一个巨大、砖砌的圆球被设计出来，要挂在天空中当成航海信号灯，却意外地发射出去，建筑工人还在球体里。幸运的是，他们有充足的储备粮食，并且决定在太空中生活。他们向地球发送摩斯密码，并且在必要的时候来回穿梭[③]。太空殖民主题主导着科幻小说。第一代的《星际迷航》电视节目，在加加林成为第一位进入太空轨

---

① Schmitt, “Mining the Moon.”

② 在查理斯·施特罗斯（Charles Stross）2005年出版的科幻小说《渐速音》（*Accelerando*）中，有一篇关于21世纪几十年中快速发展的科学技术的短文，他在结尾处有一处点睛之笔：“当然，核聚变能还是50年以后的事情。”

③ R. D. Johnson and C. Holbrow ed., *Space Settlements: A Design Study,* http:// www.nss.org/settlement/nasa/75SummerStudy/Chapt.1.html#History.

道的人之后五年开播，其中有一句著名台词："五年的任务……要航向前人所未至的领域。"第一部《星际迷航》衍生电影里的神秘敌人"威者"（V' Ger），对人类有个很著名的看法：低等的"碳单位"。"银河帝国"这个概念第一次出现是在阿西莫夫的"基地"系列小说里，随后又因为乔治·卢卡斯（George Lucas）的《星球大战》而不朽。

科学家对于太空生活可能性所做的理论思考，跟着小说家跑了好几十年了。维那斯基在他 1944 年谈灵慧圈的文章里写道："童话故事般的梦想在未来似乎是有可能实现的，人类努力想要出现在他那星球的界限之外，进入宇宙太空。而他很可能会做到这件事。"[①]

1960 年，物理学家弗里曼·戴森（Freeman Dyson）在《科学》期刊上发表了一项思想实验：根据他的计算，理论上有可能把整个木星的质量重新组装成一个 2～3 米厚的周转外壳，跟太阳之间的距离是太阳到地球距离的两倍。人类可以缓慢地移居到这个外壳上，收集太阳发出的所有能量，而不是地球吸收的那一丁点儿零散光线[②]。想来这样先进的文明，在外太空应该找得到可以呼吸的资源吧。

此后的半个世纪里，从美国太空总署署长、斯蒂芬·霍金到美国前众议院议长纽特·金里奇，太空狂热分子一直滔滔不绝地谈论太空殖民。美国太空总署跟非营利团体召开会议，以定居太空的工程、物流、政治、经济与社会各方面为主题。不论是为了找到"最终边疆"，还是因为巨大灾难让地球变得不宜人居，许多科学家与非科学家都把太空殖民说成不可避免的事。

---

① Vernadsky, "Few Words About the Noösphere. "

② Dyson, "Search for Artificial Stellar Sources," 1667.

至少有一位梦想家及其支持者，正在重振比定居火星更谦虚些的航太目标。许多科学家都曾经指导过不寻常的工作：替太空中的未来奠定基础。伯特·鲁坦（Burt Rutan）是加州莫哈维一家缩尺复合材料股份有限公司的创办人，这家公司设计并建造先进的航太飞行器，大部分用强韧、重量轻的碳复合物制成。在近年来他也赢得公众声望，他在太空飞行方面对众人的启发，一个多世代以来没有其他人和其他机构做得到。他的“太空船1号”在14天之内两度飞入太空，得到了安萨里X大奖。他的“航行者号”航空器，在九天之内不落地环绕世界一圈。在接下来几年内，“太空船2号”可望载运富有的太空旅客进入无重力太空。我们可能永远不会定居太空，但想这么做的动力可能会启发产生许多有用的事物。鲁坦曾经说过：“以人类观点来说，我们现在正进入太空飞行毫无进步的第二代。事实上，我们还在退步。我们非常有可能失去激励年轻一代的能力……假如我们的后代子孙认为，只要期待内建影像播放器的升级版手机就行了，我会强烈地认为我们做得还不够好。他们需要期待探索，他们需要期待往外殖民，他们需要期待突破。我们要激励他们，因为他们要带领我们，并且帮助我们在未来继续生存。”[①]

现在还没有任何永久占领太空的计划（不论是真实的还是想象的），但不能把缺乏计划跟永无可能混为一谈。就算这个点子从常识看来很荒谬，联邦预算不足，在公众中的优先性也不高，并不一定就要抛弃这个想法。科技史警告我们，要避免过度低估新想法与人类付诸实践（或者实践失败后埋没创意）的潜能。许多我们现在视为理所当然的事情，一度被认为很荒唐。在一又四分之一个世纪以前，还没有汽车，现在正在使用中的车却有八亿辆。计算机储存量

① Rutan, “Burt Rutan.”

的指数成长率也是个完美的例子，说明未来如何悄悄溜进现在。太空是个危险的事业。定居太空基于许多理由，乍看的确荒谬。在我写作本书时，要让新奥尔良或巴格达保持安全已经很难了，而这些城市都共享同一个大气，里面含有氧气、阻挡辐射的臭氧和强劲的碳温室。未来的太空航行者会被比喻成哥伦布和伟大的欧洲探险家。哥伦布和欧洲探险家有个优势，他们是在同一个生物圈里闯荡，食物多的是。生命驱动着自然界的地球化学循环，也受此驱动。没有可携带式气候的安全装置，却要离开这个生物圈，不亚于自杀。

就算我们在我们的机器内执行去碳化，建立氦三反应炉，或者殖民太空，线粒体还是比较喜欢碳。或许我们可以在月亮上喂饱线粒体。已故的美国地球化学家拉里·哈斯金（Larry Haskin）在一个思想实验里观察到，月亮表土层到处散布着足够做奶酪的原子。灰白的月亮尘土隐藏着能组成各种食物的正确元素，而且大概可以做出任何一种颜色。没有人试过从尘土中催熟一个轮状帕尔玛奶酪，但至少原子成分都在那里了。

奶酪可能只是开胃菜。碳、氢、氧、氮、磷、硫原子在月亮表土中非常丰富，一立方米可能就足够了。“等于两人份午餐的化学成分：两份大奶酪三明治，两杯 12 盎司（0.35 升）的苏打汽水（含糖），还有两颗李子，实质上氮跟碳还有剩余。[①]”

氧组成了月球上 44% 的岩石。氢在月球本身中极少，不过太阳风会在月球表面上洒下离子，在 45 亿年间留下每立方米大约 100 克的氢。氮的数量也大致相同。化学家检视阿波罗登月时代取回的样本，发现大约 1.8 公斤的硫，1 公斤的磷，还有少量夹杂其中的纯气体。月球的土壤包含每立方米约 200 克的碳，大约是地球上等量土

① Haskin, “Water and Cheese.”

壤的37%。哈斯金写道："就生存来说，这些含量相当庞大……就算把月球上一小部分的氢、碳、氮、磷、硫及其他生命必要元素预算集合起来，放进月球适当的环境上，就足以支撑一个实质上的生物圈。"[①] 这里的关键字是"适当的环境"。"适当的环境"未经定义，而且含糊掩盖了设计史上最复杂的工程问题：如何在一个没有空气、没有生命的月球火山口，复制地球的地球化学循环。

"适当的环境"对哈斯金的思想实验造成威胁，确实也威胁着许多太空计划，就像个纪念碑似的"待解决"标示。加热土壤中的原子应该不会太困难，石油就是这样提炼的，牛肉馅饼也是这样在煎锅里煎成褐色的。月球访客（或住民）可以把原子从土壤中烤出来。氢会在大约700摄氏度被清出来，加热用的能量必须来自某处。月球访客可以把无用的热抽回反应炉里，以便节约能源。排出的气体有水、二氧化碳、氨和有毒的一氧化碳、氰化氢与二氧化硫（请想想酸雨）。在进一步燃烧之后，可以通过过度冷却把成品分离出来。理论上来说，月球殖民者可以把这些东西装配或者培养成两份奶酪三明治、李子和苏打汽水。以现在的美元币值来说，这样做比从月亮发明并运送太空模块到休斯顿约翰逊航天中心附近的便利商店更便宜，两地之间相隔402337.5公里。人类已经到月球来回旅行过，但是没有人曾经从尘土中合成午餐。伍德沃德和他的17名助理在充满氧气的大气中、充满了大量食物的实验室中，总共花了四年时间，才从零开始做出微量的叶绿素。

太空旅行者需要的远比午餐多。他们需要一个可携带式生物圈，以便把废物转化为植物性食物，这样植物就可以再补给人类所需的营养。就像折中主义学者瓦茨拉夫·斯米尔（Vaclav Smil）所

① Haskin, "Water and Cheese."

说："高尚又公平合理的进步文明，就算少了微软和沃尔玛超市，或者缺乏钛和聚乙烯，还是能够好好运作下去——但是，就从许多明显的例子里挑一个来说好了，我们不能没有腐化纤维素的细菌。"[①] 永久定居太空需要一个包含这种细菌的生物圈。问题是，我们所知的唯一一个生物圈，花费了45亿年的时间才让条件安全到可供现代人使用。

定居太空所带来的另一个合理问题，在于如何运输足够人类到太空去。有多少人能够装进一个锡罐里，发射到轨道上去？这个哲学问题，通过比喻以及像未来学家富勒这种人的力量，导致另一个更大的问题：以不毁掉这个星球为限，地球上到底适合多少人生存？在蕾切尔·卡逊（Rachel Carson）1962年激发环保运动的作品《寂静的春天》（*Silent Spring*）之后，生态问题变得很真切。我们真的可能毁掉这个星球，或许我们可以在另一个世界找到避难所。"地球化"意指重塑贫瘠异世界的地貌，成为类似地球的翠绿荒野。太空生态学家的目标是"用机械化捷径，把自然组成成分联结在一起"，这是尤金·奥德姆（Eugene Odum）的说法，他和弟弟霍华德一起把工程原则层层堆积到生态学上[②]。

到了20世纪50年代晚期和60年代，对于适用于人类系统而且更简单、更聪明的几何学与工程学，富勒早已经建立他个人的看法。他的多面体天空海洋地图（第一次绘制完成是在1927年），对于他的多面体世界（其中包含测地线穹顶的发明）只是一次早期的突袭。富勒比任何人都更早看出太空研究中的生态学课题。他对军队很熟悉，特别是海军对于"环绕月球的人类在……封闭化学回路

① Smil, *Energy at the Crossroads*, 350.

② Anker, *Ecological Colonization*.

中的生态生活”所做的研究，令他把这些原则应用到这个星球上。有人对于载人航天飞行是什么样感到纳闷时，他会这么回答：“我们都是太空人。”[①]

普林斯顿大学的杰勒德·奥尼尔（Gerard K. O’ Neill）在70年代往前推进了一步，他主张：“细致的工程和成本分析显示，在接下来20年内，我们可以在太空中建立令人愉快、自给自足的居所，解决地球的许多问题。”[②] 在接下来10年里，在知识上继承富勒的学者建立了一个充满野心的实验，要证明在足够的意志与资本之下，迷你地球“生物圈二号”是行得通的概念。建筑师菲尔·霍斯（Phil Hawes）做出了“生物圈二号”充满未来感的测地线穹顶和倾斜状温室，他正是富勒的门徒。

这些创始人希望显示出生物可以继续共同演化，而且碳、氮、硫、磷和其他生命元素的生物地球化学循环，能够在跟母亲地球切断的生态系统里互相渗透——这里就是诺亚方舟，但这里没有一个生物被限制在只有一公一母（对于那些无性生殖的物种，或者靠其他手段繁殖、个体不必共处一室的物种来说，这个原则特别有帮助）。合成的机动性、合成化学还有合成生物学，在合成生态系统里都有合乎逻辑的目标。

设计一个封闭圈或者可携式生态系统并为之施工，是科学家有史以来最艰巨的任务。把自然界的生物地球化学循环打包起来，并且编织到一片无重力的真空之中可能没那么容易。美国太空总署及其他国家的相关单位，从1961年起就已经把人和小屋尺寸的大气发射到太空里。这些环境通常很快就脏了。人类的废弃物装在袋子里并经过消

① Anker, *Ecological Colonization*; Fuller, *Operating Manual for Spaceship Earth*.

② Anker, “Ecological Colonization,” 250.

富勒所造的结构体宽达 76.2 米，包裹住 1967 年蒙特利尔世界博览会的美国馆。对于人类在地球生态环境中如何定位，富勒的观念影响了这方面思想的发展

毒，弹射到轨道中或者冷冻干燥起来以便带回去。没有一次任务把废弃物分解成化学成分，然后重组成奶酪三明治、李子和苏打汽水。科学家研究植物和微生物物种，试图找到耐力好的生物，能把人类的废弃物（二氧化碳和消化后的东西）变成植物食品。

迅速浏览一下土壤研究，就会发现即便是很小的生态系统也有复杂的网络，科学能渗透的部分如此稀少。微生物让营养素在生物与已故生物、泥土、岩石和水之间移动，借此保持碳循环的运转。微生物清洁饮水、瓦解毒素，并且把废弃物转变回食物。然而科学家只检视了不到 5000 种细菌与古菌，这或许是总数的 0.1%[①]。大多数在带回实验室研究以前就死了。与一平方英寸土壤中，微生物及其化学足迹多到歇斯底里的复杂性相比，天体沉默的自转与公转就像是优雅的玩具。“乱枪打鸟式的定序”，这是文

① Gewin, “Discovery in the Dirt.”

特尔应用在研究开放海域微生物的方式。这种方法被应用到泥土中，泥土中储存的碳，比其中长出的植物和吃植物的动物所含的碳还多两倍。

一个能够维持的合成生态系统必须能够复制地球系统，从大气混合成分到没人见过的微生物交互作用都在内。斯米尔曾直言不讳地谈论一般的太空殖民活动（但非针对任何个别人事物）："他们是白痴，根本不懂生物学。"①

但从某种角度来说，跟冰冷而没有大气的沙漠相比（比如月球、火星，或者任何其他远到一辈子到不了的星球），两极地区长出雨林的衰败地球还是比较像家。除此之外，就像普林斯顿大学的理查德·戈特（J. Richard Gott）曾主张过的，我们可能不会殖民太空，这不是因为我们没那能耐，而是因为物种很少发挥自身的潜力②。

"生物圈二号"代表了到目前为止最积极又最有趣的生态工程实验。对于"生物圈二号"的记述，通常会指出该实验执行上的失败之处。那些悲剧性的缺陷，让这个实验有如希腊诸神般庞大的野心，却被局限在人力可及的范围之内。如果目标是要制造一个迷你地球，像这颗星球本身一样能够居住并且维持下去，这个计划从概念上就已经失败了。"生物圈二号"在80年代中期出现在亚利桑那州的奥拉克尔，这里具有一片充满玻璃与白色物品的未来式景观。温室围场面积为1.27公顷，覆盖着七个互异的生态系统。许多关于"生物圈二号"的描述，是先从其造价开始的：

---

① Smil, interview with the author, May 2007.

② Gott, "Implications of the Copernican Principle," 319.

两亿美元。在两亿美元成本的好莱坞电影充斥的时代，要抱怨这个造价高似乎比较缺乏说服力，虽然通常这些电影会把大部分的投资捞回来。就回报来说，生物圈比起卖座不佳的商业巨片续集，似乎是个比较高尚的长期投资，如果这个计划不需要公共资金，就更是如此[①]。

维持生物圈能源需求所需的能量，是从外界传送进去的，而且不只以阳光的形式输入。这个团队费尽全力，让整个园地密不透风。这个复合建筑坐落在一片厚实的不锈钢板上，这块钢板把“生物圈二号”和地球隔离。但是能源，这个生物圈的最根本的重点，用得理所当然。电线从附近的一座天然气火力发电厂把电力送进去。这座宫殿被设计成人类在月球或火星上的原型屋。但是在其他星球上，并没有天然气动力发电厂让我们把电力输送到自己的生物圈里。“生物圈二号”的目标，是要对抗想象中最有挑战性的工程问题——但只有最重要的这一项除外：能源。

有 3800 多种植物、动物、藻类和微生物物种登记在案。园中所有脊椎动物，超过四分之三灭绝了。大多数昆虫灭绝了，包括所有的授粉昆虫。沙漠变成草原。狂蚁、蟑螂和美洲大螽斯接管了昆虫栖息地，就好像这些生物知道自己的潜藏象征一样。牵牛花蔓延整个草原世界。树木变得衰弱，然后倒下。

计划目标是要建立沙漠中的伊甸园，并且指派四个亚当和四个夏娃去照顾此地，他们要与外界隔绝两年。这个任务后来证明是不可行的。取得地球的部分零件，然后全部放在同一个屋檐下，不能算是造出了和地球前后相承的迷你地球。对于管理复杂的生命网络而言，这个计划就是一门课程，它的教训是，这实在太难了。第一

① Avise, “Real Message.”

个搬进去并且（在某种程度上）自我隔绝的团队，在 1991 年 9 月开始任务。

进行了一年半的大胆行动之后，出现了一个危险的神秘事件。复合建筑中的氧浓度逐渐从 21%（氧在空气中的充足浓度）滑落到 14%，和 5330 米左右的高山差不多。生物圈居民抽进了 23 吨的分子氧以补足到正常水准，而这种浓度再度缓缓下降。

氧气的消失难倒了这些生物圈居民和外界的专家。如果氧气下滑，合乎常识的情况是，互补物二氧化碳浓度升高。“生物圈一号”（地球）就是这么运作的，科学家却没发现这样的对应。氧气和二氧化碳一起消失了，这并不合理。

在实验之前，亚利桑那大学的环境研究实验室曾经运行过计算机模型，以便决定种植食物的土壤中，最理想的有机成分百分比是多少。他们达成的结论是，土壤应该包含大约 4% 或 5% 的有机原料。实际带进来的数量将近 30%。因此，在土壤中生活的细菌尽情大吃二氧化碳，水则吸进大量的氧气。这解开了一个谜。

二氧化碳又是不同的另一回事，对于人类和地球的整体关系来说有象征性的含义。进行第一次任务的八个科学家在 1993 年 9 月撤离“生物圈二号”之后，“生物圈二号”的拥有者要求哥伦比亚大学拉蒙特－多尔蒂地球观测站的科学家，来执行一次对于失踪氧气和二氧化碳的事后分析。当时还是哥伦比亚大学研究生的杰夫·赛夫林豪斯（Jeff Severinghaus），在他的科学家父亲提点之下，发现“生物圈二号”本身就在吸收碳。水泥结构中包含了氢氧化钙。二氧化碳从土壤中飘升出来，然后跟氢氧化钙起反应，创造出碳酸钙[①]。“生物圈二号”正以自己为食。到最后，这个生物圈失败

① Broad, “Too Rich a Soil.”

了，因为生物圈居民忘记把自己跟二氧化碳的影响计算在内。

在20世纪80年代中叶，“生物圈二号”从沙漠中冒出来的时候，富勒另一个较间接的遗产在往东1600多公里的地方成形。对于这个事件的简单描述，呼应着霍伊尔对于先前未知的碳十二原子核能级所做的预测。有一位英国访问科学家把他对于一项实验的观点，带到一个先进的美国实验室。实验花了10天左右的时间，结果令人震惊[①]。

在1985年9月1日，莱斯大学化学家理查德·斯莫利（Richard Smalley）、罗伯特·柯尔（Robert Curl）和三个研究生联合起来，为来自谢菲尔德大学的访问教授哈里·科洛托（Harry Kroto）执行一项实验。科洛托为了这个机会已经等了一年半。他想看看氰基多炔烃这种碳长链，是否能在类似恒星气体外壳的条件下成形。科洛托主张，氰基多炔烃会吹送到分子云中，曾有人在分子云中观测到氰基多炔烃。为了执行这个实验，科洛托请求使用实验室的激光蒸发群集束仪器，这是斯莫利及其实验室成员发明建造出的强劲工具，他们用这个房间大小的仪器，研究在你朝着原子脚下的地板放火时，原子是怎样地跳动的。

激光脉冲炸开了仪器中一张石墨盘上的无数碳原子。这些原子在氦的一阵吹袭中冷却下来。一个真空装置把这些原子吸入另一个空间，在那里进一步冷却。莱斯大学的研究人员，侦测到科洛托预料他们会看到的分子。问题解决了。在某种意义上来说，氰基多炔烃是“坠入凡间”的，科洛托在接下来几年里会用这个比喻来形容

① Comparisons probably stop there, and rather abruptly.

发生的事，不过是描述另一个完全不同的分子。

这并不是他们所见的全部。包含刚好60个碳原子的分子，以令人惊讶的频率出现。科洛托写道："这渐渐变得很清楚，有某种相当不寻常的事情正在发生。……有时候数量完全破表，有时候又挺收敛的。"[①]

原子不会计数，理应不知道要在某个魔术数字以后就停止工作。60只是他们发现的最奇特个例，很类似埃克森美孚石油公司的研究人员最近发现的脱轨现象。原子通常互相胡乱劫掠，就像船只翻覆后乘客摸索着救生艇。每个原子都会在分子中找位子，然后死抓着不放。碳分子看来像是细铁丝网围栏、蜈蚣、堆积物、树枝、鹿角或者形状扭曲的块状物，但是这个由60个原子组成的集群，看起来太规律了，不可能只是个扭曲的块状物。这个团队没察觉到碳六十的形状，他们使用的是科洛托的用语"团块"（wadge）。斯莫利把这种分子称为"妈妈团块"。科洛托则鼓吹为"神之团块"。

好几天过去了。研究人员重设仪器，重做了这个实验许多次。他们很好奇，想看看不同条件如何影响碳六十这种神秘分子的数量。科洛托想知道，这种分子是否可能长得像是他家的卡纸天象球，他也跟其他人说了这个想法甚至差点儿就要在英国时间的半夜打电话回家跟太太讲了。9月9日晚上，在这个小组最喜欢的墨西哥餐厅里，大家的对话都离不开那个团块。每个人都同意，碳六十必定具有某种封闭结构。

9月9日晚上，斯莫利在家里工作时，从厨房里找到一种低技术性的解决方案。他企图用纸上裁下来的六边形来破解这个谜，把这些六边形像地砖一样地拼在一起。相互连锁的六边形并非答案。

---

① Kroto, "C60: Buckminsterfullerene," 115.

没有任何物理上的理由，让一片碳薄片（石墨烯）在达到60个原子时停止成长。斯莫利把五个六边形贴在一个五边形周围，然后把这些六边形黏合。这个结构弯成一个碗状。他补上另一个五边形，又加了几个六边形。当他完成的时候，他手上拿着的是一个由12个五边形跟20个六边形构成的纸制球体。斯莫利第二天致电给一位数学家，数学家后来传话回来，这种形状在技术上称为截角20面体："告诉斯莫利，这是个足球啦。"

莱斯大学团队后来花了将近一年才发觉，日本化学家大泽映二早在1970年就预测到碳六十的存在及其性质，他是在看儿子玩足球的时候得到的灵感[①]。

第二天早上，斯莫利把这个模型扔在办公室的咖啡桌上，他的众多同事就盯着球看。这个结构在化学上也行得通。柯尔打电话给科洛托，他原本已经准备离开了，但为此延后一天。他们把这个分子命名为富勒烯，因为碳六十很像富勒的测地线穹顶。原来的那个纸球，现代科学中数一数二出名的人造物体，在斯莫利的书架上端坐多年，直到最后掉下来的书堆把球给压烂为止。

一小瓶富勒烯看起来就像煤灰，这种东西的确是煤灰，蜡烛会制造微量的碳六十。但是富勒烯非凡而规律的结构，也让这种分子成为暗色的晶体。斯莫利说："你把最后一个原子放进去，就有一种完整的感觉……而且那个分子，跟其他'纳米物质'碰撞无数次以后，还是保有原来的身份。而如果这个分子多一个或者少一个原子，就有了不同的身份。现在'这'就是个启发了！'这'就是作为一个分子的意义所在！"[②]

---

① Curl et al., "How the News ," 185.

② Smalley, interview with the author, Houston, Texas, May 6, 2004.

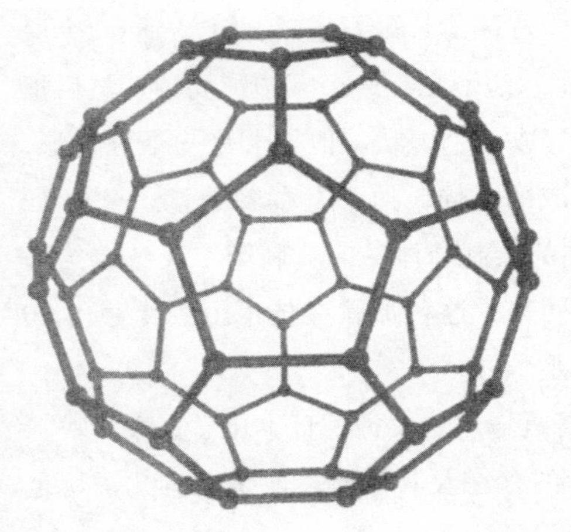

60 个原子组成的碳球体因为近似测地线穹顶，而被命名为富勒烯

1985 年 11 月，《自然》杂志公布研究团队的发现时，这个分子既激起了争议，又达到偶像般的地位。11 月 14 日这一期的杂志封面上拼贴了富勒烯分子图以及另一个块头比较大的双生兄弟——足球。科学家花了好几年才炮制出大量的碳六十，并且肯定了莱斯大学科学家与科洛托的工作成果。

对称的分子在科学家与非科学家之间都引起了特别的兴趣，先前凯库勒对苯的洞见，可能就是先前被最多人传颂的对称分子故事。正四面体烷是一种存在于理论中的分子，这种分子的四个碳原子，被安排在一个四面金字塔的顶点。科学家已经在特定的条件下(键结到碳上面的是侧基而非氢原子)，建造出相关的分子。正十二面体烷有 20 个碳原子和 20 面[①]。立方烷（C_8H_8），在 8 个顶点有 8 个碳原子的分子立方体，是在 20 世纪 60 年代第一个被合成的平凡小分子。碳喜欢跟其他碳原子以 109.5 度角建立键结，把碳原子塞进 90 度角，会让这些原子极端紧绷。在 2000 年，第一个做出立方

① Hoffmann, “How Should Chemists Think?” 72.

烷的芝加哥大学化学家合成出几克八硝基立方烷，这是一种碳立方体，顶点键结的是高能量的硝基。八硝基立方烷可能是理论上可行的最强劲非核子爆裂物[①]。科洛托对于斯莫利实验室的兴趣，是在一次访问中产生的，当时实验室成功地制造出以一个硅和两个碳组成的三角形分子。

碳六十为这个领域带来的灵感或象征价值，超过了实际上或经济上的价值。碳六十的发现，变成了纳米科技的发起时刻。纳米科技指的是这门科学及其商品应用，其中主要运作元件都是纳米尺度的（1 米的十亿分之一）。斯莫利常说："富勒烯还在上学，他还没有工作。"[②]

富勒烯有个圆柱形的表亲，名叫纳米碳管，在 1991 年被发现。两者在本质上都"看似"卷起来的细铁丝网围栏，一层层六碳环由五碳环卷成管状。纳米管有着不寻常的特质，而且被用在实验性的晶体管、软质防弹衣和电线上。这些材料惊人的恢复力和耐磨耐撕扯的能力，都让纳米碳管大受看好，可作为人工肌肉的未来结构原料。斯莫利把他生命中的最后几年，都花在促进单壁纳米碳管制造的研究上。他在 2005 年 10 月死于癌症，享年 62 岁。

我在 2004 年 5 月与斯莫利会面，我们没有谈到多少纳米碳管的事，甚至也没怎么讲到碳六十。我们谈到的是碳原子，还有让碳成为周期表中平民国王的那些物理特性。我们谈到核子对电子的拉力，还有把聪明年轻人从科学领域拉走的力量。在他房门上的一幅图表显示中国科学与工程博士数量的上升趋势，以及美国和欧洲的相对数字。

---

① Zhang, Eaton and Gilardi, "Hepta-and Octanitrocubanes," 402.

② Stanely, "Nobel Just the First."

莱斯大学的太空科学大楼三楼，装饰着一幅又一幅裱框的照片、报道、奖状、证书，还有斯莫利作为碳六十发现者获得的其他纪念品。他会在只靠幻灯片照明的房间里，与他实验室的成员开会讨论，评估有什么新的合成方法可以合成所需的纳米碳管。实验室的核心是那台群集束仪器。

在休斯顿——美国的能源之都，斯莫利耗费他自己的能量，把一个信息带给在他与美国总统之间传话的重量级中间人。美国总统本身就是石油工业的毕业生。斯莫利试图和行政当局通过私下渠道沟通：要是这位过去的石油界商人能够踏出意义重大的一步，控制住全球变暖气体排放，这将多么美好，而且又有英雄气概。他说："这会比尼克松访问中国还重要。"

我问道，如果全球变暖如此重要，为什么不切断私下对话渠道，改成公开倡议活动呢？他的答复是，独立性是很珍贵的东西，也很难获得。任何一种专业人士——科学家、医生、华尔街分析师、会计师、记者——的可信度都是由独立性所赋予的。对于斯莫利来说，牺牲那一点就等于牺牲他言论中的力道和功效。他定期造访华盛顿，在研讨会上发言或者与官员会晤，希望能稍微推动针对气候与能源危机的行动。他说："针对全球变暖的行动可以通过英雄式的领导，或者通过事件来驱策。"他的眼神投向远方，然后又收回："将来这个趋动力，可能会是个大事件。"

参考文献

Afifi, Abdulkader. "Ghawar: The Anatomy of the World' s Largest Oil Field." AAPG Distinguished Lecture, Search and Discovery Article #20026, 2005. Accessed from http://www.searchanddiscovery.net/documents/2004/afifi01/ index.htm on June 11, 2007.

Aguilera, Rodrigo, Caroline K. Hatton, and Don H. Catlin. "Detection of Epitestosterone Doping by Isotope Ratio Mass Spectrometry." *Clinical Chemistry* 48:4 (2002): 629–636.

Aldersey-Williams, Hugh. *The Most Beautiful Molecule: The Discovery of the Buckyball*. New York: John Wiley & Sons, 1995.

Aldrich, Howard E., Geoffrey M. Hodgson, David L. Hull, Thorbjørn Knudsen, Joel Mokyr, and Viktor J. Vanberg. "In Defense of Generalized Darwinism" (Forthcoming).

Allwood, Abigail C., Malcolm R. Walter, Balz S. Kamber, Craig P. Marshall, and Ian W. Burch. "Stromatolite Reef From the Early Archaean Era of Australia." *Nature* 441, (June 8, 2006): 714–718.

Amthor, Joachim E., John P. Grotzinger, Stefan Schröder, Samuel A. Bowring, Jahandar Ramezani, Mark W. Martin, and Albert Matter. "Extinction of *Cloudina* and *Namacalathus* at the Precambrian-Cambrian Boundary in Oman." *Geology* 31:5 (May 2003): 431–434.

Andres, Miriam S., and R. Pamela Reid. "Growth Morphologies of Modern Marine

Stromatolites: A Case Study from Highborne Cay, Bahamas." *Sedimentary Geology* 185 (2006): 319–328.

Angier, Natalie. *The Canon: A Whirligig Tour of the Beautiful Basics of Science*. New York: Houghton Mifflin, 2007.

Anker, Peder. "The Ecological Colonization of Space." *Environmental History* 10:2 (April 2005): 239–268.

Arkin, Adam P. and Daniel A. Fletcher. "Fast, Cheap and Somewhat in Control." *Genome Biology* 7:8 (2006): 1–6.

Arnaud, Celia. "Artificial P450 Enzymes Created." *Chemical and Engineering News* 84:16 (April 17, 2006): 7.

Arnold, Frances H. "Directed Enzyme Evolution." Frances H. Arnold Research Group. http://www.che.caltech.edu/groups/fha/Enzyme/directed.html.

———. "Design by Directed Evolution." *Accounts of Chemical Research* 31:3 (1998): 125–131.

———. "Fancy Footwork in the Sequence Space Shuffle." *Nature Biotechnology* 24:3 (March 2006): 328–330.

Arnold, Frances H., and Christopher R. Otey. "Libraries of Optimized Cytochrome P450 Enzymes and the Optimized P450 Enzymes." United States Patent Application 20050059045. March 17, 2005. Accessed via http://www.uspro. gov, January 20, 2008.

Arnold, Frances H. "Unnatural Selection: Molecular Sex for Fun and Profit." *Engineering & Science* 62:1–2 (1999): 40–50.

Asimov, Isaac. *A Short History of Chemistry*. Westport, Conn.: Greenwood Press, 1979.

———. *The World of Carbon*. New York: Abelard-Schuman, 1958.

Atkins, Peter. *Atkins' Molecules*. 2nd ed. Cambridge: Cambridge University Press, 2003.

———. *Atoms, Electrons and Change*. New York: Scientific American Library, 1991.

Ausubel, Jesse H. "Decarbonization: The Next 100 Years." Alvin Weinberg lecture presented at Oak Ridge National Laboratory, June 5, 2003.

Ausubel, Jesse. "Energy and Environment: The Light Path." *Energy Systems and Policy* 15:3 (1991):181–188.

———. "Renewable and Nuclear Heresies." Plenary address to the Canadian Nuclear Association, March 10, 2005.

———. "Where Is Energy Going?" *Industrial Physicist* 6:1 (February 2000): 16–19.

Ausubel, Jesse H., and Cesare Marchetti. "The Evolution of Transport." *Industrial Physicist* 7:2 (April/May 2001): 20–24.

———. "Toward Green Mobility: The Evolution of Transport." *European Review* 6:2 (1998): 137–156.

Avise, John C. "The Real Message from Biosphere 2." *Conservation Biology* 8:2 (June 1994): 327–329.

Azam, Farooq. "Microbial Control of Oceanic Carbon Flux: The Plot Thickens." *Science* 280 (May 1, 1998): 694–696.

Azam, Farooq, and Alexandra Z. Worden. "Microbes, Molecules, and Marine Ecosystems." *Science* 303 (March 12, 2004): 1622–1624.

Bada, Jeffrey. "How Life Began on Earth: A Status Report." *Earth and Planetary Science Letters* 226 (2004): 1–15.

Bada, Jeffrey L., and Antonio Lazcano. "Prebiotic Soup—Revisiting the Miller Experiment." *Science* 300 (May 2, 2003): 745–746.

Baggott, Jim. *Perfect Symmetry: The Accidental Discovery of Buckminsterfullerene*. New York: Oxford University Press, 1995.

Baker, David, George Church, Jim Collins, Drew Endy, Joseph Jacobson, Jay Keasling, Paul Modrich, Christina Smolke, and Ron Weiss. "Engineering Life: Building a FAB for Biology." *Scientific American*, 294:6. (June 2006): 44–51.

Baker, David F. "Reassessing Carbon Sinks." *Science* 316 (June 22, 2007): 1708–1709.

Ball, Philip. "What Is Life? Can We Make It?" *Prospect Magazine* 101 (August 2004): http://www.prospect-magazine.co.uk/article_details.php?id=6205.

Balter, Michael. "Radiocarbon Dating' s Final Frontier." *Science* 313 (September 15, 2006): 1560–1563.

Bamshad, Michael, and Stephen P. Wooding. "Signatures of Natural Selection in the Human Genome." *Nature Reviews: Genetics* 4 (February 2003): 99–111.

Barrow, John D. *The Constants of Nature: The Numbers that Encode the Deepest Secrets of the Universe*. New York: Vintage, 2002.

Bartlett, P. D., F. H. Westheimer, and G. Buchi. "Robert Burns Woodward, Nobel Prize in Chemistry for 1965." *Science* 150 (October 29, 1965): 585–587.

Barton, Derek H. R. "The Principles of Conformational Analysis." Nobel Lecture,

December 11, 1969. In *Nobel Lectures, Chemistry 1963–1970*. Amsterdam: Elsevier Publishing Company, 1972. http://nobelprize.org/nobel_prizes/chemistry/laureates/1969/barton-lecture.pdf. Accessed April 21, 2007.

Barton, Nicholas H., Derek E. G. Briggs, Jonathan A. Eisen, David B. Goldstein, and Nipam H. Patel. *Evolution.* Cold Spring Harbor, New York: Cold Spring Harbor Laboratory Press, 2007.

Becker, Luann, Robert J. Poreda, and Ted E. Bunch. "Fullerenes: An Extraterrestrial Carbon Carrier Phase for Noble Gases." *Proceedings of the National Academy of Sciences* 97:7 (March 28, 2000): 2979–2983.

Beerling, David J. *Emerald Planet: How Plants Changed Earth' s History.* New York: Oxford University Press, 2007.

Beerling, David J., C. P. Osborne, and W. G. Chaloner. "Evolution of Leaf-Form in Land Plants Linked to Atmospheric CO_2 Decline in the Late Paleozoic Era." *Nature* 410 (March 15, 2001): 352–354.

Beerling, David J., and Robert A. Berner. "Feedbacks and the Coevolution of Plants and Atmospheric CO_2." *Proceedings of the National Academy of Sciences* 102:5 (February 1, 2005): 1302–1305.

———. "Impact of a Permo-Carboniferous High O_2 Event on the Terrestrial Carbon Cycle." *Proceedings of the National Academy of Sciences* 97:23 (November 7, 2000): 12428–12432.

Beerling, David J., B. H. Lomax, D. L. Royer, G. R. Upchurch Jr., and L. R. Kump. "An Atmospheric pCO_2 Reconstruction Across the Cretaceous-Tertiary Boundary From Leaf Megafossils." *Proceedings of the National Academy of Sciences* 99:12 (June 11, 2002): 7836–7840.

Beerling, David, and Dana Royer. "Fossil Plants as Indicators of the Phanerozoic Global Carbon Cycle." *Annual Review of Earth and Planetary Sciences* 30 (2002): 527–556.

Beerling, D. J., and D. L. Royer. "Reading a CO_2 Signal from Fossil Stomata." *New Phytologist* 153 (2002): 387–397.

Behar, Doron M., Saharon Rosset, Jason Blue-Smith, Oleg Balanovsky, Shay Tzur, David Comas, R. John Mitchell, Lluis Quintana-Murci, Chris Tyler-Smith, R. Spencer Wells, and the Genographic Consortium. "The Geonographic Project Public Participation Mitochondrial DNA Database." *PLoS Genetics* 3:6 (June 2007): 1083–1095.

Benfrey, Otto Theodore, and Peter J. T. Morris. *Robert Burns Woodward: Architect and Artist in the World of Molecules*. Philadelphia: Chemical Heritage Press, 2001.

Bengtson, Stefan. "Origins and Early Evolution of Predation." *Paleontological Society Papers* 8 (2002): 289–317.

Bengtson, Stefan, and Yue Zhao. "Predatory Borings in Late Precambrian Mineralized Exoskeletons." *Science* 257 (July 17, 1992): 367–369.

Benner, Steven A. "Redesigning Genetics" *Science* 306 (October 22, 2004): 625–626.

Benner, Steven A., and Michael A. Sismour. "Synthetic Biology." *Nature Reviews: Genetics* 6:7 (July 2005): 533–543.

Benton, Michael J., and Francisco J. Ayala. "Dating the Tree of Life." *Science* 300 (June 13, 2003): 1698–1700.

Benton, Michael J., and Richard Twitchett. "How to Kill (Almost) All Life: The End-Permian Extinction Event." *Trends in Ecology and Evolution* 18:7 (July 2003): 358–365.

Benyus, Janine. *Biomimicry: Innovation Inspired By Nature*. New York: Quill, 2002.

Berge, Christine, and Elisabeth Daynes. "Modeling Three-Dimensional Sculptures of Australopithecines (*Australopithecus afarensis*) for the Museum of Natural History of Vienna (Austria): The Post-Cranial Hypothesis." *Comparative Biochemistry and Physiology—Part A: Molecular and Integrative Physiology* 131:1 (December 2001): 145–157.

Berner, Robert. *The Phanerozoic Carbon Cycle*. New York: Oxford University Press, 2004.

Berner, Robert A. "Atmospheric Oxygen over Phanerozoic Time." *Proceedings of the National Academy of Sciences* 96:20 (September 28, 1999): 10955–10957.

———. "The Carbon Cycle and CO_2 over Phanerozoic Time: The Role of Land Plants." *Philosophical Transactions of the Royal Society of London B*. 353 (1998): 75–82.

———. "The Long-Term Carbon Cycle, Fossil Fuels and Atmospheric Composition." *Nature* 426 (November 20, 2003): 323–326.

———. "A New Look at the Long-Term Carbon Cycle." *GSA Today* 9:11 (November 1999): 1–2.

———. "The Rise of Plants and Their Effect on Weathering and Atmospheric CO_2."

Science 276 (April 25, 1997): 544–546.

Bernstein, Jeremy. *Prophet of Energy: Hans Bethe*. New York: Elsevier-Dutton Publishing, 1981.

Bethe, Hans A. "Energy Production in Stars." Nobel Lecture, December 11, 1967. *Nobel Lectures, Physics 1963–1970*. Amsterdam: Elsevier Publishing Company, 1972.

———. "My Life in Astrophysics." *Annual Review of Astronomy and Astrophysics* 41 (2003): 1–14.

Biederman, Irving, and Edward A. Vessel. "Perceptual Pleasure and the Brain." *American Scientist* 94 (May–June 2006): 247–253.

Bio-Economic Research Associates (Bio-era). *Genome Synthesis and Design Futures; Implications for the U.S. Economy.* A special Bio-era report, sponsored by the U.S. Department of Energy, February 2007. Cambridge, Mass.

Black, Edwin. *Internal Combustion: How Corporations and Governments Addicted the World to Oil and Derailed the Alternatives.* New York: St. Martin' s Press, 2006.

Bloomfield, Louis A. "Working Knowledge: Catalytic Converter." *Scientific American* 282:2 (February 2000): 108.

Blout, Elkan. "Robert Burns Woodward 1917–1979: A Biographical Memoir." *Biographical Memoirs*. vol. 80. Washington, D.C.: National Academies Press, 2001.

Bodanis, David. *E =mc²: A Biography of the World' s Most Famous Equation.* New York: Berkeley Books, 2000.

Borek, Ernest. *The Atoms Within Us.* New York: Columbia University Press, 1980, 4.

Botta, Oliver, and Jeffrey L. Bada. "The Early Earth." In *The Genetic Code and the Origin of Life,* edited by Lluís Ribas de Pouplana. New York and Georgetown, Tex.: Kluwer Academic and Landes Bioscience, 2004.

Bramble, D. M., and D. E. Lieberman. "Endurance Running and the Evolution of *Homo*." *Nature* 432 (November 18, 2004): 345–352.

Braquet, Pierre, ed. *Ginkgolides: Chemistry, Biology, Pharmacology and Clinical Perspectives.* Barcelona: J. R. Prous Science Publishers, 1988.

Brasier, Martin D., Owen R. Green, Andrew P. Jephcoat, Annette K. Kleppe, Martin J. Van Kranendonk, John F. Lindsay, Andrew Steele, and Nathalie V. Grassinea. "Questioning the Evidence for Earth' s Oldest Fossils." *Nature* 416 (March 7,

2002): 76–81.

Brasier, Martin D., Nicola McLoughlin, Owen Green, and David Wacey. "A Fresh Look at the Fossil Evidence for Early Archaean Cellular Life." *Philosophical Transactions of the Royal Society B*, 361:1470 (June 29, 2006): 887–902.

Broad, William. "Too Rich a Soil: Scientists Find the Flaw That Undid the Biosphere." *New York Times*, October 5, 1993, C1.

———. "Biosphere Gets Pure Oxygen to Combat Health Woes." *New York Times*, January 26, 1993: C4.

———. "Paradise Lost: Biosphere Retooled as Atmospheric Nightmare." *New York Times*, November 19, 1996: C1.

Brock, William H. *The Chemical Tree: A History of Chemistry*. New York: Norton, 2000.

Brocks, Jochen J. D., Roger E. Love, Andrew H. Summons, Graham A. Knoll, Logan and Stephen A. Bowden. "Biomarker Evidence for Green and Purple Sulphur Bacteria in a Stratified Palaeoproterozoic Sea." *Nature* 437 (October 6, 2005): 866–870.

Brocks, Jochen J., and Ann Pearson. "Building the Biomarker Tree of Life." *Reviews in Mineralogy & Geochemistry* 59 (2005): 233–258.

Brocks, Jochen J., Roger Buick, Roger E. Summons, and Graham A. Logan. "A Reconstruction of Archean Biological Diversity Based on Molecular Fossils From the 2.78 to 2.45 Billion-Year-Old Mount Bruce Supergroup, Hamersley Basin, Western Australia." *Geochimica et Cosmochimica Acta*, 67:22 (2003): 4321–4335.

Brocks, Jochen J., Graham A. Logan, Roger Buick, and Roger E. Summons. "Archean Molecular Fossils and the Early Rise of Eukaryotes." *Science*, 285 (August 13, 1999): 1033–1036.

Brocks, J. J., and R. E. Summons. "Sedimentary Hydrocarbons, Biomarkers for Early Life." *Treatise on Geochemistry, Volume 8*. William H. Schlesinger. Amsterdam: Elsevier Publishing Company, 2003.

Broecker, Wallace S. *The Role of the Ocean in Climate, Yesterday, Today and Tomorrow*. Palisades, N.Y.: Eldigio Press, 2005.

Brown, James R. "Ancient Horizontal Gene Transfer." *Nature Reviews/Genetics* 4 (February 2003): 121–132.

Brush, Stephen G. "Dynamics of Theory Change in Chemistry: Part 1. The Benzene

Problem: 1865–1945." *Studies in History and Philosophy of Science Part A.* 30:1 (1999): 21–79.

Bryson, Bill. *A Short History of Nearly Everything*. New York: Broadway Books, 2003.

Buchanan, Brenda J. *Gunpowder, Explosives and the State: A Technological History.* Burlington, Vt.: Ashgate Publishing Co., 2006.

Bügl, Hans, John P. Danner, Robert J. Molinari, John T. Mulligan, Han-Oh Park, Bas Reichert, David A. Roth, Ralf Wagner, Bruce Budowle, Robert M. Scripp, Jenifer A. L. Smith, Scott J. Steele, George Church, and Drew Endy. "DNA Synthesis and Biological Security." *Nature Biotechnology* 25:6 (June 2007): 627–629.

Buick, Roger, David J. Des Marais, and Andrew H. Knoll. "Stable Isotopic Compositions of Carbonates From the Mesoproterozoic Bangemall Group, Northwestern Australia." *Chemical Geology* 123:1–4 (June 20, 1995): 153–171.

Burbidge, E. Margaret. "Watcher of the Skies." *Annual Review of Astronomy and Astrophysics* 32 (1994): 1–36.

Cairns-Smith, A. G. "The First Organisms." *Scientific American*, 253 (June 1985): 90–100.

Cairns-Smith, A. Graham. "Sketches for a Mineral Genetic Material." *Elements* 1 (June 2005): 157–161.

Caldeira, Ken. "What Corals Are Dying to Tell Us About CO_2 and Ocean Acidification." Presented at the Eighth Annual Roger Revelle Commemorative Lecture, Washington, D.C. The National Academies, March 5, 2007.

Calvin, Melvin. *Following the Trail of Light: A Scientific Odyssey.* Washington, D.C.: American Chemical Society, 1992.

Calvin, Melvin. "The Path of Carbon in Photosynthesis." Nobel Lecture, December 11, 1961. *Nobel Lectures, Chemistry 1942–1962*. Amsterdam: Elsevier Publishing Company, 1964.

Calvin, William H. *A Brain for All Seasons: Human Evolution and Climate Change.* Chicago: University of Chicago Press, 2002.

Campbell, Neil A., Jane B. Reece, Lisa A. Urry, Michael L. Cain, Steven A. Wasserman, Peter V. Minorsky, and Robert B. Jackson. *Biology* 8th ed. San Francisco: Pearson Benjamin Cummings, 2008.

Camus, Albert. *The Myth of Sisyphus and Other Essays*. New York: Vintage International, 1983.

Canadell, Josep G., Corinne LeQuere, Michael R. Raupach, Christopher B. Field, Erik T. Buitenhuis, Philippe Ciais, Thomas J. Conway, Nathan P. Gillett, R. A. Houghton, and Gregg Marland. "Contributions to Accelerating Atmospheric CO_2 Growth From Economic Activity, Carbon Intensity, and Efficiency of Natural Sinks." *Proceedings of the National Academy of Sciences* 104:47 (November 20, 2007): 18866–18870.

Canfield, Don E., Simon W. Poulton, Guy M. Narbonne. "Late-Neoproterozoic Deep-Ocean Oxygenation and the Rise of Animal Life. " *Science* 315 (January 5, 2007): 92–95.

"Carbon Dubbs Is Dead at 81; Expert on Oil." *Chicago Daily Tribune*, August 25, 1962.

Carrier, David. "The Energetic Paradox of Human Running and Hominid Evolution." *Current Anthropology* 25:4 (August–October 1984) 483–495.

Carroll, Sean B. *Endless Forms Most Beautiful: The New Science of Evo Devo and the Making of the Animal Kingdom.* New York: Norton, 2005.

Catling, David C., and Mark W. Claire. "How Earth' s Atmosphere Evolved to an Oxic State: A Status Report." *Earth and Planetary Science Letters* 237 (2005): 1–20.

Cavalier-Smith, Thomas, Martin Brasier, and T. Martin Embley. "Introduction: How and When Did Microbes Change the World?" *Philosophical Transactions of the Royal Society B* 361 (2006): 845–850.

Cech, Thomas R. "The Chemistry of Self-Splicing RNA and RNA Enzymes." *Science* 236 (June 19, 1987): 1532–1539.

Cech, Thomas R. "Enhanced: The Ribosome Is a Ribozyme." *Science* 289 (August 11, 2000): 878–879.

Cech, Thomas R. "Exploring the New RNA World." Nobelprize.org. December 3, 2004.

Chameides, W. L., and E. M. Perdue. *Biogeochemical Cycles: A Computer-Interactive Study of Earth System Science and Global Change*. New York: Oxford University Press, 1997.

Chan, Leon Y., Sriram Kosuri, and Drew Endy. "Refactoring Bacteriophage T7." *Molecular Systems Biology* 1 (2005): 1–10.

Chartebois, Robert L., and W. Ford Doolittle. "Computing Prokaryotic Gene Ubiquity: Rescuing the Core from Extinction." *Genome Research* 14 (2004): 2469–2477.

Chen, Ingfei. "Born to Run." *Discover* (May 2006): 62–67.

Chen, Irene. "The Emergence of Cells During the Origin of Life." *Science* 314 (December 8, 2006): 1558–1559.

Chen, Irene A., Kourosh Salehi-Ashtiani and Jack W. Szostak. "RNA Catalysis in Model Protocell Vesicles." *Journal of the American Chemical Society* 127 (2005): 13213–13219.

Chen, Li-Qun, Cheng-Sen Li, William G. Chaloner, David J. Beerling, Qi-Gao Sun, Margaret E. Collinson, and Peter L. Mitchell. "Assessing the Potential for the Stomatal Characters of Extant and Fossil Ginkgo Leaves to Signal Atmospheric CO_2 Change." *American Journal of Botany* 88:7 (2001): 1309–1315.

Chopra, Paras, and Akhil Kammab. "Engineering Life through Synthetic Biology." *In Silico Biology* 6 (2006): 401–410.

Christianson, Gale. *Greenhouse: The 200-Year Story of Global Warming*. New York: Walker & Co., 1999.

Chuck, A., T. Tyrrell, I. J. Totterdell, and P. M. Holligan. "The Oceanic Response to Carbon Emissions Over the Next Century: Investigation Using Three Ocean Carbon Cycle Models." *Tellus* 57 B, (2005) 70–86.

Chyba, Christopher F. "Rethinking Earth' s Early Atmosphere." *Science* 308 (May 13, 2005): 962–963.

Cody, George D. "Geochemical Connections to Primitive Metabolism." *Elements* 1 (2005): 139–143.

Cohen, Joel E., and David Tilman. "Biosphere 2 and Biodiversity: The Lessons So Far." *Science* 274 (November 15, 1996): 1150–1151.

Colby, Joy Hakanson. "Yoko Brings Her Best Wishes." *Detroit News,* April 27, 2000, 1.

Cole, G. A., M. A. Abu-Ali, S. M. Aoudeh, W. J. Carrigan, H. H. Chen, E. L. Colling, W. J. Gwathney, A. A. Al-Hajji, H. I. Halpern, P. J. Jones, S. H. Al-Sharidi, and M. H. Tobey. "Organic Geochemistry of the Paleozoic Petroleum System of Saudi Arabia." *Energy & Fuels* 8 (1994): 1425–1442.

Collins, James. "Who' s Afraid of Synthetic Biology?" (Unpublished manuscript). E-mail to the author, November 21, 2007.

Corey, E. J. "The Logic of Chemical Synthesis: Multistep Synthesis of Complex Carbogenic Molecules." Nobel Lecture, December 8, 1990. In *Nobel Lectures,*

Chemistry 1981–1990, Editor in charge Tore Frängsmyr in collaboration with editor Bo G. Malmström. Singapore: World Scientific Publishing Co., 1992.

Corey, E. J., and Cheng Xue-Min. *The Logic of Chemical Synthesis*. New York: John Wiley & Sons, 1989.

Corey, E. J., Alan K. Long, and Stewart D. Rubenstein. "Computer-Assisted Analysis in Organic Synthesis." *Science* 228 (April 26, 1985): 408–418.

Corey, E. J., Myung-chol Kang, Manoj C. Desai, Arun K. Ghosh, and Ioannis N. Houpis. "Total Synthesis of (±)-Ginkgolide B." *Journal of the American Chemical Society* 110 (1988): 649–651.

Crimmins, Michael T., Jennifer M. Pace, Philippe G. Nantermet, Agnes S. Kim-Meade, James B. Thomas, Scott H. Watterson, and Allan S. Wagman. "The Total Synthesis of (±)-Ginkgolide B." *Journal of the American Chemical Society* 122 (2000): 8453–8463.

Crosby, Alfred W. *Children of the Sun: A History of Humanity' s Unappeasable Appetite for Energy*. New York: Norton, 2006.

Cuffey, Kurt M., and Francoise Vimeux. "Covariation of Carbon Dioxide and Temperature from the Vostok Ice Core after Deuterium-Excess Correction." *Nature* 412 (August 2, 2001): 523–527.

Curl, Robert F., Richard E. Smalley, Harold W. Kroto, Sean O' Brien, and James R. Heath. "How the News That We Were Not the First to Conceive of Soccer Ball C_{60} Got to Us." *Journal of Molecular Graphics and Modelling* 19:2 (April 2001): 185–186.

Dalton, Alan B., Steve Collins, Edgar Muñoz, Joselito M. Razal, Von Howard Ebron, John P. Ferraris, Jonathan N. Coleman, Bog G. Kim, Ray H. Baughman. "Super-Tough Carbon-Nanotube Fibres." *Nature* 423 (12 June 2003): 703.

Dalton, Rex. "Squaring Up Over Ancient Life." *Nature* 417 (June 20, 2002): 782–784.

Darwin, Charles Robert, 1872. *The Origin of Species by Means of Natural Selection, or the Preservation of Favoured Races in the Struggle for Life*. London: John Murray. 6th edition; with additions and corrections. Transcribed for John van Wyhe 2002; formatting converted by AEL Data 2006. RN1. http://darwin-online.org.uk/content/frameset?itemID=F391&viewtype= text&pageseq=1. Accessed February 8, 2008.

Darwin, Francis, ed. *The Life and Letters of Charles Darwin, vol. III*. London: John

Murray, 1887. Scanned for Darwin Online April 2006; transcribed (double key) by AEL Data July 2006. http://darwin-online.org.uk/content/frameset? itemID=F1452.3&viewtype=side&pageseq=1. Accessed February 8, 2008.

Dawkins, Richard. *The Blind Watchmaker: Why the Evidence of Evolution Reveals a Universe Without Design*. New York: Norton, 1986.

———. *The Selfish Gene*. 30th anniversary ed. New York: Oxford University Press, 2006.

Dawkins, R., and J. R. Krebs. "Arms Races Between and Within Species." *Proceedings of the Royal Society of London, Series B, Biological Sciences* 205 (1979): 489–511.

Deamer, David. "Origins of Membrane Structure." In Lynn Margulis, Clifford Matthews, and Aaron Haselton, eds. *Environmental Evolution: Effects of the Origin of Evolution of Life on Planet Earth* 2nd ed. Cambridge, Mass.: MIT Press, 2000, 67–82.

Deamer, David, Jason P. Dworkin, Scott A. Sandford, Max P. Bernstein, and Louis J. Allamandola. "The First Cell Membranes." *Astrobiology* 2:4 (2002): 371–381.

Deans, Tara L., Charles R. Cantor, and James J. Collins. "A Tunable Genetic Switch Based on RNAi and Repressor Proteins for Regulating Gene Expression in Mammalian Cells." *Cell* 130 (July 27, 2007): 363–372.

Deckert, Gerard, Patrick V. Warren, Terry Gaasterland, William G. Young, Anna L. Lenox, David E. Graham, Ross Overbeek, Marjory A. Snead, Martin Keller, Monette Aujay, Robert Huberk, Robert A. Feldman, Jay M. Short, Gary J. Olsen, and Ronald V. Swanson. "The Complete Genome of the Hyperthermophilic Bacterium Aquifex aeolicus." *Nature* 392 (March 26, 1998): 353–358.

De Duve, Christian. "The Beginnings of Life on Earth." *American Scientist* (September–October 1995): 50–57.

———. "The Birth of Complex Cells." *Scientific American* 274 (April 1996): 50–57.

DeFeudis, Francis V., Vassilios Papadopoulos, and Katy Drieu. "*Ginkgo biloba* Extracts and Cancer: A Research Area in Its Infancy." *Fundamental and Clinical Pharmacology* 18 (August 2003): 405–417.

Deffeyes, Kenneth. *Hubbert's Peak: The Impending World Oil Shortage*. Princeton, N.J.: Princeton University Press, 2001.

Delsuc, Frederic, Henner Brinkmann, and Philippe Herve. "Phylogenomics and the

Reconstruction of the Tree of Life." *Nature Reviews Genetics* 6 (May 2005): 361–375.

Del Tredici, Peter. "Ginkgo in America." *Arnoldia* 41:4 (July 1981): 150–161.

———. "Ginkgo and People: A Thousand Years of Interaction." *Arnoldia* 51:2 (1991): 3–15.

———. "The Evolution, Ecology, and Cultivation of *Ginkgo biloba*." In *Ginkgo biloba*, edited by T. van Beek. Amsterdam: Harwood Academic Publishers, 2000.

———. "The Phenology of Sexual Reproduction in Ginkgo biloba: Ecological and Evolutionary Implications." *Botanical Review* 73:4 (2007): 267–278.

———. "Where the Wild Ginkgos Grow." *Arnoldia* 52:4 (1992): 2–11.

Des Marais, David J. "When Did Photosynthesis Emerge on Earth?" *Science* 289 (September 8, 2000): 1703–1705.

Des Marais, David J., Harald Strauss, Roger E. Summons, and J. M. Hayes. "Carbon Isotope Evidence for the Stepwise Oxidation of the Proterozoic Environment." *Nature* 359 (October 15, 1992): 605–609.

Desmond, Adrian, and James Moore. *Darwin: The Life of a Tormented Evolutionist.* New York: Norton, 1991.

Diamond, Jared. *Collapse: How Societies Chose to Fail or Succeed*. New York: Viking, 2005.

———. *Guns, Germs and Steel: The Fates of Human Societies*. New York: Norton, 1999.

———. *The Third Chimpanzee: Evolution and the Future of the Human Animal.* New York: HarperPerennial, 1993.

Ditty J. L., S. B.Williams, and S. S. Golden. "A Cyanobacterial Circadian Timing Mechanism." *Annual Review of Genetics* 37 (2003): 513–543.

Dobzhansky, Thodosius. "Nothing in Biology Makes Sense Except in Light of Evolution." *American Biology Teacher* 35 (March 1973): 125–129.

Doolittle, W. Ford. "Uprooting the Tree of Life." *Scientific American* (February 2000): 90–95.

Drury, Stephen. *Stepping Stones: The Making of Our Home World*. Oxford: Oxford University Press, 1999.

Dukes, Jeff. "Burning Buried Sunshine: Human Consumption of Ancient Solar Energy." *Climatic Change* 61:1–2 (November 2003): 31–44.

Durham, Louise. "The Elephant of All Elephants—History and Geology of Saudi Arabia' s Ghawar Field." *Energy Bulletin* (January 4, 2005): http://www.energybulletin.net/3889.html. Accessed May 21, 2007.

Dworkin, Jason P., David W. Deamer, Scott A. Sandford, Louis J. Allamandola. "Self-Assembling Amphiphilic Molecules: Synthesis in Simulated Interstellar Precometary Ices." *Proceedings of the National Academy of Sciences* 98:3 (January 30, 2001): 815–819.

Dyson, Freeman J. "Search for Artificial Sources of Infrared Radiation." *Science* 131 (June 3, 1960): 1667–1668.

Eherenfreund, Pascale, and Steven B. Charnley. "Organic Molecules in the Interstellar Medium, Comets and Meteorites: A Voyage from Dark Clouds to the Early Earth." *Annual Review of Astronomy and Astrophysics*. 38 (2000): 427–483.

Eigenbrode, Jennifer L., and Katherine H. Freeman. "Late Archean Rise of Aerobic Microbial Ecosystems." *Proceedings of the National Academy of Sciences* 103:43 (October 24, 2006): 15759–15764.

Elderfield, Henry. "Carbonate Mysteries." *Science* 296 (May 31 2002): 1618–1621.

Eliot, Charles W., ed. *The Harvard Classics: Scientific Papers* vol. 30. New York: P. F. Collier & Son Company, 1910.

Emsley, John. *Molecules at an Exhibition.* Oxford: Oxford University Press, 1998.

ENCODE Project Consortium. "Identification and Analysis of Functional Elements in 1% of the Human Genome by the ENCODE Pilot Project." *Nature* 447 (June 14, 2007): 799–816.

Encyclopedia Britannica online. "Chemical Element Abundances in Earth' s Crust." http://search.eb.com/eb/art-915. Accessed February 20, 2008.

Endy, Drew. "Foundations of Synthetic Biology." *Nature* 438 (November 24, 2005): 449–453.

Endy, Drew, and Michael B. Yaffe. "Signal Transduction: Molecular Monogamy." *Nature* 426 (December 11, 2003): 614–615.

Energy Information Administration. "Chapter 4—Natural Gas." International Energy Outlook 2007 (May 2007): http://www.eia.doe.gov/oiaf/ieo/nat_gas. html. Accessed February 8, 2008.

Erickson, Gregory M. "Gigantism and Comparative Life-History Parameters of Tyrannosoid Dinosaurs." *Nature* 430 (August 12, 2004): 772–775.

Ezrin, Myer. *Plastics Failure Guide: Cause and Prevention.* New York: Hanser Publishers, 1996.

———. "Plastics Failure/People Failure." *Plastics World* 55:2 (February 1997): 17.

Falkowski, Paul C., Miriam E. Katz, Andrew H. Knoll, Antonietta Quigg, John A. Raven, Oscar Schofield, F. J. R. Taylor. "The Evolution of Modern Eukaryotic Phytoplankton." *Science* 305 (July 16, 2004) 354–360.

Falkowski, P., R. J. Scholes, E. Boyle, J. Canadell, D. Caneld, J. Elser, N. Gruber, K. Hibbard, P. Högberg, S. Linder, F. T. Mackenzie, B. Moore Ⅲ, T. Pedersen, Y. Rosenthal, S. Seitzinger, V. Smetacek, W. Steffen. "The Global Carbon Cycle: A Test of Our Knowledge of Earth as a System." *Science*, 290 (October 13, 2000): 291–296.

Feely, Richard A., Christopher L. Sabine, Kitack Lee, Will Berelson, Joanie Kelypas, Victoria J. Fabry, Frank J. Millero. "Impact of Anthropogenic CO_2 on the $CaCO_3$ System in the Oceans." *Science* 305 (July 16, 2004): 362–366.

Fenichell, Stephen. *Plastics: The Making of a Synthetic Century*. New York: HarperCollins, 1996.

Fennel, Katja, Mick Follows, and Paul G. Falkowski. "The Co-Evolution of the Nitrogen, Carbon and Oxygen Cycles in the Proterozoic Ocean." *American Journal of Science*, 305 (June, September, October, 2005): 526–545.

Ferber, Dan. "Microbes Made to Order." *Science* 303 (January 9, 2004): 158–161.

Ferris, James P. "Mineral Catalysis and Prebiotic Synthesis: Montmorillonite-Catalyzed Formation of RNA." *Elements* 1 (June 2005): 145–149.

Ferris, James P. "Montmorillonite-Catalysed Formation of RNA Oligomers: The Possible Role of Catalysis in the Origins of Life." *Philosophical Transactions of the Royal Society of London B* 361 (2006): 1777–1786.

Feynman, Richard P. *The Meaning of It All*. New York: Basic Books, 2005.

———. *QED: The Strange Theory of Light and Matter.* Princeton: Princeton University Press, 1988.

———. *Six Easy Pieces: Essentials of Physics Explained by its Most Brilliant Teacher.* New York: Basic Books, 1995.

Field, Christopher B. "Alarming Acceleration in CO_2 Emissions Worldwide—How Do We Respond?" Science Week 2007: Climate Action, conference presentation. Carnegie Institution for Science, October 22, 2007.

Flannery, Tim. *The Weather Makers: How Man Is Changing the Climate and What It*

Means for Life on Earth. New York: Grove Press, 2005.

Fleming, James Rodger. *Historical Perspectives on Climate Change*. New York: Oxford University Press, 1998.

Forte, John. "Bio 1A: General Biology at UC–Berkeley, Fall 2006." Webcast.berkeley.http://webcast.berkeley.edu/course_details.php?seriesid=1906978335. Accessed September 21, 2006–November 26, 2006.

Fortey, Richard. *Trilobite: Eyewitness to Evolution*. New York: Knopf, 2000.

Fountain, Henry. "Antique Nanotubes." *New York Times*, October 28, 2006.

Fowler, William A. "Experimental and Theoretical Nuclear Astrophysics: The Quest for the Origin of the Elements." Nobel lecture, December 8, 1983.

Frank-Kamenetskii, Maxim D. *Unraveling DNA: The Most Important Molecule of Life*. New York: Basic Books, 1997.

Freese, Barbara, *Coal: A Human History*. New York: Penguin Books, 2003.

Friedman, Thomas L. *The World Is Flat: A Brief History of the 21st Century*. New York: Farrar Straus and Giroux, 2005.

Friend, Tim. *The Third Domain: The Untold Story of Archaea and the Future of Biotechnology*. Washington, D.C.: Joseph Henry Press, 2007.

Fujimoto, Takahiro. *Competing to Be Really, Really Good*. Tokyo: International House of Japan, 2007.

Fuller, R. Buckminster. *Operating Manual for Spaceship Earth*. Buckminster Fuller Institute. http://www.bfi.org/?q=node/419. Accessed December 2007.

Fynbo, Hans O. U., Christian A. Diget, Uffe C. Bergmann, Maria J. G. Borge, Joakim Cederkäll, Peter Dendooven, Luis M. Fraile, Serge Franchoo, Valentin N. Fedosseev, Brian R. Fulton, Wenxue Huang, Jussi Huikari, Henrik B. Jeppesen, Ari S. Jokinen, Peter Jones, Björn Jonson, Ulli Köster, Karlheinz Langanke, Mikael Meister, Thomas Nilsson, Göran Nyman, Yolanda Prezado, Karsten Riisager, Sami Rinta-Antila, Olof Tengblad, Manuela Turrion, Youbao Wang, Leonid Weissman, Katarina Wilhelmsen, Juha Äystö, and the ISOLDE Collaboration. "Revised Rates for the Stellar Triple-α Process From Measurement of ^{12}C Nuclear Resonances." *Nature*, 433 (January 13, 2005): 136–139.

Galik, K., B. Senut, M. Pickford, D. Gommery, J. Treil, A. J. Kuperavage, and R. B. Eckhardt. "External and Internal Morphology of the BAR 1002'00 Orrorin tugenensis Femur." *Science* 305 (Sept 3, 2004): 1450–1453.

Gamow, G., and M. A. Tuve. "Technical Report." George Washington University

School of Engineering. Archives of the Carnegie Institution of Washington. March 28, 1938.

Gaylarde, C., M. Ribas Silva and T. Warscheid. "Microbial Impact on Building Materials: An Overview." *Materials and Structures*, 36 (June 2003): 342–352.

Gell-Mann, Murray. *The Quark and the Jaguar: Adventures in the Simple and the Complex*. New York: W. H. Freeman and Co., 1994.

Gerstein, Mark B., Can Bruce, Joel S. Rozowsky, Deyou Zheng, Jiang Du, Jan O. Korbel, Olof Emanuelsson, Zhengdong D. Zhang, Sherman Weissman, and Michael Snyder. "What is a Gene, post–ENCODE? History and Updated Definition." *Genome Research* 17 (2007) 669–681.

Gertner, Jon. "From 0 to 60 to World Domination." *New York Times Magazine*. February 18, 2007.

Gertz, H. J., and M. Kiefer. "Review About Ginkgo Biloba Special Extract EGb 761 (Ginkgo)." *Current Pharmaceutical Design* 10 (2004): 261–264.

Gewin, Virginia. "Discovery in the Dirt." *Nature* 439 (January 26, 2006): 384–386.

Gilbert, Walter. "Origin of Life: The RNA World." *Nature* 319 (February 20, 1986): 618.

Gingeras, Thomas R. "Origins of Phenotypes: Genes and Transcripts." *Genome Research* 17 (2007): 682–690.

Gluyas, Jon, and Richard Swarbrick. *Petroleum Geoscience*. Oxford U.K.: Blackwell Publishing 2004.

Gold, Paul E., Larry Cahill, and Gary L. Wenk. "The Lowdown on Ginkgo biloba." *Scientific American* 288 (April 2003): 86–91.

Gold, Thomas. "The Deep, Hot Biosphere." *Proceedings of the National Academy of Sciences* 89 (July 1992): 6045–6049.

Goldblatt, Colin, Timothy M. Lenton, and Andrew J. Watson. "Bistability of Atmospheric Oxygen and the Great Oxidation." *Nature* 443 (October 12, 2006): 683–686.

Golden, Susan S., and Sharon R. Canales. "Cyanobacterial Circadian Clocks—Timing Is Everything." *Nature Reviews: Microbiology* 1:3 (December 2003): 191–199.

Goldfarb, Michael A., Terrence F. Ciurej, Michael A. Weinstein, and LeRoy W. Metker. "A Method for Soft Body Armor Evaluation: Medical Assessment." Technical Report, July 1973 to June 1974. Edgewood Arsenal, Aberdeen

Proving Ground, Maryland (January 1975).

Golubic, Stjepko. "Microbial Landscapes: Abu Dhabi and Shark Bay." In Lynn Margulis, Clifford Matthews, and Aaron Haselton, eds. *Environmental Evolution: Effects of the Origin of Evolution of Life on Planet Earth* 2nd ed. Cambridge, Mass.: MIT Press, 2000, 117–140.

Goodwin, Brian. *How the Leopard Changed Its Spots: The Evolution of Complexity*. Princeton: Princeton University Press, 2001.

Gosnell, Mariana. *Ice: The Nature, the History, and the Uses of an Astonishing Substance*. New York: Knopf, 2005.

Gott, J. Richard Ⅲ. "Implications of the Copernican Principle for Our Future Prospects." *Nature* 363 (May 27, 1993): 315–319.

Gott, J. Richard Ⅲ. *Time Travels in Einstein' s Universe: The Physical Possibilities of Travel Through Time*. New York: Houghton Mifflin, 2001.

Gould, Stephen Jay. *Wonderful Life: The Burgess Shale and the Nature of History*. New York: Norton, 1989.

Gowdy, John. "Behavioral Economics and Climate Change Policy." (Forthcoming.)

Graham, Linda E., Martha E. Cook, and James S. Busse. "The Origin of Plants: Body Plan Changes Contributing to a Major Evolutionary Radiation." *Proceedings of the National Academy of Sciences* 97:9 (April 25, 2000): 4535–4540.

Gray, Harry B. *Chemical Bonds: An Introduction to Atomic and Molecular Structure*. Sausalito, Calif.: University Science Books, 1994.

Gray, Harry B., John D. Simon, and William C. Trogler. *Braving the Elements*. Sausalito, Calif: University Science Books, 1995.

Greally, John M. "Encyclopaedia of Humble DNA." *Nature* 447 (June 14, 2007): 782–783.

Greb, Stephen F., William A. DiMichele, and Robert A. Gastaldo. "Evolution and Importance of Wetlands in Earth History." Geological Society of America Special Paper No. 399, 2006.

Greb, Stephen F., W. M. Andrews, C. F. Eble, W. DiMichele, C. B. Cecil, and J. C. Hower. "Desmoinesian Coal Beds of the Eastern Interior and Surrounding Basins: The Largest Tropical Peat Mires in Earth History." Geological Society of America Special Paper No. 370, 2003.

Gregory, Jane. *Fred Hoyle' s Universe*. Oxford: Oxford University Press, 2005.

Grinspoon, David. *Lonely Planets: The Natural Philosophy of Alien Life*. New York:

Ecco, 2004.

Grotzinger, John P., Samuel A. Bowing, Beverly Z. Saylor, Alan J. Kaufman. "Biostratigraphic and Geochronologic Constraints on Early Animal Evolution. *Science* 270 (October 27, 1995): 598–604.

Haberl, Helmut, K. Heinz Erb, Fridolin Krausmann, Veronika Gaube, Alberte Bondeau, Christoph Plutzar, Simone Gingrich, Wolfgang Lucht, and Marina Fischer-Kowalski. "Quantifying and Mapping the Human Appropriation of Net Primary Production in Earth' s Terrestrial Ecosystems." *Proceedings of the National Academy of Sciences* 104:31 (July 31, 2007): 12942–12947.

Han, Tsu-Ming, and Bruce Runnegar. "Megascopic Eukaryotic Algae from the 2.1-Billion-Year-Old Negaunee Iron Formation, Michigan." *Science* 257 (July 10, 1992): 232–235.

Hanczyc, Martin M., Sheref S. Mansy, and Jack W. Szostak. "Mineral Surface Directed Membrane Assembly." *Origin of Life and Evolution of the Biosphere.*

Handa, Mariko. "*Ginkgo biloba* in Japan." *Arnoldia* 60:4 (2000): 26–33.

Hansen, James, Makiko Sato, Pushker Kharecha, Gary Russell, David W. Lea, and Mark Siddall. "Climate Change and Trace Gases." *Philosophical Transactions of the Royal Society A* 365 (2007): 1925–1954.

Hansen, James, Makiko Sato, Reto Ruedy, Ken Lo, David W. Lea, and Martin Medina-Elizade. "Global Temperature Change." *Proceedings of the National Academy of Sciences* 103:39 (September 26, 2006): 14288–14293.

Hansen, James. "The Threat to the Planet." *New York Review of Books*, July 13, 2006, 12–16.

Hansen J., M. Sato, R. Ruedy, P. Kharecha, A. Lacis, R. L. Miller, L. Nazarenko, K. Lo, G. A. Schmidt, G. Russell, I. Aleinov, S. Bauer, E. Baum, B. Cairns, V. Canuto, M. Chandler, Y. Cheng, A. Cohen, A. Del Genio, G. Faluvegi, E. Fleming, A. Friend, T. Hall, C. Jackman, J. Jonas, M. Kelley, N. Y. Kiang, D. Koch, G. Labow, J. Lerner, S. Menon, T. Novakov, V. Oinas, Ja. Perlwitz, Ju. Perlwitz, D. Rind, A. Romanou, R. Schmunk, D. Shindell, P. Stone, D. Streets, S. Sun, N. Tausnev, D. Thresher, N. Unger, M. Yao, and S. Zhang. "Dangerous Human-Made Interference With Climate: A GISS modelE study." *Atmospheric Chemistry and Physics* 7 (2007): 2287–2312.

Hansen, James. "Declaration of James E. Hansen." *Green Mountain Chrysler-Plymouth-Dodge-Jeep, et al, Plaintiffs; Association of International Auto-*

mobile Manufacturers, Plaintiff, v. Thomas W. Torti, Secretary of the Vermont Agency of Natural Resources, et al., Defendants. United States District Court for the District of Vermont. Case Nos. 2:05-CV-302, and 2:05CV-304 (consolidated).

Haqq-Misra, Jacob D., Shawn D. Domagal-Goldman, Patrick J. Kasting, and James F. Kasting. "A Revised, Hazy Methane Greenhouse for the Archean Earth." (Forthcoming.)

Harris, Robert, and Jeremy Paxman. *A Higher Form of Killing: The Secret History of Chemical and Biological Wafare*. New York: Random House, 2002.

Hartmann, William K. *Moons and Planets: Fourth Edition*. Belmont, Calif.: Wadsworth Publishing Co., 1999.

Haskin, L. A. "Water and Cheese from the Lunar Desert: Abundances and Accessibility of H, C, and N on the Moon." In W. W. Mendell. ed. *Second Conferences on Lunar Bases and Space Activities in the 21st Century*, Vol. 2. NASA Conferences Publication 3166. Houston: NASA, 1992.

Hay, W. W. "Tectonics and Climate." *Geologische Rundschau* 85:3 (1996): 409–437.

Hayes, John M. "The Pathway of Carbon in Nature." *Science* 312 (June 16, 2006): 1605–1606.

Hayes, John M., and Jacob R. Waldbauer. "The Carbon Cycle and Associated Redox Processes Through Time." *Philosophical Transactions of the Royal Society B* 361 (June 29, 2006): 931–950.

Hazen, Robert. *The Diamond Makers*. Cambridge: Cambridge University Press, 1999.

———. *Genesis: The Scientific Quest for Life' s Origins*. Washington, D.C.: Joseph Henry Press, 2005.

———. "Mineral Surfaces and the Prebiotic Selection and Organization of Biomolecules." *American Mineralogist* 91 (2006): 1715–1729.

———. "Genesis: Rocks, Minerals, and the Geochemical Origin of Life." *Elements* 1 (2005): 135–137.

Hazen, Robert M., Patrick L. Griffin, James M. Carothers, and Jack W. Szostak. "Functional Information and the Emergence of Biocomplexity." *Proceedings of the National Academy of Sciences* 104 (May 15, 2007): 8574–8581.

Hazen, Robert M., and David S. Sholl. "Chiral Selection on Inorganic Crystalline Surfaces." *Nature Materials* 2 (June 2003): 367–374.

Hazen, Robert M. "Why Should You Be Scientifically Literate?" ActionBioscience.org, http://www.actionbioscience.org/newfrontiers/hazen.html. Accessed March 14, 2007.

Heinemann, Mattias, and Sven Panke. "Synthetic Biology—Putting Engineering into Biology." *Bioinformatics* 22:22 (2006): 2790–2799.

Heinrich, Bernd. *Racing the Antelope: What Animals Can Teach Us About Running and Life.* New York: Cliff Street Books, 2001.

Helfand, David. Frontiers of Science: *Scientific Habits of Mind Multimedia Study Environment*. Accessed from http://ccnmtl.columbia.edu/projects/mmt/frontiers, on August 27, 2007.

Helge, Jørn W., Bente Stallknecht, Erik A. Richter, Henrik Galbo, and Bente Kiens. "Muscle Metabolism During Graded Quadriceps Exercise in Man." *Journal of Physiology* 581:3 (2007): 1247–1258.

Henning, T., and F. Salama. "Carbon in the Universe." *Science* 282, (December 18, 1998): 2204–2210.

Herbst, Eric. "The Chemistry of Interstellar Space." *Chemical Society Review* 30 (2001): 168–176.

———. "Chemistry of Star-Forming Regions." *Journal of Physical Chemistry A* 109:18 (May 12, 2005): 4017–4025.

Herz, Werner. *The Shape of Carbon Compounds*. New York: W. A. Benjamin, 1963.

Hillier, Victor, and Peter Coombes. *Hillier' s Fundamentals of Motor Vehicle Technology*. London: Nelson Thames, 2004.

Hoelzer, G. A., E. Smith, and J. W. Pepper. "On the Logical Relationship Between Natural Selection and Self-Organization." *Journal of Evolutionary Biology* 19:6 (2006): 1785–1794.

Hofmann, H. J. "Precambrian Microflora, Belcher Islands, Canada: Significance and Systematics. *Journal of Paleontology* 50:6 (November 1976) 1040–1073.

Hoffman, Paul F., and Daniel P. Schrag. "The Snowball Earth Hypothesis: Testing the Limits of Global Change." *Terra Nova* 14:3 (2002) 129–155.

Hoffmann, Roald. *The Same and Not the Same*. New York: Columbia University Press, 1995.

Hoffmann, Roald. "How Should Chemists Think?" *Scientific American* (February 1993): 66–73.

———. "Molecular Beauty Ⅲ: As Rich as Need Be." *American Scientist* 77:2

(March–April 1989): 177–178.

———. "Unstable." *American Scientist* 75 (November–December 1987): 619–621.

Holland, Heinrich D. "The Oxygenation of the Atmosphere and Oceans." *Philosophical Transcripts Royal Society of London B* 361:1470 (June 29, 2006): 903–915.

Hori, Shihomi, and Teruaitsu Hori. "A Cultural History of *Ginkgo biloba* in Japan and the Generic Name Ginkgo." In van Beek, Teris, ed. *Ginkgo Biloba*. 386–393.

Houghton, R. A. "Balancing the Global Carbon Budget." *Annual Review of Earth and Planetary Sciences* 35 (2007): 313–347.

Howell, F. Clark. *Early Man*. In collaboration with the editors of Time-Life Books. *Life Nature Library*. New York: Time-Life Books, 1970.

"How to Make Chlorophyll." *Time*, July 18, 1960. Accessed from http://www.time.com/time/magazine/article/0, 9171, 869621, 00.html

Hoyle, Fred. *Home Is Where the Wind Blows: Chapters From a Cosmologist' s Life*. Mill Valley, Calif.: University Science Books, 1994.

Hoyle, Fred. "The Universe: Past and Present Reflections." *Annual Review of Astronomy and Astrophysics* 20 (1982): 1–36.

Hsu, Kenneth J., Hedi Oberhänsli, J. Y. Gao, Sun Shu, Chen Haihong, and Urs Krähenbühl. " 'Strangelove Ocean' Before the Cambrian Explosion" *Nature* 316 (August 29, 1985): 809–811.

Hua, Hong, Brian R. Pratt, and Lu-Yi Zhang. "Borings in Cloudina Shells: Complex Predator-Prey Dynamics in the Terminal Proterozoic." *Palaios* 18 (2003): 454–459.

"Huge 2.5 inch Stromatolite Sphere 2, 200 Million Years." eBay auction, item number 130051673910. Accessed December 3, 2006.

Hughes, Randall A., Michael P. Robertson, Andrew D. Ellington, and Matthew Levy. "The Importance of Prebiotic Chemistry in the RNA World." *Current Opinion in Chemical Biology* 8 (2004): 629–633.

Huntley, John Warren, and Michal Kowalewski. "Strong Coupling of Predation Intensity and Diversity in the Phanerozoic Fossil Record. *Proceedings of the National Academy of Sciences*. 104:38 (September 18, 2007): 15006–15010.

Huxley, T. H. "On a Piece of Chalk." In *Lay Sermons, Addresses and Reviews*. New York: D. Appleton and Company, 1903.

Intergovernmental Panel on Climate Change: *Climate Change 2007: The Physical*

Science Basis. Contribution of Working Group I to the Fourth Assessment Report of the Intergovernmental Panel on Climate Change. Edited by S. D. Solomon Qin, M. Manning, Z. Chen, M. Marquis, K. B. Averyt, M. Tignor, and H. L. Miller. Cambridge, U.K. and New York: Cambridge University Press, 2007.

———. *Climate Change 2007: Impacts, Adaptation and Vulnerability. Contribution of Working Group II to the Fourth Assessment Report of the Intergovernmental Panel on Climate Change*. Edited by M. L. Parry, O. F. Canziani, J. P. Palutikov, P. J. van der Linden, and C. E. Hanson. Cambridge, U.K.: Cambridge University Press, 2007.

———. *Climate Change 2007: Mitigation. Contribution of Working Group III to the Fourth Assessment Report of the Intergovernmental Panel on Climate Change*. Edited by B. Metz, O. R. Davidson, P. R. Bosch, R. Dave, and L. A. Meyer. Cambridge, U.K. and New York: Cambridge University Press, 2007.

Isaacs, Farren J., David J. Dwyer, and James J. Collins. "RNA Synthetic Biology." *Nature Biotechnology* 24:5 (May 2006): 545–554.

"ITIS Standard Report Page: Ginkgo biloba." Taxonomic Serial No.: 183269. Accessed from http://www.itis.gov/servlet/SingleRpt/SingleRpt?search_topic=TSN&search_value=183269 on February 8, 2008.

Isaacson, Walter. *Einstein: His Life and Universe*. New York: Simon and Schuster, 2007.

Ishikawa, Eishei, and David L. Swain, trans. "The Committee for the Compilation of Materials on Damage Caused by the Atomic Bombs in Hiroshima and Nagasaki." In *Hiroshima and Nagasaki: The Physical, Medical and Social Effects of the Atomic Bombings*, 87. New York: Basic Books, 1981.

Johnson R. D., and C. Holbrow, eds. *Space Settlements: A Design Study*. NASA, SP-413. Scientific and Technical (1977): http://www.nss.org/settlement/nasa/75SummerStudy/Design.html.

Jones, Dan. "Personal Effects." *Nature* 438 (November 3, 2005): 14–16.

Joyce, Gerald F. "The Antiquity of RNA-Based Evolution." *Nature* 418 (July 11, 2002): 214–221.

Joyce, Gerald F. "Directed Molecular Evolution." *Scientific American* (December 1992): 90–97.

Kamminga, Harmke. "The Kekulé Riddle." *Lancet* 341 (June 5, 1993): 1463.

Karol, Kenneth G., Richard M. McCourt, Matthew T. Cimino, and Charles F. Delwiche. “The Closest Living Relatives of Land Plants.” *Science* 294 (December 14, 2001): 2351–2353.

Kasting, James F. “The Rise of Atmospheric Oxygen.” *Science* 293 (August 3, 2001): 819–820.

———. “The Carbon Cycle, Climate, and the Long-Term Effects of Fossil Fuel Burning.” *Consequences* 4:1 (1998): 15–27.

Kauffman, Stuart. *Investigations*. New York: Oxford University Press, 2000.

Kaufman, Alan J. “The Calibration of Ediacaran Time.” *Science* 308, (April 1, 2005): 59–60.

Ke, Yuehai, Bing Su, Xiufeng Song, Daru Lu, Lifeng Chen, Hongyu Li, Chunjian Qi, Sangkot Marzuki, Ranjan Deka, Peter Underhill, Chunjie Xiao, Mark Shriver, Jeff Lell, Douglas Wallace, R. Spencer Wells, Mark Seielstad, Peter Oefner, Dingliang Zhu, Jianzhong Jin, Wei Huang, Ranajit Chakraborty, Zhu Chen, Li Jin. “African Origin of Modern Humans in East Asia: A Tale of 12, 000 Y Chromosomes.” *Science* 292 (May 11, 2001): 1151–1153.

Keeling, Charles D. “A Brief History of Atmospheric CO_2 Measurements and Their Impact on Thoughts about Environmental Change.” Asahi Glass Blue Planet Prize lecture, 1993. http://www.af-info.or.jp/eng/honor/bppcl_e/ e1993keeling.txt. Accessed June 5, 2007.

———. “Rewards and Penalties of Monitoring the Earth.” *Annual Review of Energy and the Environment* 23 (1998): 25–82.

Kelly, Jack. *Gunpowder*. New York: Basic Books, 2004.

Kelly, Kevin. *Out of Control: The New Biology of Machines, Social Systems and the Economic World*. Cambridge, Mass.: Perseus Books, 1994.

Kenrick, Paul, and Peter R. Crane. “The Origin and Early Evolution of Plants on Land.” *Nature* 389 (September 4, 1997): 33–39.

Kerr, Richard. “A Shot of Oxygen to Unleash the Evolution of Animals, ” *Science* 314 (December 8, 2006): 1529.

Kiehl, J. T., and Kevin E. Trenberth. “Earth’ s Annual Global Mean Energy Budget.” *Bulletin of the American Meteorological Society* 78:2 (February 1997): 197–208.

Kirby, Richard Shelton, Sidney Withington, Arthur Burr Darling, and Frederick Gridley Kilgour. *Engineering in History*. Mineola, New York: Dover, 1990.

Kirsch, David A. *The Electric Vehicle and the Burden of History*. New Brunswick, N.J.: Rutgers University Press, 2000.

Kirschner, Marc W., and John C. Gerhart. *The Plausibility of Life*. New Haven, Conn.: Yale University Press, 2005.

Kirschvink, Joseph. "Red Earth, White Earth, Green Earth, Black Earth." *Engineering & Science* 4 (2005): 10–20.

Kirschvink, J. L., and J. W. Hagadorn. "A Grand Unified Theory of Biomineralization." In *The Biomineralization of Nano- and Micro-Structures*, edited by E. Bäuerlein. Weinheim, Germany: Wiley-VCH Verlag GmbH, 2000, 139–150.

Kirschvink, Joseph L., and Robert E. Kopp. "Arguments for the Late Evolution of Oxygenic Photosynthesis at 2.3 Ga: A Trigger for the Paleoproterozoic Snowball Earth." *Geophysical Research Abstracts* 7 (2005): 11197.

Kittler, Ralf, Manfred Kayser, and Mark Stoneking. "Molecular Evolution of *Pediculus humanus* and the Origin of Clothing." *Current Biology* 13:16 (August 19, 2003): 1414–1417.

Klein, Richard G., and Blake Edgar. *The Dawn of Culture*. New York: John Wiley & Sons Inc., 2002.

Klemme, H. D., and G. F. Ulmishek. "Effective Petroleum Source Rocks of the World: Stratigraphic Distribution and Controlling Depositional Factors. Search and Discovery Article #30003 (1999) http://searchanddiscovery. com/documents/Animator/Klemme2.htm. Accessed January 2008.

Klemperer, William. "The Chemistry of Interstellar Space." Royal Institution Discourse. Presentation at The Royal Institution, London, 1995. Accessed from http://vega.org.uk/video/programme/64 in May 2006.

Knight, Jonathan. "No Dope." *Nature* 426 (November13, 2003): 114–115.

Knight, Thomas F. "Engineering Novel Life." *Molecular Systems Biology* 1 (2005): 1.

Knoll, Andrew. *Life on a Young Planet: The First Three Billion Years of Evolution on Earth*. Princeton: Princeton University Press, 2003.

Knoll, Andrew H. "The Early Evolution of Eukaryotes: A Geological Perspective." *Science*, 256 (May 1, 1992): 622–627.

———. "A New Molecular Window on Early Life." *Science* 285 (August 13, 1999): 1025–1026.

———. "The Geological Consequences of Evolution." *Geobiology* 1 (2003): 3–14.

———. "Biomineralization and Evolutionary History." *Biomineralization* 54 (2003):

329–356.

Knoll, Andrew H., and Sean B. Carroll. "Early Animal Evolution: Emerging Views from Comparative Biology and Geology." *Science* 284 (June 25, 1999): 2129–2137.

Knoll, Andrew H., Malcolm R. Walter, Guy M. Narbonne, and Nicholas Christie-Blick. "A New Period for the Geologic Time Scale." *Science* 305 (July 30, 2004): 621–622.

Kolbert, Elizabeth. *Field Notes From a Catastrophe*. New York: Bloomsbury USA, 2006.

———. "The Darkening Sea." *New Yorker* (November 20, 2006), 67–75.

Kopp, Robert E., Joseph L. Kirschvink, Isaac A. Hilburn, and Cody Z. Nash. "The Paleoproterozoic Snowball Earth: A Climate Disaster Triggered by the Evolution of Oxygenic Photosynthesis." *Proceedings of the National Academy of Sciences* 102:32 (August 9, 2005): 11131–11136.

Korotev, Randy L. "In Memoriam: Larry Haskin (1934–2005)." *Geochemical News* 123 (April 2005): 8–9.

Krauss, Lawrence M. *Atom: A Single Oxygen Atom' s Odyssey from the Big Bang to Life on Earth . . . and Beyond*. New York: Back Bay Books, 2002.

Krebs, Hans. "The Citric Acid Cycle." Nobel Lecture, December 11, 1953. In *Nobel Lectures, Physiology or Medicine 1942–1962*, Amsterdam: Elsevier Publishing Company, 1964.

Kroto, Harold W. "C60: Buckminsterfullerene, The Celestial Sphere that Fell to Earth." *Angewandte Chemie International Edition in English* 31:2 (February 1992): 111–129.

Krugman, Paul. "What Economists Can Learn from Evolutionary Theorists." Address to the European Association for Evolutionary Political Economy, November 1996. http://www.mit.edu/～krugman/evolute.html. Accessed November 15, 2006.

Kuhn, Thomas S. *The Structure of Scientific Revolutions* 3rd ed. Chicago: University of Chicago Press, 1996.

Kump, Lee R. "Reducing Uncertainty about Carbon Dioxide as a Climate Driver." *Nature* 419 (September 12, 2002): 188–190.

Kump, Lee R., James F. Kasting, and Robert G. Crane. *The Earth System*. Upper Saddle River, N.J.: Prentice Hall, 2004.

Kurzweil, Ray, and Bill Joy. "Recipe for Destruction." *New York Times* (October 17,

2005): 19.

Kwolek, Stephanie L. Interviewed by Bernadette Bensaude-Vincent at Wilmington, Delaware, March 21, 1998. Philadelphia: Chemical Heritage Foundation, Oral History Transcript #0168.

Kwolek, Stephanie. "Stephanie Kwolek Innovative Lives Presentation." March 25, 1996. Archives Center, National Museum of American History.

LaBarbera, Michael. "Why Wheels Won' t Go." *American Naturalist* 121:3 (March 1983): 395–408.

Landa, Edward R. "Oink if You Love Coal." *Geotimes* (April 2006): 60.

Lane, Nick. *Oxygen*. Oxford: Oxford University Press, 2002.

———. *Power, Sex, Suicide*. Oxford: Oxford University Press, 2005.

Langer, G., M. Geisen, U. Riebesell, J. Kläs, S. Krug, K. H. Baumann, and J. Young. "The Response of *Calcidiscus leptoporus* and *Coccolithus pelagicus* to Changing Carbonate Chemistry of Seawater." *Geophysical Research Abstracts*, 8 (2006): 05161.

Larsson, B., R. Liseau, L. Pagani, P. Bergman, P. Bernath, N. Biver, J. H. Black, R. S. Booth, V. Buat, J. Crovisier, C. L. Curry, M. Dahlgren, P. J. Encrenaz, E. Falgarone, P. A. Feldman, M. Fich, H. G. Florén, M. Fredrixon, U. Frisk, G. F. Gahm, M. Gerin, M. Hagström, J. Harju, T. Hasegawa, Å. Hjalmarson, L. E. B. Johansson, K. Justtanont, A. Klotz, E. Kyrölä, S. Kwok, A. Lecacheux, T. Liljeström, E. J. Llewellyn, S. Lundin, G. Mégie, G. F. Mitchell, D. Murtagh, L. H. Nordh, L.-Å. Nyman, M. Olberg, A. O. H. Olofsson, G. Olofsson, H. Olofsson, G. Persson, R. Plume, H. Rickman, I. Ristorcelli, G. Rydbeck, A. A. Sandqvist, F. V. Schéele, G. Serra, S. Torchinsky, N. F. Tothill, K. Volk, T. Wiklind, C. D. Wilson, A. Winnberg, and G. Witt. "Molecular Oxygen in the ρ Ophiuchi Cloud." *Astronomy and Astrophysics*, 466:3 (May 2007): 999–1003.

Laurence, William L. "Endless Duel of Atoms Declared Sources of Fuel in Furnace of Sun." *New York Times*, December 18, 1938, 1.

Lazcano, Antonio. "The Origins of Life: Have Too Many Cooks Spoiled the Prebiotic Soup?" *Natural History* (February 2006): 36–41.

Lazcano, Antonio, and Stanley L. Miller. "The Origin and Early Evolution Review of Life: Prebiotic Chemistry, the Pre-RNA World, and Time." *Cell* 85 (June 14, 1996): 793–798.

Le Couteur, Penny, and Jay Burreson *Napoleon' s Buttons: 17 Molecules That*

Changed History. New York: Tarcher Penguin, 2003.

Lemonick, Michael D. "Cosmic Fingerprint." *Time*, February 24, 2003, 45.

———. "Let There Be Light." *Time*, September 4, 2006.

Levi, Primo. *The Periodic Table*. New York: Schoken Books, 1984.

Levskaya, Anselm, Aaron A. Chevalier, Jeffrey J. Tabor, Zachary Booth Simpson, Laura A. Lavery, Matthew Levy, Eric A. Davidson, Alexander Scouras, Andrew D. Ellington, Edward M. Marcotte, and Christopher A. Voigt. "Engineering *Escherichia coli* to See Light." *Nature* 438 (November 24, 2005): 441–442.

Lewis, Louise A., and Richard M. McCourt. "Green Algae and the Origin of Land Plants." *American Journal of Botany* 91:10 (October 2004): 1535–1556.

Lin, Li-Hung, Pei-Ling Wang, Douglas Rumble, Johanna Lippmann-Pipke, Erik Boice, Lisa M. Pratt, Barbara Sherwood Lollar, Eoin L. Brodie, Terry C. Hazen, Gary L. Andersen, Todd Z. DeSantis, Duane P. Moser, Dave Kershaw, and T. C. Onstott. "Long-Term Sustainability of a High-Energy, Low-Diversity Crustal Biome." *Science* 314 (2006): 479–482.

Line, Martin A. "The Enigma of the Origin of Life and Its Timing." *Microbiology* 148 (2002): 21–27.

Longuski, Jim. *The Seven Secrets of How to Think Like Rocket Scientist*. New York: Copernicus Books, 2007.

Lovelock, James. *The Revenge of Gaia*. New York: Basic Books, 2006.

Lovelock, James. "Travels With an Electron Capture Detector." Asahi Glass Blue Planet Prize lecture, 1997. Accessed from http://www.af-info.or.jp/eng/honor/97lect-e.pdf on June 11, 2007.

Lundquist, Stig, ed. *Physics 1971–1980*. Singapore: World Scientific Publishing Co., 1992.

MacMenamin, D., and M. MacMenamin. *The Emergence of Animals: The Cambrian Breakthrough*. New York: Columbia University Press, 1990, 95.

Madsen, Eugene L. "Identifying Microorganisms Responsible for Ecologically Significant Biogeochemical Processes." *Nature Reviews Microbiology* 3 (May 2005): 439–446.

Magat, E. E. "Fibres from Extended Chain Aromatic Polyamides." *Philosophical Transactions of the Royal Society of London A* 294 (1980): 463–472.

Major, Randolph T. "The Ginkgo, the Most Ancient Living Tree." *Science* 157 (September 15, 1967): 1270–1273.

Manning, Phillip. *Atoms, Molecules, and Compounds*. New York: Chelsea House Publishers, 2008.

Mantle, Jonathan. *Car Wars*. New York: Little, Brown, 1995.

Marchetti, Cesare. "Nuclear Plants and Nuclear Niches." *Nuclear Science and Engineering* 90 (1985): 521–526.

Marchetti, Cesare. "On Decarbonization: Historically and Perspectively." Interim Report, accessed from http://www.iiasa.ac.at/Admin/PUB/Documents/IR-05-005.pdf in May 2007.

Margulis, Lynn, Clifford Matthews, and Aaron Haseltine, eds. *Environmental Evolution: Effects of the Origin and Evolution of Life on Earth*. Cambridge, Mass. MIT Press, 2000.

Margulis, Lynn. "Symbiosis and the Origin of Protists." In *Environmental Evolution: Effects of the Origin and Evolution of Life on Earth*, 141–170.

Marin Frédéric, Mark Smith, Yeishin Isa, Gerard Muyzer, and Peter Westbroek. "Skeletal Matrices, Muci and the Origin of Invertebrate Calcification." *Proceedings of the National Academy of Sciences*. 93:4 (Feb 20, 1996): 1554–1559.

Martin, William, Meike Hoffmeister, Carmen Rotte, and Katrin Henze. "An Overview of Endosymbiotic Models for the Origins of Eukaryotes, Their ATP-Producing Organelles (Mitochondria and Hydrogenosomes), and Their Heterotrophic Lifestyle." *Biological Chemistry* 382:11 (November 2001): 1521–1539.

Matsumoto, Kazuho, Takeshi Ohta, Michiya Irasawat, and Tsutomu Nakamurat. "Climate Change and Extension of the *Ginkgo biloba* L. Growing Season in Japan." *Global Change Biology* 9 (2003): 1634–1642.

McKay, Mary Fae, David S. McKay, and Michael B. Duke. "Space Resources: Overview." Lyndon B. Johnson Space Center, Houston, 1992 NASA SP-509 overview.

McManus, Jerry F. "A Great Grand-Daddy of Ice Cores." *Nature* 429 (June 10, 2004): 611–612.

McMurry, John. *Organic Chemistry*. 5th ed. Pacific Grove, Calif.: Brooks/Cole, 2000.

McPhee, John. *The Control of Nature*. New York: Farrar, Straus, and Giroux, 1990.

———. "Season on the Chalk." *New Yorker*, March 12, 2007.

Meert, Joseph G., and Trond H. Torsvik. "The Making and Unmaking of a Supercontinent: Rodinia Revisited." *Tectonophysics* 375 (November 2003): 261–268.

Melezhik, Viktor A. "Multiple Causes of Earth' s Earliest Glaciation." *Terra Nova* 18 (2006) 130–137.

Michel-Zaitsu, Wolfgang. "On Engelbert Kaempfer' s Ginkgo." Accessed from http://www.flc.kyushu-u.ac.jp/~michel/serv/ek/amoenitates/ginkgo/ginkgo.html on February 12, 2008.

Mitchell, Peter. "David Keilin' s Respiratory Chain Concept and Its Chemiosmotic Consequences." Nobel Lecture, December 8, 1978. In *Nobel Lectures, Chemistry 1971–1980*. Editor in charge Tore Frängsmyr in collaboration with editor Sture Forsén. Singapore: World Scientific Publishing Co., 1993

Mitton, Simon. *Conflict in the Cosmos*. Washington, D.C.: Joseph Henry Press, 2005.

Mokyr, Joel. *The Gifts of Athena: Historical Origins of the Knowledge Economy.* Princeton: Princeton University Press, 2002.

———. "Useful Knowledge as an Evolving System: The View from Economic History." Preliminary and incomplete. Revised, February 11, 2002. Paper presented at the conference on The Economy as an Evolving System. Santa Fe, N.M., November 16–18, 2001.

———. "Natural History and Economic History: Is Technological Change an Evolutionary Process?" Draft lecture. April 2000. Accessed at http://faculty. weas. northwestern.edu/~/jmokyr/jerusalem.pdf on May 25, 2007.

Montañez, Isabel P., Neil J. Tabor, Deb Niemeier, William A. DiMichele, Tracy D. Frank, Christopher R. Fielding, John L. Isbell, Lauren P. Birgenheier, and Michael C. Rygel. "CO_2-Forced Climate and Vegetation Instability During Late Paleozoic Deglaciation." *Science* 315 (January 5, 2007): 87–91.

Montgomery, Regina R., ed., "NIST SRM 3246 *Ginkgo biloba* Supplement Standard Reference Materials." *SRM Spotlight* (February 2007): 1–11.

Moore, Gordon. "Cramming More Components Onto Integrated Circuits." *Electronics*, 38:8 (April 19, 1965): 1–4. ftp://download.intel.com/museum/Moores_Law/Articles-Press_Releases/Gordon_Moore_1965_Article.pdf.

Morowitz, Harold J. *The Emergence of Everything*. New York: Oxford University Press, 2002.

———. *The Wine of Life and Other Essays on Societies, Energy and Living Things*. New York: St. Martin' s Press, 1979.

Morowitz, Harold, and Eric Smith. "Energy Flow and the Organization of Life." *Complexity* 13:1 (October 8, 2007): 51–59.

Morowitz, Harold J., Jennifer D. Kostelnik, Jeremy Yang, and George D. Cody. "The Origin of Intermediary Metabolism." *Proceedings of the National Academy of Sciences* 97:14 (July 5, 2000): 7704–7708.

Moskin, Julia. "Creamy, Healthier Ice Cream? What' s the Catch?" *New York Times* (July 26, 2006): Fl.

Nakanishi, Koji. *A Wandering Natural Products Chemist*. Washington, D.C.: American Chemical Society, 1991.

———. "Terpene Trilactones from *Ginkgo biloba*: From Ancient Times to the 21st Century." *Bioorganic and Medicinal Chemistry*. 13 (2005): 4987–5000.

National Academy of Sciences. *Teaching About Evolution and the Nature of Science*. Working Group on Teaching Evolution, 0-309-53221-3, 1998.

National Research Council. *Direct and Indirect Human Contributions to Terrestrial Carbon Fluxes: A Workshop Summary*. Rob Coppock and Stephanie Johnson, 2004.

National Research Council. *High-Performance Structural Fibers for Advanced Polymer Matrix Composites*. Committee on High-Performance Structural Fibers for Advanced Polymer Matrix Composites, 2005.

National Research Council. *The Limits of Organic Life in Planetary Systems*. Committee on the Limits of Organic Life in Planetary Systems. Committee on the Origins and Evolution of Life, 2007.

National Research Council of the National Academies. *Review of the NASA Astrobiology Institute*. Committee on the Review of the NASA Astrobiology Institute. Space Studies Board. Division on Engineering and Physical Sciences. Washington, D.C.: National Academies Press, 2007.

National Research Council. *The Scientific Context for Exploration of the Moon—Interim Report*. Committee on the Scientific Context for Exploration of the Moon. Space Studies Board. Division on Engineering and Physical Sciences. Washington, D.C.: National Academies Press, 2007.

Nealson, Kenneth H. and Radu Popa. "Introduction and Overview: What Do We Know for Sure?" *American Journal of Science* 305 (June, September, October, 2005): 449–466.

Nelson, David, and Michael Cox. *Lehninger Principles of Biochemistry* 3rd ed. New

York: Worth Publishers, 2000.

Nicolaou, K. C. "Joys of Molecules." *Journal of Organic Chemistry* 70:18 (September, 2, 2005): 1225–1258.

Nicolaou K. C., E. J. Sorensen, and N. Winssinger. "The Art and Science of Organic and Natural Products Synthesis." *Journal of Chemical Education* 75:10 (October 1998): PP.

Niele, Frank. *Energy—Engine of Evolution*. Amsterdam: Elsevier, 2005.

Nisbet, E. G., and C. M. R. Fowler. "The Early History of Life." *Treatise on Geochemistry*, Vol. 8. Edited by William H. Schlesinger. Amsterdam: Elsevier Publishing Company, 2003, 1–39.

Nisbet, E. G., and N. H. Sleep. "The Habitat and Nature of Early Life." *Nature* 409 (February 22, 2001): 1083–1091.

Nobel Prize in Physics 2006. Information for the Public. The Royal Swedish Academy of Sciences. Accessed at http://nobelprize.org/nobel_prizes/ physics/ laureates/2006/info.html on February 8, 2008.

Nordhaus, William. "Critical Assumptions in the Stern Review on Climate Change." *Science* 317 (July 13, 2007): 201–202.

Norstog, Knut J., Ernest M. Gifford, and Dennis Wm. Stevenson. "Comparative Development of the Spermatozoids of Cycads and *Ginkgo biloba*." *Botanical Review* 70:1 (January–March 2004): 5–15.

Nye, Mary Jo. *Before Big Science: The Pursuit of Modern Chemistry and Physics, 1800–1940*. Cambridge, Mass: Harvard University Press, 1999.

O' Connor, Thomas Patrick. "Harold Morowitz Tackles Life—With the Help of a Few Friends." *Santa Fe Institute Bulletin* (Spring 2000): 2–5.

Oren, Aharon. "A Proposal for Further Integration of the Cyanobacteria under the Bacteriological Code." *Journal of Systemic and Evolutionary Biology* 54 (2004): 1895–902.

Ogg, James G. "Status of Divisions of the International Geologic Time Scale." *Lethaia* 37 (2004): 183–199.

Orgel, Leslie E. "Prebiotic Chemistry and the Origin of the RNA World." *Critical Reviews in Biochemistry and Molecular Biology* 39 (2004): 99–123.

———. "Self-Organizing Biochemical Cycles." *Proceedings of the National Academy of Sciences* 97:23 (November 7, 2000): 12503–12507.

Orr, James C., Victoria J. Fabry, Olivier Aumont, Laurent Bopp, Scott C. Doney,

Richard A. Feely, Anand Gnanadesikan, Nicolas Gruber, Akio Ishida, Fortunat Joos, Robert M. Key, Keith Lindsay, Ernst Maier-Reimer, Richard Matear, Patrick Monfray, Anne Mouchet, Raymond G. Najjar, Gian-Kasper Plattner, Keith B. Rodgers, and Christopher L. Sabine. "Anthropogenic Ocean Acidification Over the Twenty-first Century and Its Impact on Calcifying Organisms." *Nature* 437 (Sept. 29, 2005): 681–686.

Pacala, Stephen, and Robert Socolow. "Stabilization Wedges: Solving the Climate Problem for the Next 50 Years with Current Technologies." *Science* 305 (August 13, 2004): 968–972.

Pagani, Mark, Ken Caldeira, David Archer, James C. Zachos. "An Ancient Carbon Mystery." *Science* 314 (December 8, 2006): 1556–1557.

Palumbi, Stephen. "Humans as the World's Greatest Evolutionary Force." *Science* 293 (2001): 1786–1790.

Papineau, Dominic, Jeffrey J. Walker, Stephen J. Mojzsis, and Norman R. Pace. "Composition and Structure of Microbial Communities from Stromatolites of Hamelin Pool in Shark Bay, Western Australia." *Applied and Environmental Microbiology* 71:8 (August 2005): 4822–4832.

"Part-only sequence for BBa_I15010" http://parts.mit.edu/r/parts/partsdb/puttext. cgi. Accessed January 20, 2008.

Pauli, Wolfgang. "Remarks on the History of the Exclusion Principle." *Science* 103 (February 22, 1946): 213–215.

Pendleton, Yvonne J., and Dale P. Cruikshank. "Life from the Stars?" *Sky & Telescope* 87:3 (March 1994): 36–42.

Penisi, Elizabeth. "Synthetic Biology Remakes Small Genomes." *Science* 310 (November 4, 2005): 769–777.

Penzias, Arno A. "The Origin of the Elements." Nobel Lecture, December 8, 1978. In *Nobel Lectures, Physics 1971–1980,* ed. Stig Lundquist. Singapore: World Scientific Publishing Co., 1992: 444–457.

Petit, J. R., J. Jouzel, D. Raynaud, N. I. Barkov, J. M. Barnola, I. Basile, M. Bender, J. Chappellaz, M. Davis, G. Delaygue, M. Delmotte, V. M. Kotlyakov, M. Legrand, V. Y. Lipenkov, C. Lorius, L. Pépin, C. Ritz, E. Saltzman, and M. Stievenard. "Climate and Atmospheric History of the Past 420, 000 Years From the Vostok Ice Core, Antarctica." *Nature* 399 (June 3, 1999): 429–436.

Pollack, Robert. *Signs of Life: The Language and Meanings of DNA*. New York:

Houghton Mifflin Company, 1994.

Pollack, Robert. "The Emergence of Information in the Universe." Frontiers of Science lecture, presented at Columbia University, October 30, 2006.

Pollan, Michael. *The Botany of Desire: A Plant' s-Eye View of the World*. New York: Random House, 2001.

———. *The Omnivore' s Dilemma*. New York: Penguin Press, 2006.

Poole, Anthony. "My Name Is LUCA—The Last Universal Common Ancestor." ActionBioscience.org. September 2002. http://www.actionbioscience.org/newfrontiers/poolepaper.html. Accessed December 11, 2007.

Principe, Lawrence. "Chemistry, " In *History of Modern Science and Mathematics*. Edited by Brian S. Baigrie. New York: Charles Scribner's Sons, 2002.

"Profit-Proof Kevlar?" *Economist* (November 30, 1985): 100.

Pyne, Stephen J. *Fire: A Brief History*. Seattle: University of Washington Press, 2001.

Qian, Bin, Srivatsan Raman, Rhiju Das, Philip Bradley, Airlie J. McCoy, Randy J. Read, and David Baker, "High-Resolution Structure Prediction and the Crystallographic Phase Problem." *Nature* 450 (November 8, 2007): 259–264.

Rai, Arti, and James Boyle. "Synthetic Biology: Caught between Property Rights, the Public Domain, and the Commons. *PLoS Biology*. 5:3 (March 2007): 0389–0393.

Rank, D. M., C. H. Townes, and W. J. Welch. "Interstellar Molecules and Dense Clouds." *Science* 174 (December 10, 1971): 1083–1101.

Rasmussen, Steen, Liaohai Chen, David Deamer, David C. Krakauer Norman H. Packard, Peter F. Stadler, and Mark A. Bedau, "Transitions from Nonliving to Living Matter." *Science* 303 (February 13, 2004): 963–965.

Raven, J. A., and D. Edwards. "Roots: Evolutionary Origins and Biogeochemical Significance." *Journal of Experimental Botany* 52 (March 2001): 381–401.

Raver, Anne. "Hardy Ginkgo Trees Are Fossils Minus the Rocks." *New York Times*, January 19, 1997.

Reisch, Marc S. "From Coal Tar to Crafting a Wealth of Diversity." *Chemical and Engineering News* 76:2 (January 12, 1998): 79.

Retallack, Gregory J. "Carbon Dioxide and Climate over the Past 300 Myr." *Philosophical Transactions of the Royal Society A* 260 (2002): 659–673.

Reyes, J. F., and M. A. Sepúlveda. "PM-10 Emissions and Power of a Diesel Engine

Fueled with Crude and Refined Biodiesel from Salmon Oil." *Fuel* 85:12–13 (September 2006): 1714–1719.

Rice, Richard. "Smokeless Powder: Scientific and Institutional Contexts at the End of the 19th Century." In Brenda J. Buchanan, *Gunpowder, Explosives and The State: A Technological History.* Burlington, Vt: Ashgate Publishing Co, 2006, 355–366.

Ridgwell, Andy J., Martin J. Kennedy, and Ken Caldeira. "Carbonate Deposition, Climate Stability, and Neoproterozoic Ice Ages." *Science* 302 (October 31, 2003): 859–862.

Ridgwell, Andy, and Richard E. Zeebe. "The Role of the Global Carbonate Cycle in the Regulation and Evolution of the Earth System." *Earth and Planetary Science Letters* 234 (2005): 299–315.

Ridley, Matt. *Genome: The Autobiography of a Species in 23 Chapters.* New York: Perennial, 1999.

Riebesell, Ulf, Ingrid Zondervan, Björn Rost, Philippe D. Tortell, Richard E. Zeebe, and François M. M. Morel. "Reduced Calcification of Marine Plankton in Response to Increased Atmospheric CO_2." *Nature* 407 (September 21, 2000): 364–367.

Robinson, Richard. "A Smart Mutation Scheme Produces Hundreds of Functional Proteins." *PLoS Biology* 4:5 (May 2006): 0663.

Rode, A.V., E. G. Gamaly, A. G. Christy, J. Fitz Gerald, S. T. Hyde, R. G. Elliman, B. Luther-Davies, A. I. Veinger, J. Androulakis, and J. Giapintzakis. "Strong Paramagnetism and Possible Ferromagnetism in Pure Carbon Nanofoam Produced by Laser Ablation." *Journal of Magnetism and Magnetic Materials* 290–91:1 (April 2005): 298–301.

Romm, Joseph. *Hell and High Water: Global Warming—The Solution and the Politics—and What We Should Do.* New York: William Morrow, 2007.

Ronen, Avraham. "Domestic Fire as Evidence for Language." In *Neanderthals and Modern Humans in Western Asia,* edited by Akazawa Takeru, Kenichi Aoki, and Ofer Bar-Yosef, New York: Plenum Press, 1998: 439–447.

Rösler, Wolfram. "The Hello World Collection." http://www.roesler-ac.de/wolfram/hello.htm. Accessed January 20, 2008.

Rost, B., and U. Riebesell. "Coccolithophores and the Biological Pump: Responses to Environmental changes." In *Coccolithophores: From Molecular Processes to Global Impact*, edited by Hans R. Thierstein and Jeremy R. Young. Berlin: Springer, 2003: 99–125.

Roth, Katherine C., David M. Meyer, and Isabel Hawkins. "Interstellar Cyanogen and the Temperature of the Cosmic Microwave Background Radiation." *Astrophysical Journal* 413 (August 20, 1993): L67–L71.

Rothman, Daniel H. "Atmospheric Carbon Dioxide Levels for the Last 500 Million Years." *Proceedings of the National Academy of Sciences* 99:7 (April 2, 2002): 4167–4417.

———. "Global Biodiversity and the Ancient Carbon Cycle." *Proceedings of the National Academy of Sciences* 98:8 (April 10, 2001): 4305–4310.

Royer, Dana L. "CO_2-Forced Climate Thresholds during the Phanerozoic." *Geochimica et Cosmochimica Acta* 70 (2006): 5665–5675.

Royer, Dana L., Robert A. Berner, and Jeffrey Park. "Climate Sensitivity Constrained by CO_2 Concentrations over the Past 420 Million Years." *Nature* 446 (March 29, 2007): 2310–2313.

Royer D. L., S. L. Wing, D. J. Beerling, D. W. Jolley, P. L. Koch, L. H. Hickey, and R. A. Berner "Paleobotanical Evidence for Near Present Day Levels of Atmospheric CO_2 During Part of the Tertiary." *Science* 292 (June 22, 2001): 2310–2313.

Royer, Dana, L., Leo J. Hickey, and Scott Wing. "Ecological Conservatism in the 'Living Fossil' Ginkgo." *Paleobiology* 29:1 (2003): 84–104.

Ruddiman, William F. *Plows, Plagues, and Petroleum: How Humans Took Control of Climate*. Princeton: Princeton University Press, 2005.

Rutan, Burt. "Burt Rutan: Entrepreneurs are the Future of Space Flight." TED. Monterey (February 2006). http://www.ted.com/index.php/talks/view/id/4. Accessed May 23, 2007.

Ryan, Frank. *Darwin's Blind Spot: Evolution Beyond Natural Selection*. New York: Houghton Mifflin Company, 2002.

Sagan, Carl. *Cosmos*. New York: Ballantine Books, 1980.

Salpeter, Edwin E. "A Generalist Looks Back." *Annual Review of Astronomy and Astrophysics* 40 (2002): 1–25.

———. "Energy Production in Stars." *Annual Review of Nuclear Science* 2 (December 1953): 41–65.

Schidlowski, Manfred. "Carbon Isotopes as Biogeochemical Recorders of Life over

3.8 Ga of Earth History: Evolution of a Concept." *Precambrian Research* 106 (2001): 117–134.

Schmidt-Bleek, Friedrich Bio. *The Fossil Makers.* Translated by Reuben Deumling. Birkhäuser, 1993. http://www.factor10-institute.org/seitenges/Pdf-Files.htm. Accessed February 8, 2008.

Schmitt, Harrison H. "Mining the Moon." *Popular Mechanics* (October 2004): 56–61.

Schneider, Eric D., and Dorion Sagan. *Into the Cool: Energy Flow, Thermodynamics and Life*. Chicago: University of Chicago Press, 2005.

Schneider, Stephen H. "The Greenhouse Effect: Science and Policy." *Science* 243 (February 10, 1989): 771–781.

Schopf, J. William, ed. *Life' s Origin: The Beginnings of Biological Evolution*. Los Angeles: University of California Press, 2002.

Schopf, J. William "Fossil Evidence of Archaean Life." *Philosophical Transactions of the Royal Society A* 361 (June 29, 2006): 869–885.

———. "Solution to Darwin' s Dilemma: Discovery of the Missing Precambrian Record of Life." *Proceedings of the National Academy of Sciences* 97:13 (June 20, 2000): 6947–6953.

Sebald, W. G. *The Rings of Saturn*. Translated by Michael Hulse. New York: New Directions, 1999.

Second International Conference on Synthetic Biology. May 20–22, 2006. University of California–Berkeley. Webcast.berkeley. http://webcast.berkeley.edu/event_details.php?webcastid=15766. Accessed November 13, 2006.

Seeds, Michael A. *Foundations of Astronomy* 8th ed. Belment, Calif.: Thomson Brooks/Cole, 2004.

Self, Sydney B. "Researchers Fomenting Another 'Revolution' in Oil Refining Process." *Wall Street Journal,* March 4, 1940: 1.

Sephton, Mark A. "Organic Compounds in Carbonaceous Meteorites." *Natural Product Reports* 19 (2002): 292–311.

Service, Robert F. "The Race for the $1000 Genome." *Science* 311 (March 17, 2006): 1544–1546.

Shatto, Rahilla C. A., and Niall C. Slowey. "Thinking Big: Coccolithophores May Be Small but They Know How to Get Attention." *Quarterdeck* 5:2 (1997), http://www-ocean.tamu.edu/Quarterdeck/QD5.2/shatto-slowey.html. Accessed

February 8, 2008.

Shallenberger, Robert S. *Taste Chemistry*. Glasgow: Blackie Academic and Professional, 1993.

Shreeve, James. "The Greatest Journey." *National Geographic* (March 2006): 61–69.

Shreeve, James. "Reading Secrets of the Blood." *National Geographic* 209:3 (March 2006): 70–73.

Siesser, William G. "Historical Background of Coccolithophore Studies." In *Coccolithophores*, edited by Amos Winter, and William Siesser. Cambridge: Cambridge University Press, 1994: 1–11.

Simmons, Matthew. *Twilight in the Desert*. Hoboken, N.J.: John Wiley & Sons, 2005.

Simonson, Anne B., Jacqueline A. Servin, Ryan G. Skophammer, Craig W. Herbold, Maria C. Rivera, and James A. Lake. "Decoding the Genomic Tree of Life." *Proceedings of the National Academy of Sciences* 102:1 (May 3, 2005): 6608–6613.

Singh, Simon. *Big Bang: The Origin of the Universe*. New York: Fourth Estate, 2004.

Smil, Vaclav. "Energy at the Crossroads." Background notes for a presentation at the Global Science Forum Conference on Scientific Challenges for Energy Research, Paris, May 17–18, 2006.

———. *Cycles of Life: Civilization and the Biosphere*. New York: Scientific American Library, 2001.

———. *Energy: A Beginner's Guide*. Oxford: One World Publications, 2006.

———. *Energy at the Crossroads*. Cambridge, Mass.: MIT Press, 2005.

Smith, Eric, and Harold J. Morowitz. "Universality in Intermediary Metabolism." *Proceedings of the National Academy of Sciences* 101:36 (September 7, 2004): 13169–13173.

Smith, Hamilton O., Robert Friedman, and J. Craig Venter. "Biological Solutions to Renewable Energy." *Bridge Archives* 33:2 (Summer 2003). Accessed from http://www.nae.edu/nae/bridgecom.nsf/weblinks/MKUF-5NTMX9? OpenDocument on May 22, 2007.

Smith, John Maynard, and Eörs Szathmáry. *The Origins of Life: From the Birth of Life to the Origin of Language*. New York: Oxford University Press, 2000.

Smith, J. V., and Y. Luo. "Studies on Molecular Mechanisms of *Ginkgo biloba*

Extract." *Applied Microbiological Biotechnology* 64 (2004): 465–472.

Snyder, Lewis E. "Interferometric Observations of Large and Biologically Interesting Interstellar and Cometary Molecules." *Proceedings of the National Academy of Sciences* 103:33 (August 15, 2006): 12243–12248.

Snyder, L. E., F. J. Lovas, J. M. Hollis, D. N. Friedel, P. R. Jewell, A. Remijan, V. V. Ilyushin, E. A. Alekseev, and S. F. Dyubko. "A Rigorous Attempt to Verify Interstellar Glycine." *The Astrophysical Journal*, 619:2 (Feb. 1, 2005): 914–930.

Sommers, Michael G., Michael E. Dollhopf, and Susanne Douglas. "Freshwater Ferromanganese Stromatolites from Lake Vermilion, Minnesota: Microbial Culturing and Environmental Scanning Electron Microscopy Investigations." *Geomicrobiology Journal* 19:4 (July–August 2002): 407–427.

Spear, Ray. "The Most Important Experiment Ever Performed by an Australian Physicist." *Physicist* 39:2 (March–April 2002): 35–41.

Spitz, Peter H. *Petrochemicals: The Rise of an Industry*. New York: John Wiley & Sons, 1988.

Spolyar, Douglas, Katherine Freese, and Paolo Gondolo. "Dark Matter and the First Stars: A New Phase of Stellar Evolution." *Physical Review Letters* 100 (February 8, 2008): 141.

Srinivasan, V., and H. Morowitz. "Ancient Genes in Contemporary Persistent Microbial Pathogens." *Biological Bulletin* 210 (February 2006): 1–9.

Stanley, Dick. "Nobel Just the First Product of Buckminsterfullerene." *Austin American-Statesman*, (October 10, 1996): A1.

Stern Review on the Economics of Climate Change. http://www.sternreview.org. uk/. Accessed March 2007.

Stern, Nicholas, and Chris Taylor. "Climate Change: Risk, Ethics, and the Stern Review." *Science* 317 (July 13, 2007): 203–204.

Stoneley, R. "A Review of Petroleum Source Rocks in Parts of the Middle East." Edited by J. Brooks and A. J. Fleet. *Marine Petroleum Source Rocks*, Geological Society Special Publication No 26. Oxford: Blackwell Science Publicaions, 1987.

Summons, Roger E., Linda L. Jahnke, Janet M. Hope, and Graham A. Logan. "2Methylhopanoids as Biomarkers for Cyanobacterial Oxygenic Photosynthesis." *Nature* 400 (August 4, 1999): 554–557.

Szathmáry, Eörs. "In Search of the Simplest Cell." *Nature* 433 (February 3, 2005): 469–470.

Szostak, Jack W., David P. Bartel, and P. Luigi Luisi. "Synthesizing Life." *Nature* 409 (January 18, 2001): 387–390.

Tanford, Charles, and Jacqueline Reynolds. *Nature's Robots: A History of Proteins*. Oxford: Oxford University Press, 2001.

Tanner, David, James A. Fitzgerald, and Brian R. Phillips. "The Kevlar Story—An Advanced Materials Case Study." *Angewandte Chemie International Edition English Advanced Materials* 28:5 (1989): 649–654.

Taylor, Richard C., and V. J. Rowntree. "Temperature Regulation and Heat Balance in Running Cheetahs: A Strategy for Sprinters?" *American Journal of Physiology* 224:4 (April 1973): 848–851.

Tennant, Smithson. "On the Nature of the Diamond." *Philosophical Transactions of the Royal Society of London* 87 (1797): 123–127.

Tierney, Christine. "Ford Slams Toyota on Hybrids." *Detroit News*, August 8, 2005. http://www.detnews.com/2005/autosinsider/0508/08/A01-272872.htm. Accessed January 7, 2008.

Thomas, Patricia. "The Chemical Biologists." *Harvard Magazine* March–April 2005. Accessed from http://harvardmagazine.com/2005/03-pdfs/0305-38.pdf on September 26, 2006.

Todar, Kenneth. "The Bacterial Flora of Humans." *Todar's Online Textbook of Bacteriology* (2007): http://textbookofbacteriology.net/normalflora.html. Accessed February 8, 2008.

Todd, O. M., and Sir John Cornforth. "Robert Burns Woodward." *Biographical Memoirs of Fellows of the Royal Society*, Vol. 27 (November 1981): 628–695.

Tol, Richard. "The Marginal Damage Costs of Carbon Dioxide Emissions: An Assessment of the Uncertainties." *Energy Policy* 33 (2005): 2064–2074.

Tomitani, Akiko, Andrew H. Knoll, Colleen M. Cavanaugh, and Terufumi Ohno. "The Evolutionary Diversification of Cyanobacteria: Molecular-Phylogenetic and Paleontological Perspectives." *Proceedings of the National Academy of Sciences* 103:14 (April 4, 2006): 5442–5447

Toone, Eric J., ed. *Protein Evolution*. Hoboken, N. J.: John Wiley & Sons Inc., 2007.

Townes, Charles H. "A Physicist Courts Astronomy." *Annual Review of Astronomy and Astrophysics* 35 (1997): xiii–xliv.

Trainer, Melissa G., Alexander A. Pavlov, H. Langley DeWitt, Jose L. Jimenez, Christopher P. McKay, Owen B. Toon, and Margaret A. Tolbert. "Organic

Haze on Titan and the Early Earth." *Proceedings of the National Academy of Sciences* 103:48 (November 28, 2006): 18035–18042.

Tralau, Hans. "Evolutionary Trends in the Genus *Ginkgo*." *Lethaia* 1:1 (January 1968): 63–101.

Travers, M. J., M. C. McCarthy, P. Kalmus, C. A. Gottlieb, and P. Thaddeus. "Laboratory Detection of the Cyanopolyyne $HC_{13}N$." *Astrophysical Journal Letters* 472 (November 1996): L61–L62.

Tumpey, Terrence M., Christopher F. Basler, Patricia V. Aguilar, Hui Zeng, Alicia Solórzano, David E. Swayne, Nancy J. Cox, Jacqueline M. Katz, Jeffery K. Taubenberger, Peter Palese, Adolfo García-Sastre. "Characterization of the Reconstructed 1918 Spanish Influenza Pandemic Virus." *Science* 310 (October 7, 2005): 77–80.

Tweney, Ryan D., and David Gooding eds. *Michael Faraday' s "Chemical Notes, Hints, Suggestions and Objects of Pursuit" of 1822.* London: Peter Peregrinus, 1991.

Tyrrell, Toby, and Jeremy Young. "Coccolithophores." (Forthcoming.)

Tyrrell, Toby, and Richard E. Zeebe. "History of Carbonate Ion Concentration over the Last 100 Million Years." *Geochimica et Cosmochimica Acta* 68:17 (2004): 3521–3530.

Tyson, Neil de Grasse, and Donald Goldsmith. *Origins: 14 Billion Years of Cosmic Evolution*. New York: Norton, 2005.

U.S. Department of Energy. *Basic Research Needs for Clean and Efficient Combustion of 21st Century Transportation Fuels.* Report of the Basic Energy Sciences Workshop on Basic Research Needs for Clean and Efficient Combustion of 21st Century Transportation Fuels. Accessed from http://www.sc.doe.gov/bes/reports/files/CTF_rpt.pdf on June 4, 2007.

United States Geological Survey. "Descriptions and Origins of Selected Principal Building Stones of Washington." http://pubs.usgs.gov/gip/stones/descriptions.html. Accessed October 31, 2007.

Valley, John W. "A Cool Early Earth?" *Scientific American* 293:4 (October 2005): 58–65.

van Beek, Teris A., ed. *Ginkgo Biloba*. Amsterdam: Harwood Academic Publishers, 2000.

Varchaver, Nicholas. "Chemical Reaction." *Fortune* April 2, 2007, 52–58. Accessed from http://money.cnn.com/magazines/fortune/fortune_archive/2007/04/02/8403424/index.htm on April 23, 2007.

Veizer, Jan, Yves Godderis, and Louis M. Francois. "Evidence for Decoupling of Atmospheric CO_2 and Global Climate During the Phanerozoic Eon." *Nature* 408 (December 7, 2000): 698–701.

Venables, Michelle C., Juul Achten, and Asker E. Jeukendrup. "Determinants of Fat Oxidation During Exercise in Healthy Men and Women: A Cross-Sectional Study." *Journal of Applied Physiology* 98 (2005): 160–167.

Venter, J. Craig, Karin Remington, John F. Heidelberg, Aaron L. Halpern, Doug Rusch, Jonathan A. Eisen, Dongying Wu, Ian Paulsen, Karen E. Nelson, William Nelson, Derrick E. Fouts, Samuel Levy, Anthony H. Knap, Michael W. Lomas, Ken Nealson, Owen White, Jeremy Peterson, Jeff Hoffman, Rachel Parsons, Holly Baden-Tillson, Cynthia Pfannkoch, Yu-Hui Rogers, Hamilton O. Smith. "Environmental Genome Shotgun Sequencing of the Sargasso Sea." *Science* 304 (April 2, 2004): 66–74.

Vernadsky, Vladimir Ivanovich. "A Few Words about the Noösphere." In *Scientific Thought as a Planetary Phenomenon*, edited by A. L. Yashin. Moscow: Nauka, 1991. Web version "From the Archive of V. I. Vernadsky, " Author translation. http://vernadsky.lib.ru/e-texts/archive/noos.html. Accessed May 26, 2007.

Wächtershäuser, Gunter. "Evolution of the First Metabolic Cycles." *Proceedings of the National Academy of Sciences* 87 (January 1990): 200–204.

Waldrop, M. Mitchell. *Complexity: The Emerging Science at the Edge of Order and Chaos*. New York: Touchstone, 1992.

Waldrop, M. Mitchell. "Did Life Really Start Out in an RNA World?" *Science* 246 (December 8, 1989): 1248–1249.

———. "How Do You Read from the Palimpsest of Life?" *Science* 246 (November 3, 1989): 578–579.

Wallerstein, George, Icko Iben Jr., Peter Parker, Ann Merchant Boesgaard, Gerald M. Hale, Arthur E. Champagne, Charles A. Barnes, Franz Käppeler, Verne V. Smith, Robert D. Hoffman, Frank X. Timmes, Chris Sneden, Richard N. Boyd, Bradley S. Meyer, David L. Lambert. "Synthesis of the Elements in Stars: Forty Years of Progress." *Reviews of Modern Physics* 69:4 (October 1997): 995–1084.

Walling, Olivia. "Research at the Kellogg Radiation Laboratory, 1920s–1960s: A

Small Narrative of Physics in the Twentieth Century." Ph.D. diss. University of Minnesota, 2005.

Walter, Chip. *Thumbs, Toes, and Tears and Other Traits That Make Us Human*. New York: Walker & Co., 2006.

Walter, Katie. "The Internal Combustion Engine at Work: Modeling Considers All Factors." *Science and Technology Review* (Lawrence Livermore National Laboratory) (December 1999): 4–10.

Ward, Peter. *Out of Thin Air*. Washington, D.C.: Joseph Henry Press, 2006.

Weart, Spencer. *The Discovery of Global Warming*. Spencer Weart & American Institute of Physics, 2003–2006. http://www.aip.org/history/climate. Accessed April 22, 2006.

Weil, Andrew. *Eating Well for Optimum Health: The Essential Guide to Bringing Health and Pleasure Back to Eating*. New York: Quill, 2001.

Weinstock, George M. "ENCODE: More Genetic Empowerment." *Genome Research* 17 (2007): 667–668.

Weitzman, Martin. "The Stern Review of the Economics of Climate Change." *Journal of Economic Literature* 4:3 (September 2007). http://www.economics. harvard.edu/faculty/weitzman/files/JELSternReport.pdf. Accessed December 8, 2007.

Wells, Spencer. "Out of Africa." *Vanity Fair* 563 (July 2007): 110–114.

Westbroek, Pieter. *Life as a Geological Force*. New York: Norton, 1991.

Whitesides, George M. and Bartosz Grzybowski. "Self-Assembly at All Scales." *Science* 295 (March 29, 2002): 2418–2421.

Whitman, William B., David C. Coleman, and William J. Wiele. "Prokaryotes: The Unseen Majority." *Proceedings of the National Academy of Sciences* 95 (1998): 6578–6583.

Wilde, Simon A., John W. Valley, William H. Peck, and Colin M. Graham. "Evidence From Detrital Zircons for the Existence of Continental Crust and Oceans on the Earth 4.4 Gyr Ago." *Nature* 409 (January 11, 2001): 175–178.

Wilford, John Noble. "Ancient Tree Yields Secrets of Potent Healing Substance." *New York Times*, March 1, 1988, C3.

Wills, Christopher, and Jeffrey Bada. *The Spark of Life: Darwin and the Primeval Soup*. Cambridge, Mass.: Perseus Publishing, 2000.

Wilson, David S., and Jack W. Szostak. "In Vitro Selection of Functional Nucleic Acids." *Annual Review of Biochemistry* 68 (1999): 611–647.

Wilson, Edwin O. *Consilience: The Unity of Knowledge*. New York: Vintage, 1998.

———. *The Future of Life*. New York: Knopf, 2002.

Wilson, Rachel I., and Roger A. Nicoli. "Endocannabinoid Signaling in the Brain." *Science* 296 (April 26, 2002): 678–682.

Wilson, Rebecca M., and Samuel J. Danishefsky. "Small Molecule Natural Products in the Discovery of Therapeutic Agents: The Synthesis Connection." *Journal of Organic Chemistry* 71:22 (October 27, 2006): 8329–8351.

Wilson, R. W., K. B. Jefferts, and A. A. Penzias. "Carbon Monoxide in the Orion Nebula." *Astrophysical Journal* 161 (July 1970): L43–L44.

Wilson, S. S. "Bicycle Technology." *Scientific American* 228 (March 1973): 81–91.

Woese, Carl. *The Genetic Code: The Molecular Basis for Genetic Expression*. New York: Harper and Row, 1967.

Woese, C. R., O. Kandler, and M. L. Wheelis. "Towards a Natural System of Organisms: Proposal for the Domains Archaea, Bacteria, and Eucarya." *Proceedings of the National Academy of Sciences* 87:12 (June 1990): 4576–4579.

Wolf, Yuri I., Igor B. Rogozin, Nick V. Grishin, and Eugene V. Koonin. "Genome Trees and the Tree of Life." *Trends in Genetics*, 18:9 (September 2002): 472–479.

Womack, James P., Daniel T. Jones, Daniel Roos, and Donna Sammons Carpenter. *The Machine That Changed the World*. New York: Rawson Associates, Macmillan Publishing Company, 1990.

Woodhead, James A., ed. *Geology*. Pasadena, Calif.: Salem Press, 1999.

Woodman, A. G. "The Exact Estimation of Atmospheric Carbon Dioxide: A Survey." *Technology Quarterly and Proceedings of the Society of Arts* 17:1 (March 1904): 258–269.

Woodward, Robert Burns. "The Arthur C. Cope Award Lecture, " In Otto Theodore Benfey and Peter J. T. Morris, *Robert Burns Woodward: Architect and Artist in the World of Molecules*. Philadelphia: Chemical Heritage Foundation, 2001, 418–439.

Yergin, Daniel. *The Prize: The Epic Quest for Oil, Money and Power*. New York: Touchstone, 1992.

Young, Jeremy R. "Crystal Assembly and Phylogenetic Evolution in Heterococcoliths." *Nature* 356 (April 9, 1992): 516–518.

Young, Jeremy R., and Karen Henriksen. "Biomineralization Within Vesicles: The Calcite of Coccoliths." *Biomineralization* 54 (2003): 189–215.

Zahnle, K., M. Claire, and D. Catling. "Methane, Sulfur, Oxygen, Ice: The Loss of

Mass-Independent Fractionation in Sulfur Due to a Palaeoproterozoic Collapse of Atmospheric Methane." *Geobiology* (2006).

Zeebe, Richard E., and Pieter Westbroek. "A Simple Model for the $CaCO_3$ Saturation State of the Ocean: The 'Strangelove, ' the 'Neritan, ' and the 'Cretan' Ocean." *G_3: Geochemistry Geophysics Geosystems* 4:12 (December 12, 2003): 1–26.

Zhang, Mao–Xi, Philip E. Eaton, and Richard Gilardi. "Hepta- and Octanitrocubanes." *Angewandte Chemie International Edition in English* 39:2 (2000): 401–404.

Zhou, Zhiyan, and Shaolin Zheng. "The Missing Link in Ginkgo Evolution." *Nature* 423 (June 19, 2003): 821–822.

Zimmer, Carl. *Evolution: Triumph of an Idea*. New York: Harper Perennial, 2001.

Zimmer, Carl. "What Came Before DNA?" *Discover* (June 26, 2004): Accessed from http://discovermagazine.com/2004/jun/cover/article-print on June 12, 2007.

新知
文库

01《证据：历史上最具争议的法医学案例》[美]科林·埃文斯 著　毕小青 译

02《香料传奇：一部由诱惑衍生的历史》[澳]杰克·特纳 著　周子平 译

03《查理曼大帝的桌布：一部开胃的宴会史》[英]尼科拉·弗莱彻 著　李响 译

04《改变西方世界的 26 个字母》[英]约翰·曼 著　江正文 译

05《破解古埃及：一场激烈的智力竞争》[英]莱斯利·亚京斯 著　黄中宪 译

06《狗智慧：它们在想什么》[加]斯坦利·科伦 著　江天帆、马云霏 译

07《狗故事：人类历史上狗的爪印》[加]斯坦利·科伦 著　江天帆 译

08《血液的故事》[美]比尔·海斯 著　郎可华 译

09《君主制的历史》[美]布伦达·拉尔夫·刘易斯 著　荣予、方力维 译

10《人类基因的历史地图》[美]史蒂夫·奥尔森 著　霍达文 译

11《隐疾：名人与人格障碍》[德]博尔温·班德洛 著　麦湛雄 译

12《逼近的瘟疫》[美]劳里·加勒特 著　杨岐鸣、杨宁 译

13《颜色的故事》[英]维多利亚·芬利 著　姚芸竹 译

14《我不是杀人犯》[法]弗雷德里克·肖索依 著　孟晖 译

15《说谎：揭穿商业、政治与婚姻中的骗局》[美]保罗·埃克曼 著　邓伯宸 译　徐国强 校

16《蛛丝马迹：犯罪现场专家讲述的故事》[美]康妮·弗莱彻 著　毕小青 译

17《战争的果实：军事冲突如何加速科技创新》[美]迈克尔·怀特 著　卢欣渝 译

18《口述：最早发现北美洲的中国移民》[加]保罗·夏亚松 著　暴永宁 译

19《私密的神话：梦之解析》[英]安东尼·史蒂文斯 著　薛绚 译

20《生物武器：从国家赞助的研制计划到当代生物恐怖活动》[美]珍妮·吉耶曼 著　周子平 译

21《疯狂实验史》[瑞士]雷托·U. 施奈德 著　许阳 译

22《智商测试：一段闪光的历史，一个失色的点子》[美]斯蒂芬·默多克 著　卢欣渝 译

23《第三帝国的艺术博物馆：希特勒与“林茨特别任务”》[德]哈恩斯—克里斯蒂安·罗尔 著　孙书柱、刘英兰 译

24《茶：嗜好、开拓与帝国》[英]罗伊·莫克塞姆 著　毕小青 译

25《路西法效应：好人是如何变成恶魔的》[美]菲利普·津巴多 著　孙佩妏、陈雅馨 译

26《阿司匹林传奇》[英]迪尔米德·杰弗里斯 著　暴永宁 译

27《美味欺诈：食品造假与打假的历史》[英]比·威尔逊 著　周继岚 译

28《英国人的言行潜规则》[英]凯特·福克斯 著　姚芸竹 译

29《战争的文化》[美]马丁·范克勒韦尔德 著　李阳 译

30《大背叛：科学中的欺诈》[美]霍勒斯·弗里兰·贾德森 著　张铁梅、徐国强 译

31《多重宇宙：一个世界太少了？》[德]托比阿斯·胡阿特、马克斯·劳讷 著　车云 译

32《现代医学的偶然发现》[美]默顿·迈耶斯 著　周子平 译

33《咖啡机中的间谍：个人隐私的终结》[英]奥哈拉、沙德博尔特 著　毕小青 译

34《洞穴奇案》[美]彼得·萨伯 著　陈福勇、张世泰 译

35《权力的餐桌：从古希腊宴会到爱丽舍宫》[法]让—马克·阿尔贝 著　刘可有、刘惠杰 译

36《致命元素：毒药的历史》[英]约翰·埃姆斯利 著　毕小青 译

37《神祇、陵墓与学者：考古学传奇》[德]C. W. 策拉姆 著　张芸、孟薇 译

38《谋杀手段：用刑侦科学破解致命罪案》[德]马克·贝内克 著　李响 译

39《为什么不杀光？种族大屠杀的反思》[法]丹尼尔·希罗、克拉克·麦考利 著　薛绚 译

40《伊索尔德的魔汤：春药的文化史》[德]克劳迪娅·米勒—埃贝林、克里斯蒂安·拉奇 著
王泰智、沈惠珠 译

41《错引耶稣：〈圣经〉传抄、更改的内幕》[美]巴特·埃尔曼 著　黄恩邻 译

42《百变小红帽：一则童话中的性、道德及演变》[美]凯瑟琳·奥兰丝汀 著　杨淑智 译

43《穆斯林发现欧洲：天下大国的视野转换》[美]伯纳德·刘易斯 著　李中文 译

44《烟火撩人：香烟的历史》[法]迪迪埃·努里松 著　陈睿、李欣 译

45《菜单中的秘密：爱丽舍宫的飨宴》[日]西川惠 著　尤可欣 译

46《气候创造历史》[瑞士]许靖华 著　甘锡安 译

47《特权：哈佛与统治阶层的教育》[美]罗斯·格雷戈里·多塞特 著　珍栎 译

48《死亡晚餐派对：真实医学探案故事集》[美]乔纳森·埃德罗 著　江孟蓉 译

49《重返人类演化现场》[美]奇普·沃尔特 著　蔡承志 译

50《破窗效应：失序世界的关键影响力》[美]乔治·凯林、凯瑟琳·科尔斯 著　陈智文 译

51《违童之愿：冷战时期美国儿童医学实验秘史》[美]艾伦·M. 霍恩布鲁姆、朱迪斯·L. 纽曼、
格雷戈里·J. 多贝尔 著　丁立松 译

52《活着有多久：关于死亡的科学和哲学》[加]理查德·贝利沃、丹尼斯·金格拉斯 著　白紫阳 译

53《疯狂实验史Ⅱ》[瑞士]雷托·U. 施奈德 著　郭鑫、姚敏多 译

54《猿形毕露：从猩猩看人类的权力、暴力、爱与性》[美]弗朗斯·德瓦尔 著　陈信宏 译

55《正常的另一面：美貌、信任与养育的生物学》[美]乔丹·斯莫勒 著　郑嬿 译

56《奇妙的尘埃》[美] 汉娜·霍姆斯 著　陈芝仪 译

57《卡路里与束身衣：跨越两千年的节食史》[英] 路易丝·福克斯克罗夫特 著　王以勤 译

58《哈希的故事：世界上最具暴利的毒品业内幕》[英] 温斯利·克拉克森 著　珍栎 译

59《黑色盛宴：嗜血动物的奇异生活》[美] 比尔·舒特 著　帕特里曼·J. 温 绘图　赵越 译

60《城市的故事》[美] 约翰·里德 著　郝笑丛 译

61《树荫的温柔：亘古人类激情之源》[法] 阿兰·科尔班 著　苜蓿 译

62《水果猎人：关于自然、冒险、商业与痴迷的故事》[加] 亚当·李斯·格尔纳 著　于是 译

63《囚徒、情人与间谍：古今隐形墨水的故事》[美] 克里斯蒂·马克拉奇斯 著　张哲、师小涵 译

64《欧洲王室另类史》[美] 迈克尔·法夸尔 著　康怡 译

65《致命药瘾：让人沉迷的食品和药物》[美] 辛西娅·库恩等 著　林慧珍、关莹 译

66《拉丁文帝国》[法] 弗朗索瓦·瓦克 著　陈绮文 译

67《欲望之石：权力、谎言与爱情交织的钻石梦》[美] 汤姆·佐尔纳 著　麦慧芬 译

68《女人的起源》[英] 伊莲·摩根 著　刘筠 译

69《蒙娜丽莎传奇：新发现破解终极谜团》[美] 让-皮埃尔·伊斯鲍茨、克里斯托弗·希斯·布朗 著　陈薇薇 译

70《无人读过的书：哥白尼〈天体运行论〉追寻记》[美] 欧文·金格里奇 著　王今、徐国强 译

71《人类时代：被我们改变的世界》[美] 黛安娜·阿克曼 著　伍秋玉、澄影、王丹 译

72《大气：万物的起源》[英] 加布里埃尔·沃克 著　蔡承志 译

73《碳时代：文明与毁灭》[美] 埃里克·罗斯顿 著　吴妍仪 译